丛书编委会

主　　任：黄德洪　邢福武

副 主 任：陈红锋　赵玮辛　江日年　苏景旺　魏元春　徐正球

委　　员：（按姓氏拼音排序）

邓爱良　邓应生　方晓峰　付　琳　韩锡君　李炳华

桑　文　袁财圣　张礼标　张尚坤

本书编委会

组编单位：东莞市大岭山森林公园

中国科学院华南植物园

广东省科学院动物研究所

广东省科学院微生物研究所（广东省微生物分析检测中心）

华南农业大学

主　　编：张尚坤　邓应生　袁财圣　陈红锋

副 主 编：邓爱良　李炳华　桑　文　邓旺秋　付　琳　张礼标

编　　委：（按姓氏拼音排序）

陈　洁　陈　军　陈红锋　陈轩阳　陈灼康　邓爱良

邓双文　邓旺秋　邓应生　董露露　段　磊　付　琳

郭　敏　何向阳　胡廉隆　黄　浩　黄晓晴　黄圆圆

黄越平　嵇煜雯　蒋　妍　蒋雪婧　李　敏　李　挺

李炳华　李敏儿　李亚丽　刘全生　刘兆康　罗鹏飞

骆金初　麦智翔　潘　俊　邱杰君　桑　文　谭秉章

王　华　王超群　王发国　王飞凤　王文涛　王兴民

温志祥　谢予希　邢佳慧　熊泽恩　叶德胜　叶卫钟

易绮斐　袁财圣　袁道欢　翟建强　张　明　张礼标

张尚坤　张语之　赵燕辉　钟国瑞　钟学明　庄会霞

前言 PREFACE

生物多样性是人类赖以生存的条件，是经济社会可持续发展的基础，在维持生态系统稳定性和功能性等方面起着极其重要的作用。中国具有丰富而又独特的生态系统、物种和遗传多样性，是世界上生物多样性最丰富的国家之一。《中国生物物种名录（2022）》共收录了物种及种下单元138293个，其中动物部分共收录68172个物种及种下单元，植物部分共收录46725个物种及种下单元，真菌部分共收录17173个物种及种下单元。

2021年10月8日，国务院新闻办公室发布了《中国的生物多样性保护》白皮书，全面总结了我国在习近平生态文明思想指引下，以建设美丽中国为目标，积极适应新形势新要求，不断加强和创新生物多样性保护的举措。2021年10月11~15日，中国昆明举行了联合国《生物多样性公约》第十五次缔约方大会第一阶段会议（COP15），会议指出，为加强生物多样性保护，中国正加快构建以国家公园为主体的自然保护地体系，逐步把自然生态系统最重要、自然景观最独特、自然遗产最精华、生物多样性最富集的区域纳入国家公园体系。生态文明是人类文明发展的历史趋势。随后，中共中央办公厅、国务院办公厅印发了《关于进一步加强生物多样性保护的意见》。2022年，国务院批复同意在北京设立国家植物园，在广州设立华南国家植物园。这一系列举措标志着中国对生物多样性的保护迈出重要步伐。

在此背景下，以国家公园为主体的自然保护地与国家植物园都将在我国生物多样性保护中发挥更重要的作用。森林公园作为自然保护地的一部分，承载着物种保育、科学研究、引种驯化、科学传播等重要功能。对森林公园进行综合科学考察，可以进一步掌握森林公园自然生态系统情况，了解自然生态系统的演替规律和保护物种的生长规律，是对森林公园的自然生境、濒危野生生物资源保护的重要措施。同时，国务院办公厅《关于做好自然保护区管理有关工作的通知》要求，要科学规划自然保护区（森林公园）发展，定期开展自然保护区（森林公园）的生物多样性状况调查和评价。因此，综合科学考察项目的实施对于落实广东省及大湾区生态文明建设具有重要意义。

东莞市大岭山森林公园下辖2个森林公园、1个市属林场和3个自然保护区，即广东大岭山森林公园、东莞市大岭山森林公园、东莞市国营大岭山林场、东莞马山市级自然保护区、东莞灯心塘市级自然保护区、东莞莲花山市级自然保护区，管理总面积约74 km²，东至东莞市大岭山镇与深圳宝安区交界处，南至莲花山山脚，西至白石山山脚，北至厚大路。

"绿美东莞·品质林业"系列书籍

东莞市大岭山森林公园综合科学考察报告

主　编◎张尚坤　邓应生　袁财圣　陈红锋

副主编◎邓爱良　李炳华　桑　文　邓旺秋　付　琳　张礼标

中国林业出版社
China Forestry Publishing House

"绿美东莞·品质林业"系列书籍

《东莞市大岭山森林公园综合科学考察报告》

主　　编：张尚坤　邓应生　袁财圣　陈红锋

副 主 编：邓爱良　李炳华　桑　文　邓旺秋　付　琳　张礼标

策　　划：王颢颖

特约编辑：吴文静

图书在版编目（CIP）数据

东莞市大岭山森林公园综合科学考察报告 / 张尚坤等主编；邓爱良等副主编 . -- 北京：中国林业出版社，
2024.12.--（"绿美东莞·品质林业"系列书籍）.

　　ISBN 978-7-5219-2936-2

　　Ⅰ . S759.992.653

中国国家版本馆 CIP 数据核字第 2024LG7277 号

责任编辑　张　健

版式设计　柏桐文化传播有限公司

出版发行　中国林业出版社（100009，北京市西城区刘海胡同 7 号，电话 010- 83143621）

电子邮箱　cfphzbs@163.com

网　　址　www.cfph.net

印　　刷　北京雅昌艺术印刷有限公司

版　　次　2024 年 12 月第 1 版

印　　次　2024 年 12 月第 1 次印刷

开　　本　889 mm×1194 mm　1/16

印　　张　16.25

字　　数　440 千字

定　　价　198.00 元

通过十多年的努力，东莞市大岭山森林公园的管理不断加强，森林资源得到有效保护，基础配套设施日趋完善，景点景观不断丰富，入园游客人数逐年攀升，成为广大市民健身娱乐、绿色科普的好去处，公园已成为"广东省旅游示范基地""东莞市科普教育基地"和市民休闲旅游的热门地点。生物资源是公园自然景观的最重要组成部分。公园地处于珠三角经济高度发达地区，周边人类活动较为活跃，周边社会要素对森林公园的干扰尤为明显，而公园的生物多样性具有一定的典型性、独特性和代表性，因此有必要对整个森林公园范围内的生物多样性状况进行系统全面的调查研究，从而为进一步地保护利用奠定基础。

2021年11月，受东莞市大岭山森林公园的委托，中国科学院华南植物园、广东省科学院动物研究所、广东省科学院微生物研究所（广东省微生物分析检测中心）、华南农业大学协同东莞市大岭山森林公园于2021年11月至2023年8月联合进行东莞市大岭山森林公园综合科考项目。本次综合科考对整个森林公园范围内的维管植物、脊椎动物、昆虫、大型真菌资源、旅游资源开展了系统的野外调查，采集标本和拍摄照片，完善现有的物种资源数据，完成已知生物物种的编目工作；综合分析野外调查数据和资料数据，应用统一分类系统，对各类群物种进行系统分类和编目，形成完整的物种名录，掌握森林公园自然生态系统情况，为生物物种资源的保护和利用提供信息。在此过程中，对生物物种资源的动态、现状和趋势进行分析和评价，掌握现存物种多样性及变化趋势，正确评价资源状况及其所受影响。

本次调查发现东莞市大岭山森林公园有维管植物165科559属843种（含种下分类单元），其中被子植物133科508属774种（含种下分类单元），裸子植物9科16属20种，石松类和蕨类植物23科35属49种。本次调查发现兽类5目10科23种、鸟类12目34科77种、爬行类1目9科18种、两栖类1目6科10种、鱼类4目10科26种，共计23目69科154种，其中国家二级保护野生动物13种。结合野外观察和历史资料，公园共有兽类31种、鸟类124种、爬行类38种、两栖类19种、鱼类26种，共计238种。大型真菌有123种，黏菌2种。大型真菌涉及2门4纲14目41科76属，其中子囊菌门真菌10种，涉及3纲4目5科8属，担子菌门真菌113种，涉及1纲10目36科68属。昆虫有17目99科353种。

通过对东莞市大岭山森林公园进行综合科学考察，取得了预期效果，获得了翔实数据。通过对比历史数据，掌握了公园的现存物种多样性及变化趋势，为生物资源的保护和利用提供决策支持，助力东莞市大岭山森林公园的生态文明建设、生态环境改造、生物资源的保护及可持续利用。项目组以此为基础，对调查监测数据进行了整理和分析，编写完成了本书。由于时间紧迫和水平有限，如有错漏之处，还望各位专家、同仁批评指正。

本书的完成得到了东莞市大岭山森林公园综合科考项目（441901-2021-08594）和科技基础资源调查专项（2022FY100500）的资助。

编者

2024年9月

目录 CONTENTS

第1章 森林公园概况

1.1 森林公园概况

东莞市大岭山森林公园位于广东省东莞市西南部，珠江口的东北部，北邻厚街，与莞城相对，南接虎门、长安，与深圳相望。东莞市大岭山森林公园下辖2个森林公园、1个市属林场和3个自然保护区，即广东大岭山森林公园、东莞市大岭山森林公园、东莞市国营大岭山林场、东莞马山市级自然保护区、东莞灯心塘市级自然保护区、东莞莲花山市级自然保护区，存在相互交叉重叠，管理总面积约74 km²，东至东莞市大岭山镇与深圳宝安区交界处，南至莲花山山腰，西至白石山山脚，北至厚大路（具体详见附图）。以下所称森林公园特指东莞市大岭山森林公园所有管理范围。

公园属低山、丘陵地貌，最高点茶山顶海拔530.1 m。森林覆盖率93.2%，水资源丰富，动植物种类繁多，是一个可供游览、科考、休闲和康体健身的综合性森林公园。景区共设有四大入口：虎门入口、厚街入口、大岭山入口、长安入口。

东莞市大岭山森林公园是广东省首批被认定的四星级森林公园之一，并加挂东莞马山市级自然保护区管理所、东莞灯心塘市级自然保护区管理所、东莞莲花山市级自然保护区管理所牌子。

东莞马山市自然保护区总面积23.56 km²，位于东莞市大岭山镇中心以西。区内从北到南分布有老虎岩水库、金鸡嘴水库和枫树坑水库，水资源丰富。

东莞灯心塘市级自然保护区总面积5 km²，位于东莞市厚街镇东南部，东倚大岭山山脉，南与大岭山林场接壤，西部连靠新围管理区，北与大迳管理区相邻，地理坐标为113°44′50″~113°46′53.6″E、22°52′37.8″~22°55′16.7″N。保护区主要由新围、大迳两个社区的部分林地组成。在保护区范围内，最高峰为大岭山山顶，即茶山顶。

东莞莲花山市级自然保护区总面积7.579 km²，位于东莞市长安镇北部、大岭山镇西部和东莞市国营大岭山林场东南部，东起107国道，南临长安高尔夫球乡村俱乐部、鸡公仔水库、杨梅水库、鲢鱼翁水库，西部靠东莞市国营大岭山林场石陂头水库附近山头，北靠近大岭山山脉与马山自然保护区邻近。地理坐标为113°46′26.68″~113°49′10.62″E、22°50′9.95″~22°51′52.37″N，为市级自然保护区。保护区属低山、丘陵地貌，地势由北向南倾斜。莲花山由四座山峰组成，主峰海拔513.4 m，是长安镇最高峰，东莞西南部第二高峰。保护区属于"自然生态系统"类别的"森林生态系统类型"保护区。保护区植被以次生南亚热带常绿阔叶林、针阔混交林为主。莲花山是东莞市林相改造最成功的景区。

1.2 发展沿革

1.2.1 森林公园的建立

东莞市国营大岭山林场成立于1958年，总面积约36837.9亩*（合2455.86 hm²）。从1999年开始，东莞所有林场封山育林，让山林慢慢恢复元气。1993年，广东省林业厅印发《关于建立新丰江、龟顶山等十处省级森林公园的批复》，在东莞市国营大岭山林场成立了广东大岭山森林公园，面积34533亩（合2302.2 hm²），与国营林场实行"两块牌子、一套班子"的管理体制，原隶属关系、山林权属和经营范围不变。

2000年，根据《关于建立银瓶山等4个自然保护区和同沙等16个森林公园问题的复函》，以东莞市国营大岭山林场为主，成立了东莞市大岭山森林公园，批复面积37230亩（合2482.00 hm²）。2003年，根据"建城、修路、整山、治水"的城建"八字"方针，东莞市政府规划了东莞市大岭山森林公园。随后东莞市人民政府决定整治修复六大林场，恢复和增加其生态功能，又在原森林公园基础上扩大了公园面积，森林公园面积达110216亩（合7347.73 hm²），于2006年4月建成并正式对外开放。

2017年5月，东莞市大岭山森林公园成为广东省首批被认定的四星级森林公园之一。2019年6月，东莞市大岭山森林公园加挂东莞市马山自然保护区管理所、东莞市灯心塘自然保护区管理所、东莞市莲花山自然保护区管理所牌子。森林公园范围涉及以下自然保护地：东莞市大岭山林场、广东大岭山省级森林公园、东莞市灯心塘自然保护区、东莞市莲花山自然保护区、东莞市马山自然保护区。

1.2.2 经营管理概况

东莞市国营大岭山林场成立于1958年，以木材生产为主要经营模式。随着市场经济的不断完善和林业工作指导思想的转变及相关政策的调整，国营大岭山林场的发展模式逐渐转变为资源保护和生态服务。2009年4月，由主管部门东莞市林业局牵头，东莞市大岭山森林公园与原东莞市国营大岭山林场合并，实行"两块牌子、一套人员"管理，设置了市东莞市大岭山森林公园管理处，为公益性事业单位，正科级建制，直属市林业局管理。2012年5月，市机构编制委员会再次发文，核准东莞市大岭山森林公园管理处更名为东莞市大岭山森林公园（加挂东莞市国营大岭山林场牌子），正科级，公益一类。2015年市编办发文调整公园编制，核定东莞市大岭山森林公园事业编制48个。公园按照市林业局要求设置管理岗位24个，专业技术岗位24个，目前满编在岗；公园内设置综合股、财统股、治安消防股、资源管理股、规划基建股、社区管理股、虎门景区管理股、厚街景区管理股、大岭山景区管理股、长安景区管理股10个股室，均能有效履职，积极开展森林公园管理工作。

---

* 1亩 ≈ 666.67 m²。

1.3 公园范围及功能区划

　　根据分区原则和《国家级森林公园总体规划规范》（LY/T 2005—2012）的要求，结合森林公园的性质和功能定位、地形地貌、风景资源特色等综合因素分析，将森林公园划分四大功能区，即核心景观区、一般游憩区、生态保育区和管理服务区。在一级区划基础上，再根据东莞市大岭山森林公园的风景资源空间分布、地形地貌、交通、基础设施建设等多种因素，并结合森林康养、森林旅游、自然教育、林业科技示范园、红色教育体验等不同主题，再划分多个二级功能分区。

1.3.1 核心景观区

　　指拥有特别珍贵的森林风景资源，必须进行严格保护的区域。在核心景观区，除现有设施及必要的保护、解说、游览、休憩及安全和环卫景区管护站等设施以外，不得随意规划建设住宿、餐饮、购物、娱乐等设施。主要包括石洞慢游区。

1.3.2 一般游憩区

　　指森林风景资源相对平常，且方便开展旅游活动的区域。一般游憩区内可以规划少量旅游公路、停车场、宣教设施、娱乐设施、景区管护站及小规模的餐饮点、购物亭等。主要包括沙溪森林游览区、茶山（大迳）果林生态区、大溪-怀德森林游览区、长安-鸡公仔游览区、林科园自然教育体验区等。

1.3.3 管理服务区

　　指为满足森林公园管理和旅游接待服务需要而划定的区域。管理服务区内应当规划入口管理区、游客中心、停车场和一定数量的住宿、餐饮、购物、娱乐等接待设施，以及必要的管理和职工生活用房。主要包括虎门入口管理服务区、长安入口管理服务区、厚街入口管理服务区、大岭山入口管理服务区、石洞管理服务区、林科园管理服务区等。

1.3.4 生态保育区

　　指在森林公园内以生态保护修复为主，基本不进行开发建设，不对游客开放的区域。主要包括大岭山生态保育区、莲花山生态保育区等。

第2章 自然地理环境

2.1 地质地貌

东莞市在地质构造上位于罗浮山断缘的北东向博罗大断裂南西部、东莞断凹盆地中，地势东南高、西北低。地貌以丘陵台地、冲积平原为主，丘陵台地占44.5%，冲积平原占43.3%，山地占6.2%。东莞市大岭山森林公园位于东莞市西南部，属低山、丘陵地貌，地势为东北部高、西北部低。公园内群山起伏，峰峦叠嶂，山深谷幽，有大岭山、莲花山、白石山、马鞍山四大分支山脉。大岭山山脉最高点为茶山顶，登上峰顶，近可欣赏城市新貌及周边湖光山色，远可眺望南海及珠江入海口。莲花山山脉长18 km，山体状像莲花，如莲花半开，植被覆盖率高，交通便捷，自然地理条件优越。

公园内的自然灾害主要有低温阴雨、暴雨、雷击和山体滑坡等。由于降水大部分集中在汛期4~9月，且常伴有台风袭击，引起洪峰集中下泄造成内涝，极易造成洪涝灾害。此外，由于地质原因，暴雨易引发滑坡、塌方等险情。同时，森林公园森林资源较丰富，林下枯枝落叶较多，森林火灾及森林病虫害也存在较大隐患。

2.2 地质遗迹

在公园的高山密林中，有许多形象奇特的山石，如插旗石、麒麟石、莲花石、情侣石，其形状千姿百态，似人、似兽、似物，栩栩如生。这些石头分布在公园各处，以其安静的美点缀着园区，更加彰显出园区的自然和野趣。

公园内还有多个早期采石场遗址，其中白石山采石场遗址、鸡亦山采石场遗址等规模较为宏大。白石山采石场遗址位于东莞市厚街镇东莞市大岭山森林公园白石山景区内，毗邻沙溪水库。经历了数年的采石，采石场的山体已经成为绝壁，采空的山体底部形成了巨大深潭，就像晶莹剔透的天池。采石场内形状各异的风化石地貌，杂草丛生的荒凉景象，让人仿佛身处大峡谷，吸引众多游客前来探险。

2.3 海拔

公园整体地势东高西低，海拔 15~530 m，中部高四周低，有大岭山、莲花山、白石山、马鞍山 4 座大山。海拔多在 150~450 m，最高峰是位于森林公园北部的茶山顶，海拔 530.1 m，其次为莲花山东径主峰，海拔 513 m，两处山顶周边高差较大，相对高差在 380 m 左右，坡度 15°~40°。白石山和马鞍山的最高峰都在 300 m 左右。

2.4 气候

参考东莞市气候特征，东莞市大岭山森林公园属亚热带季风气候，长夏无冬，日照充足，雨量充沛，温差振幅小，季风明显。1996—2000 年，年平均气温为 23.1℃。最暖为 1998 年，年平均气温为 23.6℃；最冷为 1996 年，年平均气温为 22.7℃。一年中最冷月为 1 月，最热月为 7 月。日照时数充足，1996—2000 年平均日照时数为 1873.7 小时，占全年可照时数的 42%。其中，2000 年的日照时数最多，达 2059.5 小时，占全年可照时数的 46%；最少是 1997 年，仅有 1558.1 小时，占全年可照时数的 35%。一年中 2~3 月日照最少，7 月日照最多。

2.4.1 降水量

降水是地表水的主要来源。东莞市大岭山森林公园属于亚热带季风湿润气候区，水汽主要来自印度洋孟加拉湾、太平洋和南海，年内降水量分布不均匀，干湿季节明显。一年中降水主要集中在 4~10 月，其中 4~6 月为前汛期，以锋面低槽降水为多。7~10 月为后汛期，在夏季易产生雷阵雨，且台风降水活跃，一年之中一般以 6 月降水量最多（秦礼晶，2005）。年平均降水量 1700~1800 mm，4~9 月为雨季，降水量占全年的 80% 以上，灾害性天气以台风雨为主（秦礼晶，2005；刘颂颂等，2005）。1996—2000 年，年平均降水量为 1819.9 mm。最多为 1997 年，年降水量 2074.0 mm；最少为 1996 年，只有 1547.4 mm。

2.4.2 水库分布

东莞市大岭山森林公园内水资源丰富，有水库 15 个，总库容达 8000 万 m³，分别为三丫陂水库、马草塘水库、沙溪水库、龙潭水库、大溪水库、怀德水库、九转湖、大板水库、大水沥水库、大王岭水库、金鸡咀水库、鸡公仔水库、杨梅水库、禾寮窝水库、灯心塘水库，面积较大的有大溪水库、怀德水库等。各大水库库岸曲折多变，倒影如画，众多半岛将湖面天然分隔，形成迂回幽静的港湾。

2.5 土壤

东莞市大岭山森林公园的地带性土壤为赤红壤，土层深厚，一般厚度在 100 cm 以上，有机质多，比较肥沃，pH 值 5~5.5。赤红壤是砖红壤与红壤之间的过渡类型，在高温多雨的作用下，土壤淋溶作用强烈，碱金属和碱土金属元素大量淋失，盐基物质贫缺，富铝化作用明显，普遍呈酸性反应等（中国科学院华南植物研究所，1989）。海拔300 m以上多为山地赤红壤。赤红壤的发育母岩主要有砂页岩、花岗岩、沉积岩等，土层一般浅薄，有机质含量一般较低，其风化淋溶作用略弱于砖红壤，颜色红，质地较黏重，肥力较差，土壤富铝化过程的特征比较明显。因各地区植被不同，不同地区土壤的有机质、养分含量及土壤质地均有不同，如在坡度较大的山腰为有少量有机质的中、薄层赤红壤，在丘陵和山间谷地多为厚层赤红壤（王登峰等，1999；任海等，2002）。

第3章　植物多样性

3.1 植物区系

3.1.1 调查方法

东莞市大岭山森林公园的植物多样性调查主要采取野外实地调查与历史资料相结合的方法。首先，对有关东莞市大岭山森林公园植物多样性的各类历史资料进行广泛的收集、查阅和整理，包括各种专著及文献资料，如各类植物分类学论文、专著、地方志、采集记录、标本鉴定记录等，以及中国科学院华南植物园标本馆及广东各大专院校植物标本室的大量已鉴定标本和未鉴定标本等。对收集到的植物物种数据和信息进行整理和分析，掌握现有资料数据状况。然后结合历史资料制定合理的项目实施方案，在不同季节选取合适的时间地点进行野外实地考察、采集标本和拍摄照片。

植物调查组分别在2021年11月，2022年1月、4月和7月，2023年4月对东莞市大岭山森林公园进行了5次野外调查，调查涵盖森林公园的全部范围，并对多条线路或重点区域进行了补点调查（图3-1、图3-2）。植物野外实地调查主要采取样线法，主要调查公园的植物区系、植被、植物物种及其分布、珍稀濒危及特有植物、外来入侵植物等。样线贯穿区域内各种不同地形地貌和植被类型，在样线行进过程中按照科学方法进行观察记录和重点详细调查，采集标本和拍摄照片，记录植物群落特征，包括植物种类、群落结构、群落外貌、各层优势物种等。植物物种分类，蕨类植物根据秦仁昌系统（1978）、裸子植物根据郑万钧系统（1979）、被子植物根据哈钦松系统（1926，1934）。

在野外调查中，调查人员对各类维管植物进行实地拍摄记录，对有花果或孢子囊的植物或野外不确认的植物种类进行标本采集，再带回室内进行标本压制和植物鉴定工作。

完成野外调查后，调查组根据野外实地调查数据，编制出东莞市大岭山森林公园维管植物名录（附录1），然后对植物区系——科属的分布区类型（吴征镒，1991；吴征镒等，2003），代表性科属的区系性质，植物物种的资源、现状和趋势等进行分析，以便为今后植物资源的保护、恢复和可持续利用提供数据资料。调查组以相关文献资料和野外调查为基础，建立相应的数据信息库，进而依据国内外通用标准对东莞市大岭山森林公园的植物资源现状做出总结和评价。

国营大岭山林场　　大岭山森林公园　　大岭山省级森林公园　　马山自然保护区　　莲花山自然保护区　　灯心塘自然保护区

图3-1　野外植物调查主要路线图（红色粗线）

图3-2　野外植物调查

3.1.2 植物种类组成

根据野外调查结果，统计出东莞市大岭山森林公园共有维管植物 165 科 559 属 843 种（含种下分类单元），其中石松类和蕨类植物有 23 科 35 属 49 种，裸子植物有 9 科 16 属 20 种，被子植物有 133 科 508 属 774 种（含种下分类单元）（表 3-1）。调查中发现了虎克鳞盖蕨 *Microlepia hookeriana*、绒毛山胡椒 *Lindera nacusua*、黄毛五月茶 *Antidesma fordii*、一年蓬 *Erigeron annuus*、地旋花 *Xenostegia tridentata*、钳唇兰 *Erythrodes blumei*、宽叶线柱兰 *Zeuxine affinis*、三俭草 *Rhynchospora corymbosa* 等 12 种《东莞植物志》中未记录的种类，并采集到华南谷精草 *Eriocaulon merrillii*、红冬蛇菰 *Balanophora harlandii*、田葱 *Philydrum lanugiosum*、锦地罗 *Drosera burmanii*、南蛇棒 *Amorphophallus dunnii* 等少见种类（图 3-3）。

表 3-1 东莞市大岭山森林公园植物科属种组成

植物类型	科		属		种	
	科数	占总科数（%）	属数	占总属数（%）	种数	占总种数（%）
石松类和蕨类植物	23	13.94	35	6.26	49	5.81
裸子植物	9	5.45	16	2.86	20	2.37
被子植物	133	80.61	508	90.88	774	91.82
合计	165	100.00	559	100.00	843	100.00

黄毛五月茶 *Antidesma fordii*

三俭草 *Rhynchospora corymbosa*

一年蓬 *Erigeron annuus*

绒毛山胡椒 *Lindera nacusua*

图 3-3 代表植物图片

虎克鳞盖蕨 *Microlepia hookeriana*

宽叶线柱兰 *Zeuxine affinis*

华南谷精草 *Eriocaulon merrillii*

红冬蛇菰 *Balanophora harlandii*

锦地罗 *Drosera burmanii*

田葱 *Philydrum lanugiosum*

南蛇棒 *Amorphophallus dunnii*

图3-3　代表植物图片（续）

3.1.3 植物区系地理

根据调查统计，东莞市大岭山森林公园野生乡土植物主要有 612 种，隶属于 136 科 420 属（表 3-2）。石松类和蕨类植物有凤尾蕨科 Pteridaceae、金星蕨科 Thelypteridaceae、鳞始蕨科 Lindsaeaceae、石松科 Lycopodiaceae、卷柏科 Selaginellaceae、紫萁科 Osmundaceae、铁线蕨科 Adiantacea、蹄盖蕨科 Athyriaceae、铁角蕨科 Aspleniaceae、水龙骨科 Polypodiaceae 等 23 科 35 属 49 种；裸子植物仅有松科 Pinaceae、杉科 Taxodiaceae、买麻藤科 Gnetaceae 3 科 3 属 4 种；被子植物有菊科 Asteraceae、禾本科 Gramineae、樟科 Lauraceae、桑科 Moraceae、大戟科 Euphorbiaceae、蔷薇科 Rosaceae、茜草科 Rubiaceae、夹竹桃科 Apocynaceae、蝶形花科 Papilionaceae 等 110 科 382 属 559 种。

表 3-2　东莞市大岭山森林公园野生乡土植物科属种组成

植物类型	科		属		种	
	科数	占总科数（%）	属数	占总属数（%）	种数	占总种数（%）
石松类和蕨类植物	23	16.91	35	8.33	49	8.01
裸子植物	3	2.21	3	0.71	4	0.65
被子植物	110	80.88	382	90.96	559	91.34
合计	136	100.00	420	100.00	612	100.00

3.1.3.1 种子植物科属的地理成分

3.1.3.1.1 种子植物科的地理成分

东莞市大岭山森林公园共有野生乡土植物 136 科，其中石松类和蕨类植物有 23 科，种子植物有 113 科。种子植物又包含裸子植物 3 科、被子植物 110 科。裸子植物仅有马尾松 Pinus massoniana、杉木 Cunninghamia lanceolata、罗浮买麻藤 Gnetum luofuense 和小叶买麻藤 Gnetum parvifolium 4 种，分别隶属于松科、杉科和买麻藤科，种类极其贫乏。从裸子植物的地理分布来看，马尾松为北温带分布，杉木除分布于我国，还分布于越南，罗浮买麻藤和小叶买麻藤均为我国特有种。马尾松和杉木从较低海拔至较高海拔都有零散分布，在公园各地都比较常见，主要生于山地林中；罗浮买麻藤和小叶买麻藤生于山地或丘陵密林或林缘处，前者分布数量较多，而后者较为少见。根据吴征镒等（2003）的《世界种子植物科的分布区类型方案》《〈世界种子植物科的分布区类型系统〉的修订》以及《种子植物分布区类型起源和分化》（2006），本区的种子植物科可划分为 8 个类型及 4 个变型（表 3-3）。其中，世界广布的科有 33 科，主要有禾本科、茜草科、菊科、桑科、樟科、大戟科、蝶形花科、莎草科 Cyperaceae、唇形科 Lamiaceae、夹竹桃科、旋花科 Convolvulaceae 等；泛热带分布及其变型共有 50 科（62.50%），在各种分布类型中占第 1 位，主要有樟科、大戟科、夹竹桃科、山茶科 Theaceae、锦葵科 Malvaceae、芸香科 Rutaceae 等；其次是北温带分布及其变型，共有 12 科（15.00%），主要有金缕梅科 Hamamelidaceae、壳斗科 Fagaceae 等。其他分布区类型所占比例都较小：热带亚洲和热带南美洲间断分布共有 7 科（8.75%）、热带亚洲分布有 4 科（5.00%）、热带亚洲至热带大洋洲分布有 3 科（3.75%）、旧世界热带分布有 3 科（3.75%）、东亚至北美间断分布有 1 科（1.25%）。其中，以泛热带分布和热带亚洲分布成分最为重要，代表了本区系的性质，反映出本区系由热带向亚热带过渡的南亚热带的特征。

表3-3 东莞市大岭山森林公园种子植物科的分布区类型

分布区类型	科数	占除去世界广布科数的比例（%）
1.世界广布	33	—
2.泛热带分布	45	56.25
2-1.热带亚洲、大洋洲和热带美洲（南美洲或/和墨西哥）分布	2	2.50
2-2.热带亚洲、热带非洲、热带美洲（南美洲）分布	2	2.50
2S.以南半球为主的泛热带分布	1	1.25
3.热带亚洲和热带美洲间断分布	7	8.75
4.旧世界热带分布	3	3.75
5.热带亚洲至热带大洋洲分布	3	3.75
6.热带亚洲分布	4	5.00
7.北温带分布	5	6.25
7-1.北温带和南温带间断分布	7	8.75
8.东亚和北美洲间断分布	1	1.25
合计	113	100.00

(1) 世界广布

世界广布 33 科：禾本科、桑科、菊科、莎草科、旋花科、蔷薇科、唇形科、马齿苋科 Portulacaceae、石竹科 Caryophyllaceae、蓼科 Polygonaceae、兰科 Orchidaceae、毛茛科 Ranunculaceae、杨梅科 Myricaceae、堇菜科 Violaceae、十字花科 Brassicaceae、瑞香科 Thymelaeaceae、紫金牛科 Myrsinaceae、苋科 Amaranthaceae、小二仙草科 Haloragaceac、柳叶菜科 Onagraceae、远志科 Polygalaceae、千屈菜科 Lythraceae、蝶形花科、酢浆草科 Oxalidaceae、鼠李科 Rhamnaceae、伞形科 Apiaceae、桔梗科 Campanulaceae、木樨科 Oleaceae、茜草科、茄科 Solanaceae、紫草科 Boraginaceae、玄参科 Scrophulariaceae、车前科 Plantaginaceae。

(2) 泛热带分布

泛热带分布 45 科：樟科、山茶科、夹竹桃科、胡椒科 Piperaceae、金粟兰科 Chloranthaceae、天南星科 Araceae、防己科 Menispermaceae、美人蕉科 Cannaceae、鸭跖草科 Commelinaceae、薯蓣科 Dioscoreaceae、菝葜科 Smilacaceae、黄眼草科 Xyridaceae、谷精草科 Eriocaulaceae、棕榈科 Arecaceae、西番莲科 Passifloraceae、葫芦科 Cucurbitaceae、梧桐科 Sterculiaceae、锦葵科、蛇菰科 Balanophoraceae、荨麻科 Urticaceae、大戟科、野牡丹科 Melastomataceae、无患子科 Sapindaceae、橄榄科 Burseraceae、漆树科 Anacardiaceae、含羞草科 Mimosaceae、芸香科 Rutaceae、苦木科 Simaroubaceae、楝科 Meliaceae、卫矛科 Celastraceae、红树科 Rhizophoraceae、大风子科 Flacourtiaceae、葡萄科 Vitaceae、檀香科 Santalaceae、蛇菰科 Balanophoraceae、爵床科 Acanthaceae、藤黄科 Clusiaceae、金虎尾科 Malpighiaceae、牛栓藤科 Connaraceae、柿科 Ebenaceae、山榄科 Sapotaceae、马钱科 Loganiaceae、椴树科 Tiliaceae、青藤科 Illigeraceae 等。

上述分布型的变型中,热带亚洲、大洋洲(至新西兰)和热带美洲(南美洲或/和墨西哥)间断分布 2 科:五桠果科 Dilleniaceae、山矾科 Symplocaceae,热带亚洲、热带非洲和热带美洲(南美洲)间断分布 2 科:买麻藤科、苏木科 Caesalpiniaceae,以南半球为主的泛热带分布 1 科:桃金娘科 Myrtaceae。

(3) 热带亚洲和热带美洲间断分布

热带亚洲和热带美洲间断分布 7 科:杜英科 Elaeocarpaceae、省沽油科 Staphyleaceae、冬青科 Aquifoliaceae、马鞭草科 Verbenaceae、五加科 Araliaceae、榆科 Ulmaceae、水东哥科 Saurauiaceae。

(4) 旧世界热带分布

旧世界热带分布 3 科:番荔枝科 Annonaceae、芭蕉科 Musaceae、露兜树科 Pandanaceae。

(5) 热带亚洲至热带大洋洲分布

热带亚洲至热带大洋洲分布 3 科:虎皮楠科 Daphniphyllaceae、姜科 Zingiberaceae、田葱科 Philydraceae。

(6) 热带亚洲分布

热带亚洲分布 4 科:落葵科 Basellaceae、清风藤科 Sabiaceae、小盘木科 Pandaceae、杜鹃花科 Ericaceae。

(7) 北温带分布

北温带分布 5 科:松科、杉科、百合科 Liliaceae、金丝桃科 Hypericaceae、忍冬科 Caprifoliaceae。其下的变型北温带和南温带间断分布 7 科:金缕梅科 Hamamelidaceae、壳斗科、茅膏菜科 Droseraceae、胡颓子科 Elaeagnaceae、山茱萸科 Cornaceae、灯心草科 Juncaceae、槭树科 Aceraceae。

(8) 东亚和北美洲间断分布

东亚和北美洲间断分布 1 科:鼠刺科 Iteaceae。

3.1.3.1.2 种子植物属的地理成分

通过本次野外调查,发现东莞市大岭山森林公园共有野生乡土植物 136 科,其中种子植物包含裸子植物 3 科 3 属,被子植物 110 科 382 属。根据吴征镒(1991)对中国种子植物属的分布区类型划分,可将东莞市大岭山森林公园内的 385 属原生种子植物划分为 13 个分布区类型和 7 个变型(表 3-4),其中世界广布属共有 31 属,在该地区属的植物区系统计中除去不计。热带、亚热带分布的属共有 292 属,占该地区非世界分布属总数的 83%,其中泛热带分布属共计 116 属,占该地区非世界分布属总数的 32.77%,占比最多,其次为热带亚洲印度—马来西亚分布的属,共计 53 属,占该地区非世界分布属总数的 14.97%;温带分布的属共有 60 属,占非世界分布属总数的 16.95%;中国特有分布属有 2 属,占非世界分布属总数的 0.6%。属的各分布区类型如下。

表3-4 东莞市大岭山森林公园种子植物属的分布区类型

分布区类型	属数	占除去世界广布属数的比例(%)
1. 世界广布	31	—
2. 泛热带分布	106	29.94
2-1. 热带亚洲、非洲和南美洲间断分布	4	1.13
2-2. 热带亚洲、非洲和中、南美洲间断分布	6	1.70

（续）

分布区类型	属数	占除去世界广布属数的比例（%）
3. 热带亚洲和热带美洲间断分布	21	5.94
4. 旧世界热带分布	37	10.45
4-1. 热带亚洲、非洲和大洋洲间断分布	5	1.41
5. 热带亚洲至热带大洋洲分布	35	9.89
6. 热带亚洲至热带非洲分布	22	6.21
6-1. 热带亚洲和东非间断分布	3	0.85
7. 热带亚洲印度-马来西亚分布	47	13.28
7-1. 爪哇（或苏门答腊）、喜马拉雅间断或星散分布到华南、西南	2	0.56
7-2. 热带印度至华南（尤其云南南部）分布	4	1.13
8. 北温带分布	21	5.94
8-1. 北温带和南温带（全温带）间断分布	2	0.56
9. 东亚和北美洲间断分布	14	3.95
10. 旧世界温带分布	6	1.70
11. 温带亚洲分布	1	0.28
12. 东亚分布	16	4.52
13. 中国特有分布	2	0.56
合计	385	100

(1) 世界广布

世界分布 31 属：车前属 *Plantago*、刺子莞属 *Rhynchospora*、灯心草属 *Juncus*、丁香蓼属 *Ludwigia*、繁缕属 *Stellaria*、飞蓬属 *Erigeron*、鬼针草属 *Bidens*、蔊菜属 *Rorippa*、堇菜属 *Viola*、藜属 *Chenopodium*、蓼属 *Polygonum*、马唐属 *Digitaria*、千里光属 *Senecio*、茄属 *Solanum*、莎草属 *Cyperus*、黍属 *Panicum*、鼠李属 *Rhamnus*、鼠尾草属 *Salvia*、酸模属 *Rumex*、碎米荠属 *Cardamine*、苔草属 *Carex*、铁线莲属 *Clematis*、苋属 *Amaranthus*、悬钩子属 *Rubus*、远志属 *Polygala*、酢浆草属 *Oxalis*、鼠麹草属 *Gnaphalium*、丰花草属 *Borreria* 等。从性状上看，除了鼠李属、悬钩子属、茄属和铁线莲属的部分种类属于木本或草质藤本植物以外，其余属皆为草本属，多为林下草本和草地的主要组成种类，或者在荒地、水边、田间、路旁、房边等作为野草杂草生长，其特点是植株体和种子都比较小，易于扩散和蔓延，从而生态幅度较大，适应性强，能在该区的各种恶劣环境中生存。这些属虽然分布普遍，但是世界分布属在确定植物区系关系及地理分布特点时意义均不大，故在统计分析分布区类型时常扣除不算。

(2) 泛热带分布

泛热带分布 106 属：巴豆属 *Croton*、菝葜属 *Smilax*、白茅 *Imperata*、草胡椒属 *Peperomia*、刺果藤

Byttneria、刺蒴麻属 *Triumfetta*、大戟属 *Euphorbia*、大青属 *Clerodendrum*、地胆草属 *Elephantopus*、冬青属 *Ilex*、杜英属 *Elaeocarpus*、鹅掌柴属 *Heptapleurum*、耳草属 *Hedyotis*、梵天花属 *Urena*、狗肝菜属 *Dicliptera*、狗尾草属 *Setaria*、狗牙根属 *Cynodon*、谷精草属 *Eriocaulon*、荷莲豆属 *Drymaria*、红豆属 *Ormosia*、红叶藤属 *Rourea*、猴耳环属 *Archidendron*、厚壳桂属 *Cryptocarya*、厚皮香属 *Ternstroemia*、胡椒属 *Piper*、虎掌藤属 *Ipomoea*、花椒属 *Zanthoxylum*、黄花稔属 *Sida*、黄檀属 *Dalbergia*、鸡血藤属 *Millettia*、积雪草属 *Centella*、泽兰属 *Eupatorium*、脚骨脆属 *Casearia*、金合欢属 *Acacia*、金粟兰属 *Chloranthus*、九节属 *Psychotria*、聚花草属 *Floscopa*、决明属 *Senna*、狼尾草属 *Pennisetum*、冷水花属 *Pilea*、油麻藤属 *Mucuna*、鳢肠属 *Eclipta*、莲子草属 *Alternanthera*、柳叶箬属 *Isachne*、马鞭草属 *Verbena*、马齿苋属 *Portulaca*、马钱属 *Strychnos*、买麻藤属 *Gnetum*、茅膏菜属 *Drosera*、母草属 *Lindernia*、牡荆属 *Vitex*、木防己属 *Cocculus*、囊颖草属 *Sacciolepis*、牛膝属 *Achyranthes*、破布叶属 *Microcos*、朴属 *Celtis*、青葙属 *Celosia*、雀稗属 *Paspalum*、榕属 *Ficus*、山矾属 *Symplocos*、山黄麻属 *Trema*、山麻杆属 *Alchornea*、柿属 *Diospyros*、鼠尾粟属 *Sporobolus*、薯蓣属 *Dioscorea*、树参属 *Dendropanax*、水蓑衣属 *Hygrophila*、水蜈蚣属 *Kyllinga*、素馨属 *Jasminum*、算盘子属 *Glochidion*、天胡荽属 *Hydrocotyle*、天料木属 *Homalium*、铁苋菜属 *Acalypha*、卫矛属 *Euonymus*、乌桕属 *Sapium*、锡叶藤属 *Tetracera*、豨莶属 *Siegesbeckia*、鸭跖草属 *Commelina*、崖豆藤属 *Millettia*、羊蹄甲属 *Bauhinia*、叶下珠属 *Phyllanthus*、鱼黄草属 *Merremia*、龙爪茅属 *Dactyloctenium*、云实属 *Caesalpinia*、泽兰属 *Eupatorium*、柞木属 *Xylosm*、珍珠茅属 *Lyonia*、栀子属 *Gardenia*、苎麻属 *Boehmeria*、砖子苗属 *Mariscus*、紫金牛属 *Ardisia*、紫珠属 *Callicarpa*、醉鱼草属 *Buddleja*、柞木属 *Xylosma*、阔苞菊属 *Pluchea*、蟛蜞菊属 *Wedelia*、番木瓜属 *Carica*、苹婆属 *Sterculia*、猪屎豆属 *Crotalaria* 等。

另有变型之一的热带亚洲、非洲和南美洲或墨西哥间断分布属 4 个：菊芹属 *Erechtites*、半边莲属 *Lobelia*、黑莎草属 *Gahnia*、西番莲属 *Passiflora*。变型之二的热带亚洲、非洲和中、南美洲间断分布 6 属：桂樱属 *Laurocerasus*、含羞草属 *Mimosa*、雾水葛属 *Pouzolzia*、粗叶木属 *Lasianthus*、马缨丹属 *Lantana*、脚骨脆属 *Casearia*。

泛热带分布的共有 106 属，占该区非世界分布属的 29.94%，是所占比例最大的分布区类型。在这些属中，性状为乔木或者灌木、藤本的居多，是亚热带低地常绿季雨林、常绿阔叶林的常见种，在植被和区系组成上起重要作用。主要的乔木属有朴属、榕属、厚壳桂属、柿属、天料木属、黄檀属、杜英属、乌桕属、山矾属、脚骨脆属、苹婆属、红豆属等；灌木至小乔木的属有冬青属、密花树属、叶下珠属、鹅掌柴属、紫珠属、九节属、山麻秆属、紫金牛属、卫矛属、山黄麻属等；草本层的属有大青属、牛膝属、猪屎豆属、黄花稔属、刀豆属、灯笼草属、地胆草属、丁香蓼属、耳草属、梵天花属等。此外，该分布区类型的藤本植物种类也很丰富，如菝葜属、胡椒属、崖豆藤属、锡叶藤属、薯蓣属、羊蹄甲属、鸡血藤属等。

(3) 热带亚洲和热带美洲间断分布

热带亚洲和热带美洲间断分布 21 属：地毯草属 *Axonopus*、藿香蓟属 *Ageratum*、柃属 *Eurya*、裸柱菊属 *Soliva*、木姜子属 *Litsea*、雀梅藤属 *Sageretia*、山香圆属 *Turpinia*、萼距花属 *Cuphea*、山芝麻属 *Helicteres*、槟榔青属 *Spondias*、水东哥属 *Saurauia*、矢竹属 *Pseudosasa*、南酸枣属 *Choerospondias*、紫茉莉属 *Mirabilis*、野甘草属 *Scoparia*、金腰箭属 *Synedrella*、羽芒菊属 *Tridax*、金瓜属 *Gymnopetalum* 等。这一类型包括间断分布于美洲和亚洲温暖地区的热带属，在旧世界（东半球）从亚洲可能延伸到澳大利亚东北部或西南太平洋岛屿。其中除了木姜子属、柃属所含的种类比较多，是许多森林群落中重要的优势种之一以外，其他的属如水东哥属（1种）、槟榔青属（1种）、雀梅藤属（1种）、山香圆属（1种）等多为物种数量较少的属，这些属在该区的群落中并不多见或者仅集中分布于某一或少数群落中，所起的作用不大，同时也包含一些草本属，如地毯草属、萼距花属、山芝麻属、野甘草属、紫茉莉属等。

(4) 旧世界热带分布

旧世界热带分布37属：艾纳香属 *Blumea*、芭蕉属 *Musa*、白饭树属 *Flueggea*、杜茎山属 *Maesa*、弓果黍属 *Cyrtococcum*、合欢属 *Albizia*、厚壳树属 *Ehretia*、楝属 *Melia*、露兜树属 *Pandanus*、马㼎儿属 *Zehneria*、蒲桃属 *Syzygium*、千金藤属 *Stephania*、省藤属 *Calamus*、水蔗草属 *Apluda*、水竹叶属 *Murdannia*、酸藤子属 *Embelia*、天门冬属 *Asparagus*、娃儿藤属 *Tylophora*、乌蔹莓属 *Cayratia*、无根藤属 *Cassytha*、吴茱萸属 *Evodia*、五月茶属 *Antidesma*、香茶菜属 *Isodon*、血桐属 *Macaranga*、野桐属 *Mallotus*、大沙叶属 *Pavetta*、一点红属 *Emilia*、翼核果属 *Ventilago*、玉叶金花属 *Mussaenda*、猪肚木属 *Canthium*、竹节树 *Carallia*、线柱兰属 *Zeuxine*、鸦胆子属 *Brucea*、肖蒲桃属 *Acmena*、毛茶属 *Antirhea* 等。

变型之一热带亚洲、非洲和澳洲间断分布5属：紫玉盘属 *Uvaria*、匙羹藤属 *Gymnema*、茜树属 *Aidia*、乌口树属 *Tarenna*、爵床属 *Rostellularia*。草本属中种类较多的山姜属、艾纳香属等是林下常见的成分，同时还有种数少的如弓果黍属、一点红属等在群落中也比较常见；藤本类的属包括玉叶金花属、酸藤子属、娃儿藤属、马㼎儿属、乌蔹莓属、无根藤属、紫玉盘属等也多见于次生林中，属于重要的层间植物种，在本区系中占据一定的地位；五月茶属、蒲桃属、野桐属、血桐属、楝属、厚壳树属、合欢属、杜茎山属、大沙叶属、竹节树属、鸦胆子属、肖蒲桃属、毛茶属等所含的种也是该区各地森林群落中分布较广的灌木至小乔木的组成成分。间断分布于热带亚洲、非洲和大洋洲地区的属中，紫玉盘属具有典型的热带性质。

(5) 热带亚洲至热带大洋洲分布

热带亚洲至热带大洋洲分布35属：淡竹叶属 *Lophatherum*、岗松属 *Baeckea*、广防风属 *Anisomeles*、黑面神属 *Breynia*、假鹰爪属 *Desmos*、姜属 *Zingiber*、九里香属 *Murraya*、栝楼属 *Trichosanthes*、鳞籽莎属 *Lepidosperma*、露籽草属 *Ottochloa*、栾树属 *Koelreuteria*、蜜茱萸属 *Melicope*、链珠藤属 *Alyxia*、荛花属 *Wikstroemia*、山橙属 *Melodinus*、山菅属 *Dianella*、山油柑属 *Acronychia*、桃金娘属 *Rhodomyrtus*、小二仙草属 *Gonocarpus*、野牡丹属 *Melastoma*、樟属 *Cinnamomum*、鹧鸪草属 *Eriachne*、石栗属 *Aleurites*、蜈蚣草属 *Eremochloa* 等。

本区该类型有35属，占非世界分布属的9.9%。其中在该区群落的乔木层中起重要作用的有樟属、山油柑属、水翁属等；灌木层的重要属有桃金娘属、野牡丹属、九里香、荛花属、黑面神属等；藤本属有栝楼属、山橙属、假鹰爪属、链珠藤属等，常见于密林中。该类型中属的分布已延伸至亚热带地区，为热带至亚热带山地植被或常绿次生林的重要组成成分。

(6) 热带亚洲至热带非洲分布

热带亚洲至热带非洲分布22属：狗骨柴属 *Tricalysia*、菊三七属 *Gynura*、类芦属 *Neyraudia*、龙船花属 *Ixora*、芒属 *Miscanthus*、飘拂草属 *Fimbristylis*、使君子属 *Quisqualis*、水团花属 *Adina*、藤黄属 *Garcinia*、藤槐属 *Bowringia*、筒轴茅属 *Rottboellia*、羊角拗属 *Strophanthus*、土蜜树属 *Bridelia*、野茼蒿属 *Crassocephalum*、刺葵属 *Phoenix*、荩竹属 *Microstegium*、孩儿草属 *Rungia*、鱼眼草属 *Dichrocephala*、魔芋属 *Amorphophallus*、钝果寄生属 *Taxillus*、白叶藤属 *Cryptolepis* 等。

变型之一热带亚洲和东非间断分布3属：姜花属 *Hedychium*、杨桐属 *Adinandra* 和马蓝属 *Strobilanthes* 等。

其中草本属和灌木属比较多，如类芦属、鱼眼草属、野茼蒿属等在该区的山坡灌丛和路边比较常见，而魔芋属等比较少见，一般分布于密林下潮湿之地；此外，一些藤本属如土蜜树属、狗骨柴属、莠竹属、龙船花属、藤黄属、藤槐属、刺葵属等是构成群落灌木层的重要组成成分；羊角拗属等的种类多攀缘于密林中或寄生于大树上。间断分布于热带亚洲和东非的有姜花属、马蓝属和杨桐属，东莞比较少见，且分布于低海拔的山地林中。

(7) 热带亚洲印度 - 马来西亚分布

热带亚洲印度 - 马来西亚分布 47 属：稗荩属 *Sphaerocaryum*、波罗蜜属 *Artocarpus*、草珊瑚属 *Sarcandra*、秤钩风属 *Diploclisia*、翅子树属 *Pterospermum*、葛属 *Pueraria*、构属 *Broussonetia*、海芋属 *Alocasia*、核果茶属 *Pyrenaria*、葫芦茶属 *Tadehagi*、黄牛木属 *Cratoxylum*、鸡矢藤属 *Paederia*、犁头尖属 *Typhonium*、轮环藤属 *Cyclea*、青冈属 *Cyclobalanopsis*、清风藤属 *Sabia*、润楠属 *Machilus*、夜花藤属 *Hypserpa*、银柴属 *Aporosa*、麻楝属 *Chukrasia*、箬竹属 *Indocalamus*、山胡椒属 *Lindera*、蛇根草属 *Ophiorrhiza*、石柑属 *Pothos*、细圆藤属 *Pericampylus*、夜花藤属 *Hypserpa*、山楝属 *Aphanamixis*、芋属 *Colocasia*、紫麻属 *Oreocnide*、风车藤属 *Hiptage*、沉香属 *Aquilaria*、棕叶芦属 *Thysanolaena*、棕竹属 *Rhapis*、带唇兰属 *Tainia* 等。

变型之一爪哇、喜马拉雅和华南、西南星散分布 2 属：秋枫属 *Bischofia*、木荷属 *Schima*。变型之二热带印度至华南尤以云南分布有 4 属：糯米团属 *Gonostegia*、帘子藤属 *Pottsia*、排钱树属 *Phyllodium*、簕竹属 *Bambusa*。

该类型属于旧世界热带的中心部分，其分布到达我国的西南、华南地区及台湾，甚至更北地区。我国属于世界上植物区系最为丰富的地区之一，其植物区系存在数量很多的热带亚洲分布属，该类型为该区仅次于泛热带分布的第二大分布类型。其中木本的润楠属、茶属、新木姜属、山胡椒属所含的种类多数是东莞各地森林植被中常见的优势种甚至建群种，起着举足轻重的作用。其他在该区天然林的乔木层中同样起重要作用的属还有五列木属、银柴属、麻楝属、黄牛木属、波罗蜜属、山楝属、沉香属等；构属、棕竹属等也是群落中灌木层的重要成分；藤本类的主要组成成分有秤钩风属、风车藤属、轮环藤属、细圆藤属、夜花藤属等；草本层有葛属、海芋属、蛇根草属、芋属、带唇兰属等。

(8) 北温带分布

北温带分布 21 属：稗属 *Echinochloa*、杜鹃花属 *Rhododendron*、风轮菜属 *Clinopodium*、蒿属 *Artimisia*、胡颓子属 *Elaeagnus*、荚蒾属 *Viburnum*、苦苣菜属 *Sonchus*、葡萄属 *Vitis*、槭属 *Acer*、蔷薇属 *Rosa*、忍冬属 *Lonicera*、桑属 *Morus*、山茶属 *Camellia*、山茱萸属 *Cornus*、松属 *Pinus*、盐肤木属 *Rhus*、紫菀属 *Aster* 等。

变型之一的北温带和南温带全温带间断分布 2 属：斑鸠菊属 *Vernonia*、杨梅属 *Myrica*。

北温带分布主要指的是广泛分布于欧洲、亚洲和北美洲温带地区的属。由于地理或历史的原因，部分属沿山脉向南延伸到热带地区甚至南半球温带，但其原始类型或分布重心仍在北温带。本区属于该类型的有 21 属，占非世界分布属的 5.93%。包括一些重要的木本属如槭属、忍冬属、桑属、蔷薇属、杜鹃花属、荚蒾属、胡颓子属，这些属中有不少种类属于典型的北温带分布的落叶阔叶林的乔木或灌木的优势种；还有一些藤本或草本属如葡萄属、蒿属、苦苣菜属等，这些温带属的分布对于分析该区热带区系和温带区系的相互渗透性具有重要的意义。其中杜鹃花属、槭属等一般在海拔比较高的山地、山顶或者接近山顶干旱处才有分布，如杜鹃花属的毛棉杜鹃 *Rhododendron moulmainense* 等在莲花山的山坡接近山顶处为常见种。由此可见，北温带分布在该区还是占据一定的比例，对该区的植物区系也有一定的影响，反映出其过渡性。但值得一提的是，华南地区山地林中很常见、北温带典型分布的代表属鹅耳枥属 *Carpinus* 和桦木属 *Betula* 在东莞却尚未发现有分布，深圳地区也未发现（张永夏，2001），这种现象可能与地理位置和海拔相关。

(9) 东亚和北美洲间断分布

东亚和北美洲间断分布 14 属：菖蒲属 *Acorus*、楤木属 *Aralia*、地锦属 *Parthenocissus*、枫香树属 *Liquidambar*、勾儿茶属 *Berchemia*、大茶药属 *Gelsemium*、锥属 *Castanopsis*、胡枝子属 *Lespedeza*、络石属 *Trachelospermum*、木樨属 *Osmanthus*、漆树属 *Toxicodendron*、蛇葡萄属 *Ampelopsis*、鼠刺属 *Itea* 等。

该类型包括分布于东亚和北美洲温带及亚热带地区的属。本区该类型有 14 属，占非世界分布属的 3.95%。属于这一分布类型的属所含的种数比较少，除了壳斗科的锥属在群落中具有一定优势，在较高海拔的山地林常见以外，其他多数为单种属或少种属，如蛇葡萄属、漆树属、枫香树属、鼠刺属、络石属、楤木属、菖蒲属、地锦属等，其中菖蒲属在该区的山谷沟边或溪边极为常见；鼠刺属、楤木属在典型森林群落中也比较常见，有时甚至为优势种或建群种，枫香树属隶属的金缕梅科是东亚北美特有的科，但是在本区并非优势种。

(10) 旧世界温带分布

旧世界温带分布 6 属：山菅属 *Dianella*、梨属 *Pyrus*、瑞香属 *Daphne*、鹅肠菜属 *Myosoton*、糖蜜草属 *Melinis*、水芹属 *Oenanthe*。这些是广泛分布于欧洲、亚洲中－高纬度的温带和寒温带，或有个别延伸到亚洲－非洲热带山地或澳大利亚的属。在本分布类型的 6 属中，仅有梨属和瑞香属这两属为木本植物，其余均为草本植物属，多数分布于林缘、路边，在本区系中所起的作用甚微。

(11) 温带亚洲分布

温带亚洲分布 1 属：齿果草属 *Salomonia*。

(12) 东亚（东喜马拉雅－日本）

东亚分布 16 属：八角枫属 *Alangium*、斑种草属 *Bothriospermum*、黄鹌菜属 *Youngia*、檵木属 *Loropetalum*、五加属 *Eleutherococcus*、金发草属 *Pogonatherum*、山麦冬属 *Liriope*、紫苏属 *Perilla*、石斑木属 *Raphiolepis*、刚竹属 *Phyllostachys*、枇杷属 *Eriobotrya*、勾儿茶属 *Berchemia*、南酸枣属 *Choerospondias*、桃叶珊瑚属 *Aucuba* 等。日本第三纪末才开始与中国大陆分离并逐渐独立发展起来，其植物区系和中国有着共同的起源，在地史时期还是统一的整体。而从植物区系发展史看，中国本部和喜马拉雅植物区系也是有区别的，中国植物区系在起源上是古老的，而喜马拉雅属于第三纪以后从中国植物区系衍生发展的年青成分，距今才 4000 多万年的历史，属种明显少于中国，也缺乏特有科属。总的来说，该类型分布中心还是在中国（廖文波，1992）。

本区该类型有 16 属，占非世界分布属的 4.52%。在该区系中比较重要的木本、灌木属有勾儿茶属、檵木属、南酸属枣属、石斑木属、桃叶珊瑚属等，是构成本区植被中乔、灌木层的重要组成成分，而刚竹属等所含的种类在群落中并不多见，且分布数量很少；草本属有斑种草属、黄鹌菜属、山麦冬属、紫苏属等，多数为中国－喜马拉雅分布，在群落中一般为伴生种，所见不多。总的来说，该分布类型在本区系的作用还是很小的。

(13) 中国特有分布

中国特有分布 2 属：杉木属 *Cunninghamia*、铁榄属 *Sinosideroxylon*。中国特有属是指分布范围主要限于中国境内的类型，以云南或西南地区为分布中心，向东北、向东或向西北方向辐射并逐渐减少，而主要分布于秦岭－山东以南的亚热带和热带地区，个别种可突破国界分布至如缅甸、越南等的邻近各国。该类型本区有 2 属，占非世界分布属的 0.6%。其中，杉木属是起源古老，至今残存的古特有属。

3.1.3.1.3 种子植物区系分析与讨论

植物的分布区反映了植物种的发生历史对环境的长期适应，以及许多自然因素对其影响的结果。一个植被区系的各种植物的分布区类型反映了本植被区系的地理成分特征（王荷生，1992；傅英祺等，1987）。

东莞市大岭山森林公园地处南亚热带，野生植物资源丰富，记录有野生维管植物 136 科 420 属 612 种，其中种子植物有 113 科 385 属 563 种，在广东省和东莞市植物区系中占比较大。在植物科、属的组成上，园内种子植物优势科、优势属较明显，体现出亚热带地带性科、属在公园范围内保存和发展良好。比较科与属的地理分布成分，二者在较大尺度上基本一致，但在较小尺度上，属的区系组成分析比科的区系组成分析体现了更细致的信息，能更全面地体现特定环境下植被的区系组成特征。公园种子植物科、属的区系组成成分均体现了热带成分占极大的优势，这与其所处的水平气候带性质相符，说明植物的区系组成成分具有地带性。

3.1.3.2 石松类和蕨类植物科属的地理成分

3.1.3.2.1 石松类和蕨类植物科的地理成分

东莞市大岭山森林公园共有野生乡土植物 136 科，其中石松类和蕨类植物有 23 科。根据吴兆洪和秦仁昌（1991）对中国蕨类植物科的地理成分划分，可将区内的石松类和蕨类植物科分为 4 个分布区类型（表 3-5）。

表 3-5　东莞市大岭山森林公园石松类和蕨类植物科的分布区类型

分布区类型	科数	占总科数比例（%）	科名
世界广布	7	30.43	石松科 Lycopodiaceae、卷柏科 Selaginellaceae、紫萁科 Osmundaceae、铁线蕨科 Adiantacea、蹄盖蕨科 Athyriaceae、铁角蕨科 Aspleniaceae、水龙骨科 Polypodiaceae
热带、泛热带	12	52.18	里白科 Gleicheniaceae、海金沙科 Lygodiaceae、蚌壳蕨科 Dicksoniaceae、碗蕨科 Dennstaedtiaceae、鳞始蕨科 Lindsaeaceae、凤尾蕨科 Pteridaceae、金星蕨科 Thelypteridaceae、叉蕨科 Tectariaceae、肾蕨科 Nephrolepidaceae、桫椤科 Cyatheaceae、蕨科 Pteridiaceae、中国蕨科 Sinopteridaceae
热带亚热带	3	13.04	乌毛蕨科 Blechnaceae、骨碎补科 Davalliaceae、槲蕨科 Drynariaceae
旧世界温带	1	4.35	鳞毛蕨科 Dryopteridaceae

由表 3-5 可以看到，公园的蕨类植物以热带、泛热带至热带亚热带分布的科占优势，共有 15 科，占总科数的 65.22%，优势较为明显，在一定程度上反映了该区蕨类植物区系的热带、亚热带起源的特征。温带分布所占比例极少，仅有鳞毛蕨科 Dryopteridaceae 这 1 科，主产于全球温带和亚热带高山区，但可能起源于亚洲大陆南部（Kung，1989），我国有 13 属 700 多种，主要分布于西南及喜马拉雅山，本地区多见于东莞各山地林下，共 2 属 2 种。

世界广布科有 7 科，占总科数的 30.43%，如石松科、卷柏科、紫萁科、铁线蕨科、蹄盖蕨科、铁角蕨科、水龙骨科等，其中石松科、卷柏科等为世界性分布的科，蹄盖蕨科是以北半球为主的广布科，但主产亚热带地区，铁线蕨科、水龙骨科、铁角蕨科等虽也广布全世界，但主产于热带和亚热带，其中水龙骨科、金星蕨科、凤尾蕨科以我国华南至西南亚热带为分布中心，是广东区系的表征成分，含有种类较多，为该区石松类和蕨类植物最大的几个科，东莞多见于山地，多数为附生植物，附生于温暖潮湿的密林树干上或岩石阴湿处，为山地亚热带常见的森林层外植物成分。热带、泛热带分布的有 12 科，如里白科 Gleicheniaceae、海金沙科

Lygodiaceae、蚌壳蕨科 Dicksoniaceae、碗蕨科 Dennstaedtiaceae、鳞始蕨科、凤尾蕨科、叉蕨科 Aspidiaceae 等，所占的科数最多，为总数的一半多，其中的蚌壳蕨科生长繁盛时期可追溯至中、晚侏罗纪，晚白垩纪后分布范围逐渐缩小，至今只在热带及南半球温带地区有分布；热带亚热带分布的有 3 科，其中乌毛蕨科 Blechnaceae 共有 3 属 3 种，该科在系统发育上是比较古老的，目前的分布中心为潮湿的热带地区，但其发源地可能为南极或大洋洲；骨碎补科 Davalliaceae 均以亚洲亚热带性质为主。

在我国，水龙骨科、鳞毛蕨科、蹄盖蕨科 3 科总数约占蕨类总种数的 46.3%，它们所占的高比例在我国蕨类植物区系乃至世界蕨类区系都具有一定的普遍性，这是中国蕨类植物区系的一个重要标志。东莞蕨类植物以水龙骨科、金星蕨科、凤尾蕨科和鳞始蕨科为主要特征，表明该区在中国蕨类植物区系中具有一定的典型性或者代表性。

3.1.3.2.2 石松类和蕨类植物属的地理成分

按照吴兆洪和秦仁昌（1991）等对蕨类植物属分布所作的分析，参考陆树刚（2004）、吴世福（2003）、Zang（1998）对中国蕨类植物的地理成分划分，把东莞市大岭山森林公园的石松类和蕨类植物的 35 属划分为以下分布区类型（表 3-6），具体分析如下。

表 3-6　东莞市大岭山森林公园石松类和蕨类植物属的分布区类型

分布区类型	属数	占总属数比例（%）	属名
1. 世界广布	5	14.28	卷柏属 Selaginella、铁线蕨属 Adiantum、铁角蕨属 Asplenium、沙皮蕨属 Hemigramma、鳞毛蕨属 Dryopteris
2. 泛热带分布	15	42.86	凤尾蕨属 Pteris、叉蕨属 Tectaria、鳞始蕨属 Lindsaea、乌毛蕨属 Blechnum、毛蕨属 Cyclosorus、海金沙属 Lygodium、复叶耳蕨属 Arachniodes、乌蕨属 Sphenomeris、苏铁蕨属 Brainea、里白属 Diplopterygium、狗脊属 Woodwardia、金毛狗属 Cibotium、肾蕨属 Nephrolepis、假毛蕨属 Pseudocyclosorus、蕨属 Pteridium
3. 热带至亚热带分布	12	34.29	伏石蕨属 Lemmaphyllum、崖姜蕨属 Pseudodrynaria、垂穗石松属 Palhinhaea、新月蕨属 Pronephrium、针毛蕨属 Macrothelypteris、线蕨属 Colysis、石韦属 Pyrrosia、星蕨属 Microsorum、桫椤属 Alsophila、双盖蕨属 Diplazium、碎米蕨属 Cheilosoria、阴石蕨属 Humata
4. 旧世界热带分布	2	5.71	鳞盖蕨属 Microlepia、芒萁属 Dicranopteris
5. 温带分布	1	2.86	紫萁属 Osmunda

（1）世界广布

世界广布 5 属，占总属数的 14.28%，包括卷柏属 Selaginella、铁线蕨属 Adiantum、铁角蕨属 Asplenium、沙皮蕨属 Hemigramma 和鳞毛蕨属 Dryopteris。其中，卷柏属、铁线蕨属、铁角蕨属主产热带亚热带地区。鳞毛蕨属全世界约 400 种，主产温带和亚热带地区，我国约 300 种，全国各地都有分布，公园内有 5 种，如阔鳞鳞毛蕨 Dryopteris championi 等，各地林下的溪沟边都比较常见；卷柏属被认为是现代蕨类的原始代表（张永夏等，2007）。

(2) 泛热带分布

泛热带分布的属较多，共有 15 属，占总属数 42.86%，这表明热带蕨类植物区系对该区的蕨类植物有很强的影响。例如，凤尾蕨属 *Pteris*，是该区蕨类植物中含种最多的属之一，主要分布世界热带和亚热带地区，南可达新西兰、澳大利亚及南非，北达日本北美洲，全世界共 300 多种，我国有 68 种，主要分布于华南、西南地区，部分向北分布至秦岭南坡，公园有 6 种，占总种数的 17.00%，为山地或沟谷林地酸性土壤草本层的重要组成要成分；其他属于该性质类型的还包括海金沙属 *Lygodium*、复叶耳蕨属 *Arachniodes*、乌蕨属 *Sphenomeris*、里白属 *Diplopterygium* 等。其中狗脊属 *Woodwardia* 在第三纪时为北极区分布，第四纪由于受气候影响南移，现按其地理分布当属泛热带分布类型。金毛狗属 *Cibotium* 在侏罗纪时仍属于盛期，晚白垩纪时北极、欧亚大陆及冈瓦纳地区都存在，至今分布范围已明显缩小，仅见于热带地区，我国产 2 种，其中的金毛狗 *Cibotium barometz* 分布于华南、西南至华东地区，东莞各地常见，为高大草本。

(3) 热带至亚热带分布

热带至亚热带分布 12 属，占 34.29%，仅次于泛热带分布，其中多数是以亚热带分布为主，只有少量属为热带性质，如该区分布的阴石蕨属 *Humata* 也是广东少有分布的专性热带属成分（廖文波等，1994），这就表明该区在较老的区系成分上已经有了较强的热带、亚热带分布性质。

亚热带分布属是构成广东蕨类植物区系的主体之一。例如，伏石蕨属 *Lemmaphyllum*、崖姜蕨属 *Pseudodrynaria*、双盖蕨属 *Diplazium* 等是以亚热带成分为主的。其中热带亚洲（印度 - 马来西亚）地处南北古大陆的交汇区，主要起源于古南大陆和古北大陆（劳拉古陆）南部，由于第三纪以来生物气候条件一直相对稳定，成为世界上植物区系成分最丰富的地区之一，在东莞分布该类型的属也比较多，除了以上几属外还包括针毛蕨属 *Macrothelypteris*、碎米蕨属 *Cheilosoria*、新月蕨属 *Pronephrium* 和星蕨属 *Microsorium* 等，这些属的现代分布中心在东南亚及我国的华南和西南等地，并向北延伸到湖南和贵州等地。

(4) 旧世界热带分布

旧世界热带分布 2 属，占总属数的 5.71%，分别为鳞盖蕨属、芒萁属 *Dicranopteris*。其中芒萁属在我国多分布于长江流域及以南地区，常见于荒坡荒山地带，是草本层的主要成分之一。

(5) 温带分布

温带的属在该区蕨类植物区系中所占的比例最少，仅包括紫萁属 *Osmunda* 这 1 属。紫萁属为北温带分布，说明温带蕨类植物成分在该区蕨类植物区系的影响力并不大。

3.1.3.2.3 石松类和蕨类植物区系分析与讨论

从以上数据可以看出，虽然东莞地区石松类和蕨类植物属的地理成分也比较复杂，但明显是热带、亚热带成分占绝对优势，约占该区石松类和蕨类植物区系总属数的 80%，其中泛热带所占的比例最大，达 42.86%，是热带、亚热带性质中最重要的分布类型，其分布格局表明该区的石松类和蕨类植物区系正逐渐地从热带成分向亚热带成分进行渗透和过渡；温带分布成分比例仅占约 3%，在该区系中所起的作用较小；世界分布属也占一定的比例，但其对于了解该区植物区系地理特征联系意义不大，且该分布类型中多数属的分布中心还是在热带、亚热带范围（方震东，1999）。

3.2 植被

3.2.1 自然植被

按照《中国植被》（中国植被编辑委员会，1980）中的植被区划，东莞市大岭山森林公园属于亚热带常绿阔叶林区域，原生植被为南亚热带常绿阔叶林。由于长期的人为干扰和自然演替，现在的南亚热带常绿阔叶林以次生林为主，主要由山茶科 Theaceae、樟科、壳斗科、大戟科、金缕梅科 Hamamelidaceae 等科的乔木物种为优势种、建群种组成，主要分布在石洞、茶山顶、灯心塘、莲花山山脉附近。有些人工林经过改造或由于保护，长期不砍伐，群落中也有一些野生阔叶种类侵入。其他区域主要以马尾松林、杉木林、桉树林、相思林、荔枝林等人工植被为主。公园内的植被参照《中国植被》（中国植被编辑委员会，1980）的划分原则，自然植被可以分为常绿阔叶林、竹林、针阔混交林、针叶林、灌草丛 5 种植被类型。

3.2.1.1 常绿阔叶林

公园的地带性植被为南亚热带季风常绿阔叶林，该植被类型植物多样性丰富，群落组成和结构复杂，但由于地处珠三角经济发达区域，人为活动较多，因此公园内的常绿阔叶林受人为干扰具有较强的次生性。公园内分布面积较大的常绿阔叶林植被群系包括木荷 *Schima superba*、鹅掌柴 *Heptapleurum heptaphyllum*、黧蒴锥 *Castanopsis fissa*、山乌桕 *Triadica cochinchinensis* 和黄樟 *Cinnamomum porrectum* 林等。其中，木荷林是保护区防火林带、植被恢复区的主要构成成分，在保护区分布面积较大。常绿阔叶林乔木层高度约 10 m，部分达 12~18 m，可分 1~2 层，乔木建群种成分复杂，主要有山茶科的木荷、杨桐 *Adinandra milletti* 等，樟科的黄樟、华润楠 *Machilus chinensis*、豺皮樟 *Litsea rotundifolia* var. *oblongifolia*、香叶树 *Lindera communis* 等，壳斗科的红锥 *Castanopsis hystrix*、罗浮栲 *Castanopsis faberi*、黧蒴、青冈 *Cyclobalanopsis glauca* 等，以及榕树 *Ficus microcarpa*、枫香树 *Liquidambar formosana*、楝叶吴茱萸 *Tetradium glabrifolium*、山杜英 *Elaeocarpus sylvestris*、南酸枣 *Choerospondias axillaris*、牛耳枫 *Daphniphyllum calycinum*、猴耳环 *Archidendron clypearia*、假苹婆 *Sterculia lanceolata*、岭南山竹子 *Garcinia oblongifolia* 等。林下灌木层植物主要有山鸡椒 *Litsea cubeba*、潺槁木姜子 *Litsea glutinosa*、假柿木姜子 *Litsea monopetala*、桃金娘 *Rhodomyrtus tomentosa*、降真香 *Acronychia pedunculata*、密花树 *Rapanea neriifolia*、黄毛榕 *Ficus esquiroliana*、斜叶榕 *Ficus tinctoria*、粗叶榕 *Ficus hirta*、对叶榕 *Ficus hispida*、米碎花 *Eurya chinensis*、华南毛柃 *Eurya ciliata*、秤星树 *Ilex asprella*、铁冬青 *Ilex rotunda*、三花冬青 *Ilex triflora*、狗骨柴 *Diplospora dubia*、杨桐、罗伞树 *Ardisia quinquegona*、九节 *Psychotria asiatica*、香港算盘子 *Glochidion zeylanicum*、了哥王 *Wikstroemia indica*、鼠刺 *Itea chinensis*、栀子 *Gardenia jasminoides*、野漆 *Toxicodendron succedaneum*、革叶铁榄 *Sinosideroxylon wightianum*。草本层主要有深绿卷柏 *Selaginella doederleinii*、芒萁 *Dicranopteris pedata*、半边旗 *Pteris semipinnata*、扇叶铁线蕨 *Adiantum flabellulatum* 等蕨类和莎草科、禾本科种类。常见的层间植物有买麻藤属、鸡血藤属、海金沙属、酸藤子属、菝葜属等。

3.2.1.2 竹林

公园内的竹林种类主要包括毛竹 *Phyllostachys edulis*、篲竹 *Pseudosasa hindsii*、箬竹 *Indocalamus tessellatus* 以及一些其他种类，其中又以毛竹最为典型，在公园内低海拔区域有零星分布，主要分布于水湿条件较好的山谷地段，植株高 7~10m，胸径 5~8cm，有时林内偶伴生一些其他树种，如山乌桕、木荷、八角

枫 *Alangium chinense* 等。毛竹林下一般较空旷，盖度低，由于分布区水湿条件较好，灌木较丰富，常见的伴生种有鹅掌柴、亮叶柃、九节、毛冬青 *Ilex pubescens* 等，盖度在 30% 左右；草本常见的有芒萁、淡竹叶等，盖度一般在 20%。除毛竹外，其他还有篌竹、箬竹、托竹 *Pseudosasa cantorii* 等灌木型竹以及一些草本植物，如弓果黍 *Cyrtococcum patens*、淡竹叶等，组成的种类都比较单调。

3.2.1.3 针阔混交林

东莞的针叶林主要有马尾松林、湿地松林、杉木林，多数为中龄林。其中，马尾松林是主要的林分类型。有些人工林经过改造后，人工栽植一些阔叶树种，或由于保护，长期不砍伐，群落中也有一些野生阔叶种类侵入。主要的阔叶树种包括木荷、鳞毛锥、罗浮柿 *Diospyros morrisiana*、枫香树属、鹅掌柴、黄牛木、白楸、黄樟、华润楠、山乌桕等，形成类似于针阔混交林相的人工林，高约 10m，群落郁闭度相对较高，80%~85%，林分相对复杂。灌木层主要有桃金娘、豺皮樟、酸藤子 *Embelia laeta*、粗叶榕、栀子、土蜜树、黑面神 *Breynia fruticosa*、油茶 *Camellia oleifera*、山鸡椒、三桠苦 *Melicope pteleifolia*、山乌桕、野漆。草本层有白花灯笼 *Clerodendrum fortunatum*、蟛蜞菊 *Wedelia trilobata*、岗松 *Baeckea frutescens*、芒萁、乌毛蕨 *Blechnum orientale*、蜈蚣凤尾蕨 *Pteris vittata*、鹧鸪草 *Eriachne pallescens*、鬼针草 *Bidens pilosa*、芒萁、淡竹叶 *Lophatherum gracile*。另有少量的藤本植物，如粪箕笃 *Stephania longa*、海金沙 *Lygodium japonioum*、菝葜 *Smilax china*、鸡矢藤 *Paederia scandens* 等。湿地松林为 20 世纪 80 年代人工造林而成，林下植被比较稀疏，包括芒萁、桃金娘、秤星树、米碎花、乌毛蕨、华南毛蕨 *Cyclosorus parasiticus*、双唇蕨 *Lindsaea ensifolia* 等。

3.2.1.4 针叶林

主要是马尾松林，为保护区成立前后人工飞播或自然演替形成，分布于大岭山北部、东部、马山北部和马鞍山周边山坡，马尾松林群落结构单一，仅有 1~2 个层次，以马尾松为群落的主要构成树种，群落高度 8~10m，郁闭度约 90%，其他乔木常见有山乌桕、枫香树、山鸡椒、楝叶吴茱萸、亮叶猴耳环 *Archidendron lucidum*、香叶树、豺皮樟等。灌木以桃金娘、柃属植物、栀子、鹅掌柴等植物为主。草本植物狗脊蕨 *Woodwardia japonica*、芒萁、乌毛蕨、扇叶铁线蕨、黑莎草 *Gahnia tristis* 等较多。群落间零星分布有菝葜、酸藤子、网络鸡血藤 *Millettia reticulata* 等藤本植物。

3.2.1.5 灌草丛

由于土壤贫瘠或者较频繁的人为活动造成，主要分布于保护区水库周边、山坡边缘等地，灌木主要有桃金娘、山鸡椒、杨桐、豺皮樟、米碎花、杜鹃、岗柃、黄牛木、厚叶算盘子 *Glochidion hirsutum*、山黄麻 *Trema tomentosa* 等，草本植物主要是禾本科的芒 *Miscanthus sinensis*、五节芒 *Miscanthus floridulus*、狗尾草 *Setaria viridis*，莎草科的鳞籽莎 *Lepidosperma chinensis* 等种类，间有鬼针草、蟛蜞菊、车前 *Plantago asiatica*、山菅兰 *Dianella ensifolia*、石菖蒲 *Acorus tatarinowii* 等。典型群落有桃金娘 + 岗松群落、桃金娘 + 豺皮樟 + 野牡丹群落、五节芒 + 芒群落、芒萁 + 鹧鸪草群落等。

3.2.2 人工植被

人工林在公园内普遍种植，公路两旁、水土流失严重的地方或林场外围以及一些山坡的低海拔坡段等都有栽植。主要有经济林、苗圃等。

经济林主要有桉树林、相思林两大类型，另外还有大面积的果园。桉树林分布在保护区东部、南部各地，群落郁闭度 60%~70%，乔木层高约 20 m，由于其树干直立挺拔，生长速度快，也是作为先锋树种栽植，多为 20 世纪 80 年代后期绿化栽植的人工林，主要的种类有柠檬桉 Eucalyptus citriodora、尾叶桉 Eucalyptus urophylla 和窿缘桉 Eucalyptus exserta 等，林下植被极少，仅零星分布一些如九节、马缨丹 Lantana camara、弓果黍、淡竹叶等常见种。由于相思类植物具固氮作用，可增加土壤肥力，一般作为造林的先锋树种，主要栽植的种类有大叶相思 Acacia auriculiformis、马占相思 Acacia mangium、台湾相思 Acacia confusa，群落的郁闭度多为 80% 以上，高约 15 m，多属中幼龄林。灌草层主要伴生有九节、土蜜树、黑面神、马缨丹、弓果黍、淡竹叶、铺地黍 Panicum repens 等。桉树林林分结构稍微差于相思林。

果园面积较大，占据该区林业用地面积 1/3 以上。主要有荔枝林、龙眼林和油茶林。其中，荔枝林、龙眼林占据了很大一部分，也是当地居民收入的主要来源之一。荔枝林在公园东部、北部和马鞍山周边分布较广，主要分布于公园周边、附近平地或者低海拔山地的山脚至半山腰等。在公园成立之前这些区域就存在栽种果树的历史。荔枝群落高度约 8m，以荔枝作为建群种的单优群落，郁闭度较高。管理较好的荔枝林下草本植物较少。园内种植的果树比较稀疏，覆盖度 50%~60%，高 3~5m，林下植被稀疏，种类很少，主要是一些草本类，如狗牙根 Cynodon dactylon、狗尾草、画眉草等。此外，还包括少量其他经济林，如阳桃 Averrhoa carambola、香蕉 Musa nana 等。

公园内设有苗圃，主要种植樟 Cinnamomum camphora、榕树、垂叶榕 Ficus benjamina、乌桕、山杜英、黄樟、红花荷 Rhodoleia championi、红千层 Callistemon rigidus、垂枝红千层 Callistemon viminalis 及其栽培变种、马尾松、桉树、刺葵 Phoenix hanceana、鱼尾葵 Caryota ochlandra 等植物种类，用于供应各地的城市建设和绿化用苗。

3.2.3 植被保护建议

历史上的东莞植物资源丰富，植被类型多样化，常见的植被类型有常绿季雨林、常绿阔叶林、灌草丛等，组成种类多属典型亚热带植被的优势科，如壳斗科、樟科、山茶科、大戟科、桃金娘科、杜英科、山矾科等。东莞市大岭山森林公园位于东莞西南部，其植被也是东莞植被的重要组成部分之一。但随着经济的快速发展和人口的剧增，本地区的生物多样性遭到了破坏，大量的毁林开荒，对森林的干扰频繁，使野生植物倍受人类经济活动的干扰，特别是 20 世纪五六十年代大面积的森林被破坏，使许多野生林地被改造成荔枝园、龙眼林、杧果林和人工种植的马尾松林、杉木林、桉林、相思林、竹林等。自 20 世纪 80 年代初至今，政府部门已经开始重视生物多样性和资源的保护，成立了多个自然保护区和森林公园，并积极封山育林以恢复植被。东莞市大岭山森林公园就是其中之一。为了更好地保护东莞市大岭山森林公园内的植被，特提出以下建议。

3.2.3.1 加强生态公益林建设

最大限度地保护公园内核心区的森林植被以及野生动植物生境的自然状态，使之免遭人为的破坏性干扰。对公园内尚未划建为生态公益林的林地进行合理规划，尽可能划入生态公益林，提高公园的生态公益林面积占比，为森林植被保护奠定良好基础。

3.2.3.2 开展林相改造工程

对公园区内生态质量较差的马尾松林、果园林等区域开展林相改造工程，采用抚育、补植等方法，种植本地区常见的乔木树种，进行近自然化营林改造，提高植被覆盖率，改善公园整体的森林生态与景观质量

（洪丹琳，2011）。例如，对一些树种比较单一的丘陵或人为干扰比较严重的山地植被，或者是早期栽植的人工林（马尾松林、相思林、桉树林等），可以增加栽植一些适宜当地气候环境且有浓郁地方色彩的乡土植物以实施改造。

3.2.3.3 摸清资源本底，建立保护区台账

定期开展资源调查和科研监测工作，了解公园内的生物资源、景观资源现状，梳理存在的历史遗留问题，建立台账，为科学、有效地开展森林和动植物资源的保护，合理利用部分资源，对管护成效进行评价提供科学依据。

3.2.3.4 严格审批制度，确保自然资源和生态环境不受影响

在公园范围内开展的科学考察、生态旅游、多种经营等活动，需要严格执行相关审批制度，以保护优先为前提，尽量降低对自然资源和生态环境质量的影响。在保护的前提下，积极探索保护区自然资源合理利用的途径，规范实验区内的生态旅游活动，努力创造人与自然和谐共处的自然环境。

3.2.3.5 加大保护宣传力度，提高民众保护意识

森林公园作为体现人与自然和谐相处最直接、最具体的区域，不仅是建设生态文明的前沿阵地，更是建设生态文明的重要载体和示范基地。因此需提高民众对自然保护的重要性的认识，协调好保护区与社区民众的关系，达到协同保护的目的。

3.3 植物物种及其分布

3.3.1 被子植物

东莞市大岭山森林公园内共有被子植物 133 科 508 属 774 种。被子植物的数量在全部维管植物中居主体，占 90% 左右。区内有较高经济价值的被子植物数百种，如朴树 Celtis sinensis 木材坚硬，可制家具；白桂木 Artocarpus hypargyreus 的果味酸甜，可食用或用作调味的配料，木材坚硬，纹理通直，可供建筑、家具等用；红锥材质坚重，有弹性，结构略粗，纹理直，干燥时稍爆裂，耐腐，易加工，为车、船、梁、柱、建筑及家具的优质用材；杨梅 Myrica rubra 木材质坚，供细工用，叶可提芳香油，果可食，等等。本区已知的药用被子植物种类繁多，常见的有秤星树、草珊瑚 Sarcandra glabra、火炭母 Polygonum chinensis、水蓼 Polygonum hydropiper 等。

3.3.1.1 被子植物科的组成特征

被子植物含 10 属以上的科有 12 个，占被子植物科的 9.02%，依次为禾本科、菊科、蝶形花科、茜草科、夹竹桃科、大戟科、莎草科、棕榈科、桃金娘科、苏木科、爵床科、天南星科；含 5~9 属的科有 23 个，占被子植物科的 17.29%，依次为樟科、木兰科、锦葵科、紫葳科、含羞草科、唇形科、芸香科、蔷薇科、苋科、楝科、茄科、番荔枝科、马鞭草科、山茶科、防己科、桑科、漆树科、金缕梅科、姜科、葡萄科、荨麻科、玄参科、梧桐科；含 2~4 属的科有 39 个，占被子植物科的 29.32%，依次为紫金牛科、无患子科、鸭跖草科、五加科、鼠李科、木樨科、千屈菜科、瑞香科、旋花科、山榄科、兰科、石蒜科、紫草科、车前科、蓼科、野牡丹科、

使君子科、胡椒科、酢浆草科、卫矛科、十字花科、葫芦科、百合科、五桠果科、金粟兰科、龙脑香科、伞形科、石竹科、萝摩科、壳斗科、榆科、木棉科、金丝桃科、天料木科、椴树科、菝葜科、马钱科、忍冬科、马齿苋科；仅含1个属的科有59个，占被子植物科的44.36%。

　　被子植物含10种以上的科有20个，占被子植物科的15.04%，依次为禾本科、菊科、蝶形花科、茜草科、桑科、大戟科、木兰科、樟科、桃金娘科、夹竹桃科、山茶科、唇形科、莎草科、苏木科、含羞草科、蔷薇科、紫金牛科、爵床科、棕榈科、天南星科；含5~9种的科有24个，占被子植物科的18.05%，依次为芸香科、紫葳科、锦葵科、五加科、苋科、楝科、茄科、无患子科、姜科、木樨科、蓼科、番荔枝科、百合科、荨麻科、防己科、玄参科、千屈菜科、使君子科、野牡丹科、旋花科、冬青科、菝葜科、马鞭草科、鸭跖草科；含2~4种的科有45个，占被子植物科的33.84%，依次为漆树科、金缕梅科、鼠李科、山榄科、瑞香科、葡萄科、壳斗科、山矾科、兰科、石蒜科、紫草科、车前科、十字花科、卫矛科、胡椒科、酢浆草科、杜英科、柳叶菜科、美人蕉科、椴树科、槭树科、木棉科、薯蓣科、五桠果科、伞形科、石竹科、葫芦科、山茱萸科、藤黄科、金粟兰科、金丝桃科、龙脑香科、堇菜科、天料木科、山茱萸科、忍冬科、毛茛科、榆科、灯心草科、竹芋科、芭蕉科、马钱科、萝摩科、杜鹃花科、马齿苋科；仅含1个种的科有44个，占被子植物科的33.08%。

3.3.1.2 被子植物属的组成特征

　　东莞市大岭山森林公园共有被子植物508属，含有10个种以上的属有2个，为榕属、含笑属，占子植物属的0.39%；含有5~9种的属有13个，占被子植物的2.56%，依次为蒲桃属、山茶属、耳草属、润楠属、冬青属、紫金牛属、蓼属、崖豆藤属、算盘子属、紫珠属、大青属、木莲属 Manglietia、箬竹属；含有2~4种的属有114个，占被子植物属的22.44%，依次为木姜子属、樟属、柃属、野牡丹属、榄仁树属 Terminalia、大戟属、悬钩子属、木兰属、相思树属、羊蹄甲属、鸡血藤属、云实属、锥属、山黄麻属、山矾属、酸藤子属、山姜属、闭鞘属 Costus、叶下珠属、山胡椒属、莲子草属、丁香蓼属、黄花稔属、野桐属、李属 Prunus、合欢属、含羞草属、猴耳环属、决明属、葛属、山蚂蝗属、波罗蜜属、花椒属、槭属、蛇葡萄属、素馨属、荚蒾属、美人蕉属 Canna、菝葜属、肖菝葜属、薯蓣属、杜英属、狗尾草属、铁线莲属、轮环藤属、胡椒属、焊菜属、鸡矢藤属、藤黄属、堇菜属、酢浆草属、萼距花属、莞花属、天料木属 Homalium、木荷属、桉属 Eucalyptus、红千层属 Callistemon、苹婆属、木槿属 Hibiscus、乌桕属、马缨丹属、石斑木属、鸭跖草属、刺桐属 Erythrina、黄檀属、链荚豆属、冷水花属、卫矛属、乌蔹莓属、楤木属 Aralia、鹅掌柴属、鸡蛋花属 Plumeria、山橙属、水团花属、鸡矢藤属 Paederia、九节属、玉叶金花属、忍冬属、蒿属、艾纳香属、紫菀属、鼠麹草、飞蓬属 Erigeron、夜香牛属、母草属、杜茎山属、茄属、鱼黄草属、马缨丹属 Lantana、鼠尾草属、丰花草属、鱼黄草属、芭蕉属 Musa、紫背竹芋属 Stromanthe、海芋属、石柑属、灯心草属、莎草属、薹草属、珍珠茅属、矢竹属、莠竹属、画眉草属、狼尾草属、芒属、雀稗属、黍属、山菅兰属、黑面神属、五月茶属、杜鹃花属、刺蒴麻属、梵天花属、吉贝属 Ceiba；其余属仅含有1个种，共有379个，占被子植物属的74.61%。

3.3.2 裸子植物

　　东莞市大岭山森林公园内共有裸子植物9科16属20种，仅有马尾松、杉木、小叶买麻藤、罗浮买麻藤4种为原生种，其他种类都为栽培种。马尾松、杉木分布广泛，面积大，数量很多，是针阔混交林的主要林分；

小叶买麻藤、罗浮买麻藤主要分布在海拔较高处的山脊、山顶，罗浮买麻藤相对分布数量较多，而小叶买麻藤较为少见，个体数量稀少。马尾松和杉木等是南方地区重要的用材树种，供建筑、枕木、家具、造船和造纸等用。马尾松的嫩枝、根皮、枝节、花粉、树芯、叶、松脂等均可入药，分别治跌打损伤、关节炎、外伤出血、胃痛和慢性肾炎等。原大面积栽培或野生的杉木的叶、球果、树皮、根皮等入药，分别治天疱疮、遗精、烫火伤和关节炎等。另外，小叶买麻藤为较好的纤维植物；小叶买麻藤、罗浮买麻藤都是较好的油脂植物，且种子可以食用。

3.3.3 石松类和蕨类植物

东莞市大岭山森林公园内共有石松类和蕨类植物 23 科 35 属 49 种，均为原生种类。通过调查发现国家二级保护野生蕨类植物 3 科 3 属 3 种，分别是金毛狗、桫椤 Alsophila spinulosa 和苏铁蕨 Brainea insignis。金毛狗在东莞市大岭山森林公园的各个片区都有发现，较为常见，苏铁蕨数量很少，呈零散分布，而桫椤仅发现一个群落，数量极为稀少。已知石松类和蕨类植物中有很多种类可以入药，如铺地蜈蚣 Palhinhaea cernua、深绿卷柏 Selaginella doederleinii、海金沙等。大多数蕨类植物体态多姿、淡雅秀丽，具有较高的观赏价值，可作为观赏或地被植物应用于园林、庭院绿化，也是很好的美化室内环境的观姿观叶植物。蕨类虽然没有花，但多数种类的叶子形态各异、全缘、具粗齿状、细裂或深裂、缺刻，一至多回羽状，具有独特的造型，均可构成精致美丽的图案。蕨类植物的叶背还具有孢子囊群，许多蕨类植物的孢子囊群具有鲜艳的颜色或独特的形态，如凤尾蕨属的孢子囊群整齐排列于叶背的边缘，构成精美的图案。有的蕨类植物具有巨大的羽状叶，如华南紫萁、金毛狗等的拳卷幼叶，拳卷的幅度很大，叶子上还覆盖着厚厚的褐色鳞片，或具有金黄色、紫褐色、灰白色的长毛，从而姿态奇特、优雅美观，极具观赏性。

3.3.3.1 石松类和蕨类植物科的组成特征

东莞市大岭山森林公园内共有石松类和蕨类植物 23 科，按照所含有属数的大小排序，见表 3-7。石松类和蕨类植物科的种类相对齐全，既有在系统位置上较原始的科，如石松科、海金沙科、紫萁科、里白科等，又有较为进化的科，如蚌壳蕨科，以及处于两者之间的科，如鳞始蕨科、凤尾蕨科等，亦有系统发育和进化很高的科，如水龙骨科等，表明该地区的石松类和蕨类植物在系统发育或进化上较为连贯（易绮斐等，2006）。

从表 3-7 可见，石松类和蕨类植物多数科内的属、种均缺乏，其中含 4 属以上的仅有 2 科，分别为金星蕨科和水龙骨科，各有 4 个属，5 个种，这两科所含的属数占总属数的 22.86%；含 2~3 个属的科有 5 科，分别是乌毛蕨科、鳞毛蕨科、鳞始蕨科、叉蕨科、里白科；其余 16 科都仅含有 1 个属，占总科数的 69.57%。其中含 5 种以上的有 3 科，分别为金星蕨科、水龙骨科、凤尾蕨科，这 3 科所含种数占总种数的 32.65%，由这些大科为主要组成类群，代表干旱地区生长的"中国蕨－卷柏类"植物区系不甚明显；而代表"耳蕨－鳞毛蕨"植物区系（方震东，1999；孔宪需，1984）的主要科水龙骨科、蹄盖蕨科和鳞毛蕨科等在东莞却有一定程度的发展。凤尾蕨科含有 6 个种，金星蕨科和水龙骨科含有 5 个种，鳞始蕨科含有 4 个种，乌毛蕨科、碗蕨科、鳞毛蕨科和海金沙科各含有 3 个种，叉蕨科和里白科含有 2 个种，其余的 16 科都仅含 1 个种，占总科数的 69.57%，公园内多数科内的属、种均缺乏在一定程度上反映了该区石松类和蕨类植物的古老性和残遗性。

在亚热带蕨类植物区系中占有重要地位的水龙骨科、金星蕨科、鳞毛蕨科是我国蕨类植物区系的大科（蒋道松等，2006），它们在东莞市大岭山森林公园的石松类和蕨类植物区系中同样占据主导地位，拥有属和种的数量最多，反映出该地区石松类和蕨类植物区系具有明显的亚热带性质。

表 3-7　东莞市大岭山森林公园石松类和蕨类植物科的组成

序号	科名	属的数量	种的数量
1	金星蕨科 Thelypteridaceae	4	5
2	水龙骨科 Polypodiaceae	4	5
3	乌毛蕨科 Blechnaceae	3	3
4	鳞始蕨科 Lindsaeaceae	2	4
5	鳞毛蕨科 Dryopteridaceae	2	3
6	叉蕨科 Tectariaceae	2	2
7	里白科 Gleicheniaceae	2	2
8	凤尾蕨科 Pteridaceae	1	6
9	海金沙科 Lygodiaceae	1	3
10	碗蕨科 Dennstaedtiaceae	1	3
11	蚌壳蕨科 Dicksoniaceae	1	1
12	骨碎补科 Davalliaceae	1	1
13	槲蕨科 Drynariaceae	1	1
14	卷柏科 Selaginellaceae	1	1
15	蕨科 Pteridiaceae	1	1
16	肾蕨科 Nephrolepidaceae	1	1
17	石松科 Lycopodiaceae	1	1
18	桫椤科 Cyatheaceae	1	1
19	蹄盖蕨科 Athyriaceac	1	1
20	铁角蕨科 Aspleniaceae	1	1
21	铁线蕨科 Adiantaceae	1	1
22	中国蕨科 Sinopteridaceae	1	1
23	紫萁科 Osmundaceae	1	1

3.3.3.2 石松类和蕨类植物属的组成特征

东莞市大岭山森林公园内共有石松类和蕨类植物 35 属 49 种，按照每个属所含种数的大小排序，见表 3-8，其中含有种的数量最多的为凤尾蕨属，共含有 6 种，占总属数的 2.86%；含 3 个种的有 3 属，分别为海金沙属、鳞盖蕨属和鳞始蕨属，占总属数的 8.57%；含 2 个种的有 3 属，为新月蕨属、鳞毛蕨属和石韦属，占总属数的 8.57%；其余各属均只含有 1 个种，占总属数的 80%。由此可见，东莞市大岭山森林公园的石松类和蕨类植物以仅含有 1 个种的属占优势，属内种类贫乏，且种在属中分布不均匀。

表 3-8　东莞市大岭山森林公园石松类和蕨类植物属的组成

序号	属名	种的数量
1	凤尾蕨属 *Pteris*	6
2	海金沙属 *Lygodium*	3
3	鳞始蕨属 *Lindsaea*	3
4	鳞盖蕨属 *Microlepia*	3
5	新月蕨属 *Pronephrium*	2
6	石韦属 *Pyrrosia*	2
7	鳞毛蕨属 *Dryopteris*	2
8	线蕨属 *Colysis*	1
9	阴石蕨属 *Humata*	1
10	铁角蕨属 *Asplenium*	1
11	铁线蕨属 *Adiantum*	1
12	针毛蕨属 *Macrothelypteris*	1
13	金毛狗属 *Cibotium*	1
14	里白属 *Diplopterygium*	1
15	蕨属 *Pteridium*	1
16	苏铁蕨属 *Brainea*	1
17	芒萁属 *Dicranopteris*	1
18	肾蕨属 *Nephrolepis*	1
19	紫萁属 *Osmunda*	1
20	碎米蕨属 *Cheilosoria*	1
21	狗脊属 *Woodwardia*	1
22	沙皮蕨属 *Hemigramma*	1
23	毛蕨属 *Cyclosorus*	1
24	桫椤属 *Alsophila*	1
25	星蕨属 *Microsorum*	1
26	崖姜蕨属 *Pseudodrynaria*	1
27	复叶耳蕨属 *Arachniodes*	1
28	垂穗石松属 *Palhinhaea*	1
29	双盖蕨属 *Diplazium*	1
30	叉蕨属 *Tectaria*	1
31	卷柏属 *Selaginella*	1

表 3-8　东莞市大岭山森林公园石松类和蕨类植物属的组成

（续）

序号	属名	种的数量
32	假毛蕨属 *Pseudocyclosorus*	1
33	伏石蕨属 *Lemmaphyllum*	1
34	乌蕨属 *Sphenomeris*	1
35	乌毛蕨属 *Blechnum*	1

3.3.4 植物资源

3.3.4.1 药用植物

公园内药用植物相当丰富，抗癌药有狗肝菜 *Dicliptera chinensis*、了哥王等；解表药有桑 *Morus alba*、鬼针草等；辛凉解表的有土牛膝 *Achyranthes aspera* 等；清热解毒药有山银花 *Lonicera confusa*、栀子、白花蛇舌草 *Hedyotis diffusa*、乌毛蕨、盐肤木 *Rhus chinensis*、飞扬草 *Euphorbia hirta*、火炭母、牛筋草 *Eleusine indica* 等；利水渗湿药有白花地胆草 *Elephantopus tomentosa*、积雪草 *Centella asiatica* 等；祛风除湿药有八角枫 *Alangium chinense*、枫香树 *Liquidambar formosana*、狗脊、山鸡椒、鸡矢藤、菝葜、杉木根、樟、算盘子根、毛果巴豆 *Croton lachnocarpus*、水蓼等；止血药有鳢肠 *Eclipta prostrata*、大叶紫珠 *Callicarpa macrophylla* 等；驱虫药有苦楝 *Melia azedarach* 皮等。还有清热凉血的茅莓 *Rubus parvifolius*、铁冬青 *Ilex rotunda*、长叶冻绿 *Rhamnus crenata*；清热利咽的土牛膝；平肝清热的露兜草根；清肝明目的青葙 *Celosia argentea* 种子；清热利尿的淡竹叶、车前、海金沙等；清热利湿的千根草 *Euphorbia thymifolia*、栀子、岗松、乌蔹莓 *Cayratia japonica*、酢浆草 *Oxalis corniculata*、算盘子；跌打损伤、止血、肿痛的积雪草、鳢肠、钩吻 *Gelsmium elegans*、鲫鱼胆、毛果巴豆、苎麻 *Boehmeria nivea*、薯蓣、一点红、粪箕笃、鲫鱼胆叶；活血祛瘀的两面针 *Zanthoxylum nitidum*。其他民间常用草药或凉茶有秤星树、鸡矢藤、两面针、草珊瑚 *Sarcandra glabra*、一点红 *Emilia sonchifolia*、砂仁 *Amomum villosum*、淡竹叶、车前等。许多药用植物兼有其他用途，如山鸡椒是材药兼用植物。

3.3.4.2 用材树种

传统林业以生产木材为主，故用材树种资源是林业可持续发展的基础。东莞市大岭山森林公园内有大岭山林场，种植了大量用材树种。其中，一类用材有红锥 *Castanopsis hystrix*、樟 *Cinnamomum comphora* 等；二类用材有罗浮锥 *Castanopsis fabri* 等；三类用材有香港四照花 *Dendrobenthamia hongkongensis*、华润楠 *Machilus chinensis* 等；四类用材有日本杜英 *Elaeocarpus japonicus*、竹节树 *Carallia brachiata* 等；五类用材有鼠刺等。船舶用材有樟树等；纺织用材有木荷 *Schima superba*、蕈树 *Altingia chinensis* 等；房屋建筑工程材有马尾松、杉木等；薪炭材有鹅蒴锥等；乐器用材有山乌桕 *Triadica cochinchinensis*、鹅掌柴等。

3.3.4.3 观赏植物

观赏植物在人们生活中一直扮演重要角色，因此观赏植物资源是宝贵的自然财富。其中，可作行道树的有深山含笑 *Michelia maudiae*、阴香 *Cinnamomum burmanii*、五月茶等；可作庭荫树的有榕树 *Ficus microcarpa*、樟树等；可作园景树的有福建柏 *Fokienia hodginsii*、木莲 *Manglietia fordiana* 等；可作绿篱的有小蜡 *Ligustrum sinense*、草珊瑚 *Sarcandra glabra* 等；可作盆景的有雀梅藤 *Sageretia thea*、朴树等。观花植

物有毛桃木莲 *Manglietia chingii*、兰科植物等。以观叶为主的乔木种类有阴香 *Cinnamomum brumanni*、枫香树 *Liquidambar formosana*、山乌桕等；果木类有珊瑚树 *Viburnum odoratissimum*、铁冬青、五月茶、朱砂根 *Ardisia crenata*、矮紫金牛等；藤蔓类有白花油麻藤 *Mucuna birdwoodiana*、红叶藤 *Rourea microphyllum* 等。特别是莲花山的毛棉杜鹃花早就闻名遐迩，种群数量大，是重要的旅游资源。

3.3.4.4 纤维植物

纤维植物是重要的工业原料，其中大戟科、梧桐科、榆科、荨麻科的种类较多。其中较重要的纤维植物有买麻藤属植物、刺果藤 *Buettneria aspera*、地桃花 *Urena lobata*、苎麻 *Boehmeria nivea*、紫麻 *Oreocnide frutescens*、白背叶 *Mallotus apelta*、白楸 *M. paniculatus*、光叶山黄麻 *Trema cannabina*、山黄麻 *T. orientalis*、朴树 *Celtis sinensis*、山芝麻 *Helicteres angustifolia*、五节芒、芒和青皮竹 *Bambusa textilis* 等竹类。芒秆是重要的造纸材料，秆皮可编草鞋或草席。

3.3.4.5 野生水果

野生水果资源是重要的基因资源，对于未来通过基因技术，改善水果的品质和提高抗病虫害能力，以及开发新的水果资源具有重要价值。其中，较常见的重要野生水果有南酸枣、杨梅、木竹子 *Garcinia multiflora*、岭南山竹子、桃金娘、余甘子 *Phyllanthus emblica*、罗浮柿 *Diospyros morrisiana*、悬钩子属植物等。其中豆梨 *Pyrus calleryana* 等的开发价值较大。

3.3.4.6 油脂植物

油脂植物既是重要的工业原料，又是必不可少的农业原料。其中较重要的有木油桐 *Vernicia montana*、油茶、乌桕 *Triadica sebifera*、山乌桕、棟叶吴茱萸 *Evodia meliaefolia*、香叶树 *Lindera communis*、光叶山黄麻、构树 *Broussonetia papyrifera* 等。食用油脂植物中，朱砂根 *Ardisia crenata* 种子含油率 20%~25%。黑莎草种子含油率 23.4%，脂肪酸组成以油酸 48% 和亚油酸 44% 为主。

3.3.4.7 饲料植物

公园有饲料植物多种，其中较重要的有狗牙根、水蔗草 *Apluda mutica*、弓果黍、马唐 *Digitaria sanguinalis*、筒轴茅 *Rottboellia exaltata*、莲子草 *Alternanthera sessilis*、皱果苋 *Amaranthus viridis*、落葵薯 *Anredera cordifolia* 等。

3.3.4.8 鞣料植物

鞣料植物亦是重要的工业原料资源，其中较常见的有桃金娘、猴耳环 *Pithecellobium clypearia*、山杜英 *Elaeocarpus sylvestris*、山油柑 *Acronychia pedunculata*、南酸枣、盐肤木、黑面神 *Breynia fruticosa*、菝葜属植物、土蜜树 *Bridelia tomentosa*、薯莨、龙须藤 *Bauhinia championii* 等。桃金娘的根皮、树皮和枝叶均含单宁，可提取栲胶，也可制红黄色染料；栀子的果实可提取黄色染料；薯莨具棕色肉质块根，含单宁 14%~31%，纯度为 54%~74%。

3.3.4.9 芳香植物

随着人类文明的发展和生活水平的日益提高，芳香植物的用途日益广阔。保护区有芳香植物多种，较重要的有樟树、阴香、香叶树 *Lindera communis*、山鸡椒、山油柑、紫苏 *Perilla frutescens* var. *purpurascens*、黄荆 *Vitex negundo*、牡荆 *V. negundo* var. *cannabilobia*、清香藤 *Jasminum lanceolarium*、栀子等。山鸡椒油是香料工业中的重要天然香料之一，其叶、花及果皮均含精油，是合成紫罗兰酮的主要原料，可用于化妆品、食品、烟草等香精。栀子花的浸膏得率为 0.10%~0.13%，具有栀子花鲜花香气，可用于制作多种香型化妆品香精或高级香水香精。

3.3.4.10 淀粉植物

淀粉植物是重要的工农业资源。其中较重要的有狗脊 *Woodwardia japonica*、金毛狗、三裂叶野葛 *Pueraria phaseoloides*、杨梅、菝葜、芋 *Colocasia antiquorum*、土茯苓 *Smilax glabra*、薯蓣，以及壳斗科植物等。蕨 *Pteridium aquilinum* var. *latiusculum* 的根状茎含淀粉 20%~46%，俗称蕨粉，是酿酒的上等原料之一，出酒率约 30%。淀粉可制粉皮、粉丝等。壳斗科植物的种子含淀粉，称之为木本粮食。除食用外，亦可作重要的工业原料。蝶形花科的野葛，块根肥厚，含淀粉 20% 以上。桑科薜荔 *Ficus pumila* 的果中也含较多淀粉，用于制造凉粉。

3.3.4.11 野菜植物

随着人们生活水平的提高，野菜已成为越来越受欢迎的美味佳肴。其中资源量较大且受欢迎的有少花龙葵 *Solanum americanum*、皱果苋 *Amaranthus viridis*、野茼蒿 *Crassocephalum crepidioides*、马齿苋 *Portulaca oleracea* 等。

3.3.4.12 农药植物

随着环境保护越来越成为人们关注的焦点，植物农药的应用前景日益广阔。常见种类有山鸡血藤 *Millettia dielsiana*、网络鸡血藤 *Millettia reticulata*、金钱蒲 *Acorus tatarinowii*、钩吻、毛果巴豆、海金沙、苦楝、水蓼、甘木通 *Clematis loureiroana* 等。

3.3.4.13 蜜源植物

除了荔枝、龙眼等栽培的蜜源植物外，公园内有山茶科柃属植物、潺槁木姜子 *Litsea glutinosa*、菝葜、黄牛木、荔枝等多种野生蜜源植物。

3.3.4.14 有毒植物

公园内有钩吻 *Gelsemium elegans*、驳骨丹 *Buddleja asiatica*、海芋 *Alocasia macrorrhiza*、夹竹桃 *Nerium oleander*、了哥王、羊角拗 *Strophanthus divaricatus*、野漆 7 种有毒植物。

3.3.5 外来入侵植物

本次调查发现东莞市大岭山森林公园有外来入侵植物 47 种，隶属于 17 科 37 属（表 3-9），均为被子植物。外来入侵植物的生活型包括乔木、灌木、草本、藤本，其中乔木 2 种，隶属 1 科 2 属，占总种数的 4.26%；灌木 3 种，隶属 2 科 2 属，占总种数的 6.38%；草本植物 41 种，隶属 15 科 39 属，占总种数的 88.23%；藤本植物仅 1 种，占总种数的 2.13%。可见区内野生外来入侵植物中草本植物种类数量最多，其中菊科植物最多，有 17 种，其次为禾本科植物，有 7 种。外来入侵植物中有 34 种来自美洲地区，占总种数的 72.34%，飞扬草、银合欢 *Leucaena leucocephala*、光荚含羞草 *Mimosa bimucronata*、田菁 *Sesbania cannabina*、鬼针草、南美蟛蜞菊 *Wedelia trilobata*、微甘菊 *Mikania micrantha*、假臭草 *Eupatorium catarium* 等种类危害较为严重。

表 3-9　东莞市大岭山森林公园外来入侵植物

序号	科名	属名	种中文名	种学名	生活型	原产地	生境	危害程度
1	胡椒科	草胡椒属	草胡椒	*Peperomia pellucida*	草本	热带美洲	湿地、园圃	轻度
2	石竹科	鹅肠菜属	鹅肠菜	*Myosoton aquaticum*	草本	欧洲	路旁、荒地、杂草地或田野	中度
3	苋科	苋属	皱果苋	Amaranthus viridis	草本	热带非洲	杂草地或田野	中度
4	苋科	青葙属	青葙	*Celosia argentea*	草本	印度和热带非洲	田边、丘陵、山坡	轻度
5	酢浆草科	酢浆草属	红花酢浆草	*Oxalis corymbosa*	草本	热带美洲	山地、田野、庭院、路边	中度
6	千屈菜科	萼距花属	香膏萼距花	*Cuphea balsamona*	草本	拉丁美洲	路边、湿地、荒地、草坪等	中度
7	柳叶菜科	丁香蓼属	草龙	*Ludwigia hyssopifolia*	草本	热带美洲	河滩、池塘、田边等湿地	中度
8	大戟科	大戟属	飞扬草	*Euphorbia hirta*	草本	热带美洲	平地、荒地、路旁	严重
9	大戟科	大戟属	通奶草	*Euphorbia hypericifolia*	草本	热带美洲	旷野荒地、路旁、灌丛及田间	中度
10	大戟科	大戟属	匍匐大戟	*Euphorbia prostrata*	草本	美洲	平原、路旁、荒地、城镇路旁	轻度
11	含羞草科	银合欢属	银合欢	*Leucaena leucocephala*	乔木	热带美洲	荒地、疏林	严重
12	含羞草科	含羞草属	光荚含羞草	*Mimosa bimucronata*	乔木	热带美洲	路旁、河岸、山地疏林	严重
13	含羞草科	含羞草属	巴西含羞草	*Mimosa invisa*	草本	热带美洲	山坡、旷野、果园、林地	严重
14	含羞草科	含羞草属	含羞草	*Mimosa pudica*	草本	热带美洲	旷野荒地、果园、苗圃	中度
15	蝶形花科	田菁属	田菁	*Sesbania cannabina*	草本	热带亚洲、澳大利亚	田间、路边、潮湿地	严重
16	荨麻科	冷水花属	小叶冷水花	*Pilea microphylla*	草本	热带美洲	路边、溪边、石缝	中度
17	茜草科	丰花草属	阔叶丰花草	*Borreria latifolia*	草本	热带美洲	废墟、荒地	严重
18	茜草科	丰花草属	丰花草	*Borreria stricta*	草本	热带非洲、热带亚洲	荒地、草坪、农田	中度
19	菊科	紫菀属	钻形紫菀	*Aster subulatus*	草本	北美洲	路边、农田、湿地、荒地	严重
20	菊科	鬼针草属	鬼针草	*Bidens pilosa*	草本	热带美洲	路旁、荒地、山坡、田间	严重
21	菊科	飞机草属	飞机草	*Chromolaena odorata*	草本	中美洲	路旁、荒地、山坡、田间	中度
22	菊科	白酒草属	香丝草	*Conyza bonariensis*	草本	南美洲	荒地、田边及路旁	中度
23	菊科	野茼蒿属	野茼蒿	*Crassocephalum crepidioides*	草本	非洲	山坡路旁、水边、灌丛	轻度
24	菊科	鳢肠属	鳢肠	*Eclipta prostrata*	草本	美洲	河边、田边、路旁	中度
25	菊科	一点红属	一点红	*Emilia sonchifolia*	草本	东南亚	山坡荒地、田埂、路旁	中度

（续）

序号	科名	属名	种中文名	种学名	生活型	原产地	生境	危害程度
26	菊科	菊芹属	菊芹	*Erechtites valerianaefolia*	草本	热带美洲	田边、路旁	轻度
27	菊科	飞蓬属	一年蓬	*Erigeron annuus*	草本	北美洲	旷野、路旁、沟边	中度
28	菊科	泽兰属	假臭草	*Eupatorium catarium*	草本	南美洲	荒地、荒坡、林地、果园	严重
29	菊科	假泽兰属	微甘菊	*Mikania micrantha*	藤本	中南美洲	路边、荒地、果园	严重
30	菊科	阔苞菊属	翼茎阔苞菊	*Pluchea sagittalis*	草本	南美洲	湿地、路旁、荒地、草坪	轻度
31	菊科	裸柱菊属	裸柱菊	*Soliva anthemifolia*	草本	南美洲	荒地、田野	中度
32	菊科	金腰箭属	金腰箭	*Synedrella nodiflora*	草本	热带美洲	旷野、路边、宅旁	中度
33	菊科	羽芒菊属	羽芒菊	*Tridax procumbens*	草本	热带美洲	旷野、荒地、坡地以及路旁阳处	中度
34	菊科	斑鸠菊属	夜香牛	*Vernonia cinerea*	草本	南亚	山坡旷野、荒地、田边、路旁	中度
35	菊科	蟛蜞菊属	南美蟛蜞菊	*Wedelia trilobata*	草本	热带美洲	湿地、旱地、平地、山坡	严重
36	茄科	茄属	少花龙葵	*Solanum americanum*	草本	美洲	荒地、路旁、田野	中度
37	茄科	茄属	水茄	*Solanum torvum*	灌木	美洲	路旁、荒地、山坡灌丛、湿地	严重
38	旋花科	虎掌藤属	五爪金龙	*Ipomoea cairica*	草本	热带美洲	山林、果园、街道、荒地	严重
39	马鞭草科	马缨丹属	马缨丹	*Lantana camara*	灌木	热带美洲	路旁、平地、山坡、野地	严重
40	马鞭草科	马缨丹属	蔓马缨丹	*Lantana montevidensis*	灌木	南美洲	山坡、荒地、路旁	轻度
41	禾本科	地毯草属	地毯草	*Axonopus compressus*	草本	热带美洲	低山、丘陵	轻度
42	禾本科	糖蜜草属	红毛草	*Melinis repens*	草本	非洲	庭院、野地、农田	严重
43	禾本科	黍属	大黍	*Panicum maximum*	草本	东非	农田、平地、草丛、田园	中度
44	禾本科	黍属	铺地黍	*Panicum repens*	草本	澳大利亚	海边、溪边以及潮湿之处	轻度
45	禾本科	雀稗属	两耳草	*Paspalum conjugatum*	草本	拉丁美洲	田野、林缘、荒地、草坪等	中度
46	禾本科	狼尾草属	象草	*Pennisetum purpureum*	草本	非洲	路边、湿地、平地、山坡	轻度
47	禾本科	狗尾草属	棕叶狗尾草	*Setaria palmifolia*	草本	非洲	山坡、谷地、湿地	中度

3.3.6 重点保护珍稀濒危野生植物 （续）

本次调查发现东莞市大岭山森林公园有重点保护珍稀濒危野生植物 20 种，隶属于 16 科 19 属（表 3-10、图 3-4），其中金毛狗、桫椤、苏铁蕨、香港带唇兰 *Tainia hongkongensis*、钳唇兰、宽叶线柱兰、土沉香 *Aquilaria sinensi*、白桂木等是被《国家重点保护野生植物》（2022）或《濒危野生动植物种国际贸易公约》（CITES）收录的植物。红花青藤 *Illigera rhodantha*、毛茶 *Antirhea chinensis*、红冬蛇菰 *Balanophora harlandii*、大苞鸭跖草 *Commelina paludosa*、圆柱叶灯心草 *Juncus prismatocarpus* subsp. *teretifolius*、薄叶猴耳环 *Archidendron utile*、柳叶石斑木 *Rhaphiolepis salicifolia*、大苞白山茶 *Camellia granthamiana* 等种类虽然未被列入《国家重点保护野生植物》（2022）或《濒危野生动植物种国际贸易公约》（CITES），但在东莞分布数量较少，已被收录在《东莞珍稀植物》一书，被列为予以关注。

过去，由于过度重视经济发展、砍伐森林和开发城市建设而忽略了生态环境及植物物种多样性的重要性，导致公园内一些珍稀濒危种的消失以及不少的植物种类面临濒危的境地。通过封山育林，现有植被逐步得到了恢复，部分珍稀濒危植物也被重新发现。

本次调查发现，金毛狗在东莞市大岭山森林公园内分布最为广泛，数量最多，在该区各地的山麓沟边或林下阴处比较常见，多为灌丛形式，在石洞、茶山顶片区分布最多，植株长势良好，没有遭到人为破坏，在其他片区也有零星分布。桫椤的数量很少，仅发现一个群落，分布在环境极为潮湿隐蔽的沟谷密林中，该分布点的植被保存相对较好，群落郁闭度约 90%，林内湿度很大，气温也相对较低，从而为其提供了较好的生境。苏铁蕨仅在霸王城附近有零星分布，总量不到 10 株，十分稀少。土沉香本为东莞山地雨林或低地常绿季雨林的常见优势种，但是由于当地居民采集沉香供药用，野生土沉香遭人大量砍伐，分布较为集中的林木已被砍尽，大树已极为少有，此次调查仅发现少量散生的土沉香幼苗。樟树野生种早期在珠江三角洲地区分布数量较多，但近年来分布数量逐渐减少，野生植株仅有零星分布，大部分都为人工栽种。调查中共发现 3 种兰花，其中宽叶线柱兰是首次在东莞发现，在《东莞植物志》中没有记载，本种数量很少，仅发现有 2 个种群，共计不到 20 株。香港带唇兰仅发现 1 个种群，分布在茶山顶片区，数量 20~30 株，群落位于防火林带附近的路旁，极易受到人为干扰和破坏。钳唇兰也是首次在东莞发现，在《东莞植物志》中没有记载，本种的数量最多，共计有上百株，共发现 3 个种群，其中一个种群在香港带唇兰附近，有 20~30 株，较易受到人为干扰和破坏，另外两个种群数量比较多，位于林中偏僻处，生境保护较好。

表 3-10　东莞市大岭山森林公园重点保护珍稀濒危野生植物

序号	科名	属名	种中文名	种学名	保护级别
1	金毛狗科	金毛狗属	金毛狗	*Cibotium barometz*	二级
2	桫椤科	桫椤属	桫椤	*Alsophila spinulosa*	二级
3	乌毛蕨科	苏铁蕨属	苏铁蕨	*Brainea insignis*	二级
4	瑞香科	沉香属	土沉香	*Aquilaria sinensis*	二级
5	桑科	波罗蜜属	白桂木	*Artocarpus hypargyreus*	二级
6	兰科	带唇兰属	香港带唇兰	*Tainia hongkongensis*	CITES
7	兰科	钳唇兰属	钳唇兰	*Erythrodes blumei*	CITES

（续）

序号	科名	属名	种中文名	种学名	保护级别
8	兰科	线柱兰属	宽叶线柱兰	*Zeuxine affinis*	CITES
9	樟科	樟属	樟	*Cinnamomum camphora*	需予关注
10	青藤科	青藤属	红花青藤	*Illigera rhodantha*	需予关注
11	毛茛科	铁线莲属	单叶铁线莲	*Clematis henryi*	需予关注
12	毛茛科	铁线莲属	丝铁线莲（甘木通）	*Clematis loureiroana*	需予关注
13	山茶科	山茶属	大苞白山茶	*Camellia granthamiana*	需予关注
14	山茶科	核果茶属	大果核果茶	*Pyrenaria spectabilis*	需予关注
15	蔷薇科	石斑木属	柳叶石斑木（柳叶车轮梅）	*Rhaphiolepis salicifolia*	需予关注
16	含羞草科	猴耳环属	薄叶猴耳环	*Archidendron utile*	需予关注
17	蛇菰科	蛇菰属	红冬蛇菰	*Balanophora harlandii*	需予关注
18	鸭跖草科	鸭跖草属	大苞鸭跖草	*Commelina paludosa*	需予关注
19	灯心草科	灯心草属	圆柱叶灯心草	*Juncus prismatocarpus* subsp. *teretifolius*	需予关注
20	茜草科	毛茶属	毛茶	*Antirhea chinensis*	需予关注

3.3.7 植物资源保护的建议

东莞市大岭山森林公园地处南亚热带，野生植物资源丰富，调查发现有野生维管植物136科420属612种，在东莞市植物区系中占比较大。在植物科、属的组成上，园内种子植物优势科、优势属较明显，体现出亚热带地带性科、属在公园范围内保存和发展良好；同时，园内区域性的仅具1个种的属占比较高，说明保护区的稀有物种和指示物种多样，对植物多样性的保存和发展具有重要意义。

3.3.7.1 加强栖息地和种质资源的保护

掠夺性、破坏性的乱采滥伐行为会导致植物资源被严重破坏，公园应该制定有效的野生植物资源保护措施和管理办法，禁止盲目无序的开发利用，同时加强森林资源管理，禁止任意砍伐，做好抚育、间伐、套种工作，优化林区内的树种结构，促进林木健康生长（麦智翔，2017）；建立公园的植物基因库；加强森林防火，提高森林防火水平等。对公园内的重点保护区域采取封山育林措施，严禁人类活动的干扰。加强对公园内森林生态系统自然性、完整性的保护，维护区域生物多样性稳定。

3.3.7.2 加强对重点保护珍稀植物的保护

在全面调查的基础上，确定公园内的重点保护对象，保护其生存环境，采用就地保护为主的技术措施进行保护，对受干扰严重的地区，应改善生物的生存环境，尽快恢复自然植被。在进行就地保护的同时，规划建设珍稀濒危植物苗圃，充分利用现有的种质资源，开展珍稀濒危植物的种质资源救护，建立种质基地，实行迁地保护（徐庆华等，2012）。加强与科研院所或高校的合作，实施珍稀濒危野生植物保护引种和繁育研究工作等。

钳唇兰 *Erythrodes blumei*　　香港带唇兰 *Tainia hongkongensis*　　宽叶线柱兰 *Zeuxine affinis*

土沉香 *Aquilaria sinensis*　　　　　红冬蛇菰 *Balanophora harlandii*

大苞白山茶 *Camellia granthamiana*　　　　白桂木 *Artocarpus hypargyreus*

图 3-4　重点保护珍稀濒危野生植物

金毛狗 *Cibotium barometz*

大果核果茶 *Pyrenaria spectabilis*

桫椤 Alsophila spinulosa

图 3-4　重点保护珍稀濒危野生植物（续）

3.3.7.3 规范植物的利用，大力开发乡土植物

规范人工育种植物的引入，严禁引进外来入侵植物，对公园内的道路绿化应主要采用本地物种。重视乡土植物的应用，继续深入开展园内野生观赏植物资源的调查，摸清具有观赏价值的植物种类、分布、资源状况、生态环境、种群动态等，再进一步进行收集、驯化、繁殖和推广应用。在兼顾观赏效果、经济效益的同时，协调好资源利用与环境保护之间的关系，进行可持续开发利用。

3.3.7.4 加强森林防火工作

火灾是森林资源的头号敌人，公园内森林植被茂密，枯枝落叶丰富，秋冬季节极易诱发森林火灾，因此加强区内森林防火工作是森林公园工作的重中之重。为了有效预防和扑救森林火灾、保护森林资源、维护生态安全，森林防火工作应实行预防为主、科学扑救、积极消灭的方针。在公园内建立健全森林防火专业组织机构，建立和完善必要的防火设施。建设生物防火林带、消防通道（对原有道路充分利用）等，提高森林防火水平，加强森林宣传。

3.3.7.5 加强有害生物防治

公园内的森林生态系统现运行良好，但出现了部分有害昆虫，需加强对有害虫种类、危害程度、生活习性、病虫害发生发展规律、发生面积等基本情况的了解，提前制定科学的病虫害预防方法和应急处理方案。坚持"预防为主，综合防治"的方针，采取生物防治为主、化学防治、物理方法为辅的综合防治措施。同时邀请林业有害生物防治的相关专家，对公园的工作人员进行技能培训，学习引入以虫治虫、以菌治虫、以鸟治虫等先进方法和措施。

3.3.7.6 加强外来物种防治

加强出入园区人员、周边社区和已有外来物种区域的管控与监测，防止外来生物入侵及扩散。对本土物种已构成或可能构成威胁的外来种，如鬼针草、田菁、光荚含羞草、巴西含羞草、微甘菊、南美蟛蜞菊、马缨丹等，采取综合治理措施进行清除，防止其扩大蔓延。

第4章 动物多样性

4.1 动物区系

东莞市大岭山森林公园在我国自然地理分区的三大自然区中属于东部季风区，在该区下属的 7 个分带中属于南亚热带。在动物区系中，东莞市大岭山森林公园地处东洋界下的华南区中的闽广沿海亚区。

4.2 动物物种及其分布

本次共调查到哺乳动物（也称兽类）23 种、鸟类 77 种、爬行类 18 种、两栖类 10 种、鱼类 26 种，共计 154 种。结合历史资料，东莞市大岭山森林公园有兽类 31 种、鸟类 124 种、爬行类 38 种、两栖类 19 种、鱼类 26 种，共计 238 种。

4.2.1 哺乳类

4.2.1.1 调查方法

4.2.1.1.1 大中型兽类

大中型兽类采样红外相机监测法。红外相机技术在 20 世纪 90 年代开始应用于野生动物的研究，与传统调查方法相比，红外相机调查技术具有对动物干扰小、能探测到活动隐蔽的物种、记录客观准确和受环境因素影响小等优势，因而在野生动物研究中日趋普及，逐渐成为重要的生物多样性监测手段，红外相机监测技术将为保护区制定科学的野生动物保护管理决策提供科学依据。

依据《自然保护地野外动物及栖息地的调查与评估研究——广东车八岭国家级自然保护区案例分析》中的"陆生大中型动物红外相机调查与评估规范研究"，对东莞市大岭山森林公园采取系统抽样方案进行监测，并结合保护的实际情况对保护区全区域进行每千米划分，利用 ArcGIS 将保护区全域划分成 31 个 1 km × 1 km 的千米网格。图 4-1 为红外相机实际分布图。

(1) 红外相机编号建档

对保护区每个千米网格进行编号，共计需调查 31 个千米网格，每个网格布设 1 台红外相机。提前制作 Excel 表格建档记录每台红外相机的出厂编号，布设结束后记录相机的布设编号及内存卡编号，相机编号与对

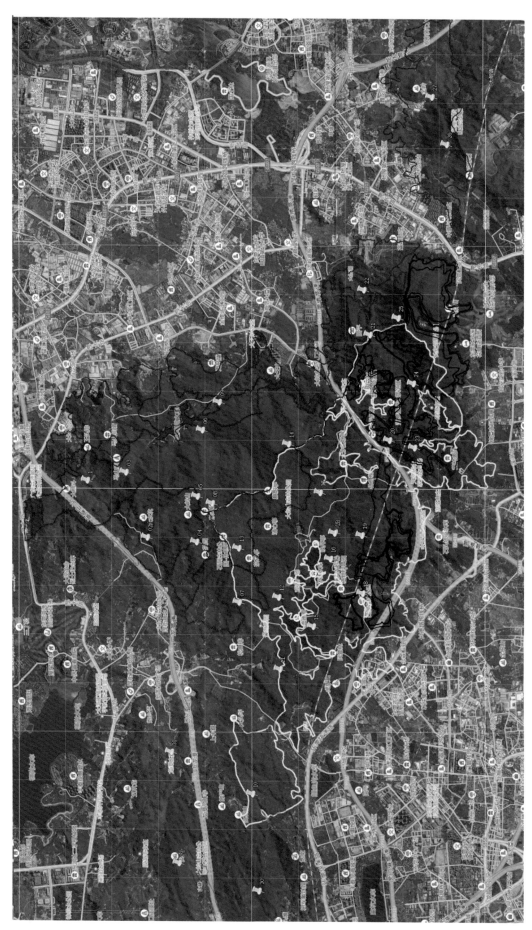

图 4-1　东莞市大岭山森林公园红外相机位点分布

应内存卡的编号要一致。

(2) 红外相机参数设置

调查使用 UVL4 型号红外相机（图 4-2），拍照物理像素为 1200 万，视频尺寸为 1080P，设置为拍照 + 视频模式，初次设置为拍照（3 张）+ 摄像（1 段 10 秒）连续 2 次拍照最短时间间隔 1 分钟，采用 24 小时全天候监测。

图 4-2 UVL4 型号红外相机

(3) 相机布设

①位点选择：选择动物活动痕迹较多的地点 (如兽径、水源点、取食痕迹较多处等) 作为相机监测位点。

②相机前方要求：需尽可能选择地势平坦、开阔，地面灌草较少的位置布设相机，相机前不要有叶片大的植物，尽可能避开阳光直射的地方；可设置一些障碍，但注意预留动物的通道，保证动物通过相机前的时间最长。

③相机高度：相机固定于离地面 30~80 cm 的树干上，相机镜头与地面平行或与地面呈 <5° 的俯视角。

④固定：相机应牢固固定在树干等自然物体上，确保相机不会以非人为方式脱落，不会轻易被非工作人员取走（图 4-3）。

⑤调试：相机安装完毕，应反复对相机进行测试，确保相机能正常工作；保证相机实际拍摄区域为预设区域，并拍摄"白板照片"；白板照片是由工作人员手持 1.5 m 左右的比例尺和该位点生境记录表进行拍照，比例尺用于参考计算红外相机所拍摄到的物种的大小。

填写记录表：记录每一台相机在每个位点上放置的日期、经纬度、植被类型、优势种、海拔、坡度、坡向、动物痕迹及人为干扰等信息，并以相机为中心记录 10 m × 10 m 样方内的植被情况，规范填写红外相机布设位点样方调查表。

⑥清理及还原现场：相机安装完毕后，应对现场进行清理，力求还原当地自然环境。

图 4-3　红外相机安装工作图

(4) 数据采集

① 数据采集程序：根据安装红外相机的监测周期，每 3~5 个月采集一次红外相机监测数据，具体采集步骤为取出相机内的 SD 卡，装入专用卡盒，同时在卡盒上写上相机编号；将提前格式化的 SD 卡放入相机，进行调试；在计算机上建立专用文件夹，使用专用软件将 SD 卡上的数据（照片）拷贝到计算机专用文件夹内。

② 电池更换：及时检查和更换电池，确保相机可正常工作。废旧电池需带回居民点处理。

③ 数据采集情况：本项目调查红外相机监测于 2021 年 11 月安放相机，2022 年 3 月底至 4 月初、8 月、12 月回收数据，共计 3 次（每次均丢失一台相机）。累计有效红外相机工作日 10240 天·台。回收照片 21136 张、视频 7775 份。进行筛选处理以后，有效照片共计 2706 张（鼠类未计入）。其中，拍摄到兽类有效照片共 647 张，占有效照片组的 23.9%；鸟类有效照片 2059 张，占 76.1%（表 4-1）。

表 4-1　东莞市大岭山森林公园红外相机有效照片

有效照片	有效照片（张）	占比（%）
兽类有效照片	647	23.9
鸟类有效照片	2059	76.1
合计	2706	100

4.2.1.1.2 小型兽类专项调查

参考《深圳兽类物种资源调查及其影响因素分析》（张礼标等，2017），对小型兽类中的翼手目、啮齿目和食虫目进行专项调查。

针对不同的兽类类群，采取不同的调查方法。主要分为2个类群：翼手目；啮齿目和食虫目。翼手目主要采取栖息地和网捕调查，啮齿目和食虫目主要采取铗夜法调查。

(1) 翼手目

针对蝙蝠的活动特点和行为习性，主要使用日栖息地调查、夜栖息地调查和网捕法调查。①蝙蝠日间聚集于日栖息地休息，如自然溶洞、穿山水利洞、下水道等，进入洞内进行调查、捕捉；对于树栖蝙蝠（如犬蝠 Cynopterus sphinx、扁颅蝠 Tylonycteris pachypus），则有针对性地对相应的植物进行调查。②夜晚蝙蝠捕食间期有可能利用废弃的楼房等作为夜栖息地进行休息、处理食物，于晚上对此类栖息地进行调查、捕捉。③傍晚开始在蝙蝠潜在的捕食区或飞行路线上布网捕捉，对捕捉到的蝙蝠分装于布袋子内，当晚23:00左右收网。

(2) 啮齿目

以铗夜法为主进行调查。根据啮齿目的生活习性、当地地形、植被类型等，选择一定的路线，调查不同生境与栖息地啮齿目的种类以及数量。于下午17:00~18:00，每条路线放置20个鼠夹，每个晚上放2条路线；每间隔5 m放置一个鼠夹，以带壳花生为诱饵；翌日早上7:00~8:00收鼠夹及被夹到的动物。

4.2.1.1.3 鉴定依据和数据处理

物种分类及鉴定参考《中国兽类野外手册》（Smith 等，2009）。动物地理区划主要参考《中国动物地理》（张荣祖，2011）。

红外相机拍摄的照片下载到计算机后，按照生境表编号建立文件夹，分别将每台相机每个地点上所拍摄的照片和视频存入对应的文件夹，以使照片与生境表相对应，将照片按兽类、鸟类、其他有效照片和无效照片等进行归类。对于同一相机位点同期触发拍摄的、时间连续的（30分钟内）、含同一物种的一组照片或视频算作1张有效照片（视频），作为1次探测。

所有数据的处理均在 Microsoft Excel 2019 中分析处理，并运用该软件作图；样线轨迹使用奥维地图、两步路 APP 合并，并用 Google Earth 生成图。

采用动物的拍摄率作为其相对多度指数。相对多度指数是指某一调查区域内，每100个单位相机日所获取某一物种在所有相机位点的独立有效照片数。拍摄率按以下公式计算：

$$RAI = Ai/N \times 100 \tag{4-1}$$

式中，*RAI* 拍摄率代表物种相对多度指数；*Ai* 代表第 *i* 类 (*i*=1，2，…，*n*) 动物出现的相片数；*N* 代表相机日。

网格占有率也称为物种相机位点出现率。指某一调查区域内，某物种被拍到的相机位点数占所有相机位点数的百分率。

$$GOi = n_i/N \times 100\% \tag{4-2}$$

式中，*GOi* 代表网格占有率；*n* 代表物种 *i* 被记录到的相机点数或者网格单元数；*N* 代表正常工作的网格单元数或者相机位点数。

4.2.1.2 红外相机调查监测结果

根据3轮红外相机监测结果，共鉴定并记录到兽类3目5科6种（表4-2）；另外，在红外相机野外安放过程中发现红背鼯鼠，合计7种。其中，食肉目3科3种，为鼬獾 Melogale moschata、花面狸 Paguma *larvata* 和豹猫 *Prionailurus bengalensis*；鲸偶蹄目 1 科 1 种，为野猪 *Sus scrofa*；啮齿目 1 科 3 种，为赤腹松鼠 *Callosciurus erythraeus*、红腿长吻松 *Dremomys pyrrhomerus* 和红背鼯鼠 *Petaurista petaurista*。此外，由于红外相机拍摄照片清晰度有限，拍摄到的鼠科物种未能鉴定到种。

表4-2 东莞市大岭山森林公园红外相机监测到的兽类信息

物种名称	有效照片	相对多度指数	网格数	网格占有率（%）
I食肉目CARNIVORA				
（一）鼬科 Mustelidae				
1.鼬獾 *Melogale moschata*	90	0.88	14	0.47
（二）灵猫科 Viverridae				
2.花面狸 *Paguma larvata*	3	0.03	2	0.07
（三）猫科 Felidae				
3.豹猫 *Prionailurus bengalensis* △	165	1.61	30	1.00
II鲸偶蹄目CETARTIODACTAYLA				
（四）猪科 Suidae				
4.野猪 *Sus scrofa*	314	3.07	28	0.93
III啮齿目RODENTA				
（五）松鼠科 Sciuridae				
5.赤腹松鼠 *Callosciurus erythraeus* △	72	0.70	18	0.60
6.红腿长吻松 *Dremomys pyrrhomerus* * △	3	0.03	3	0.10
7.红背鼯鼠 *Petaurista petaurista* △	（红外相机安装过程观察到）			
合计	647		30	

注 "*"代表中国特有种。"△"代表东莞市大岭山森林公园新记录。

在红外相机拍摄鉴定的 6 种和肉眼观察到的 1 种兽类中，仅野猪为广布种，余下 6 种为东洋界（图 4-4），无古北界物种。区系以东洋界物种为主。

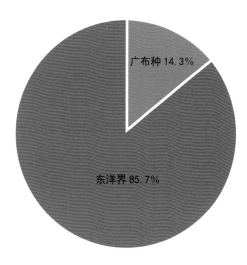

广布种 14.3%

东洋界 85.7%

图4-4 东莞市大岭山森林公园红外相机调查到的兽类区系组成

红外相机安放时间为 2021 年 11 月至 2022 年 12 月，累计相机工作日 10240 天·台，拍摄到有效照片共 2706 张（鼠类未计入），其中，兽类有效照片 647 张，占有效照片的 23.9%。

根据红外相机监测结果，监测期间，东莞市大岭山森林公园内大中型兽类优势种为野猪（相对多度指数 RAI=3.07），其次为豹猫（1.61）、鼬獾（0.88）和赤腹松鼠（0.70），而红腿长吻松鼠（0.03）和花面狸（0.03）较为少见。

根据红外相机监测（第一次收数据时 22 号相机丢失）的兽类资源所占调查网格的占有率 GOi 来看，东莞市大岭山森林公园内兽类网格占有最高的是豹猫，30 个网格均拍摄到（GOi=1.00）；其次为野猪，在 28 个网格拍到（0.93），以及赤腹松鼠（0.60）、鼬獾（0.47）；红腿长吻松鼠（0.10）、花面狸（0.07）的网格占有率则很低，分别仅在 3 个、2 个网格拍到（表 4-2）。

因此，在东莞市大岭山森林公园内，野猪的相对多度指数最高，而豹猫网格占有率最高，说明野猪的数量最多，而豹猫的活动范围最广。

统计 30 个网格相机位点兽类的拍摄情况，从兽类物种数量情况来看，拍摄兽类物种数最多的相机位点为 5、9、15、19，均拍摄到 5 种兽类；从拍摄到的有效照片来看，28、15、4、13 位点拍摄兽类有效照片最多，分别为 54 张、50 张、46 张、15 张，其次为 24、8、5 位点，分别为 40 张、37 张、30 张（图 4-5）。由此可见，15 号相机网格点拍摄到的兽类物种数和有效照片数均较高，为兽类活跃区域。

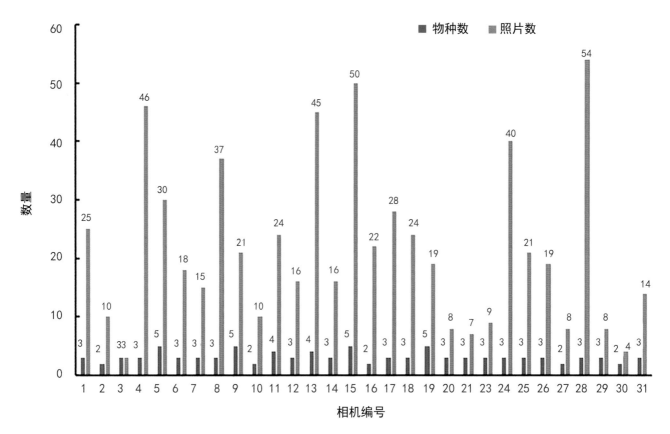

图4-5 东莞市大岭山森林公园各相机网格兽类物种数及有效照片数

4.2.1.3 重要物种的分布

4.2.1.3.1 豹猫

国家二级保护野生动物，CITES 附录 II 物种。

豹猫体长为 36~66 cm，尾长 20~37 cm，体重 1.5~8 kg，尾长超过体长的一半，从头部至肩部有 4 条黑褐色条纹，两眼内侧向上至额后各有一条白纹，耳背黑色，有一块明显的白斑，全身背面体毛为棕黄色或淡棕黄色，布满不规则黑斑点。主要栖息于山地林区、郊野灌丛和林缘村寨附近。主要以鼠类、蛙类、蜥蜴、蛇类、小型鸟类、昆虫等为食。窝穴多在树洞、土洞、石块下或石缝中；主要为地栖，但攀爬能力强，在树上活动灵敏自如。夜行性，晨昏活动较多，独栖或成对活动，善游水，喜在水塘边、溪沟边、稻田边等近水之处活动和觅食。在国内分布记录有 5 个亚种，除新疆和内蒙古的干旱荒漠、青藏高原的高海拔地区外，几乎所有的省份都有分布，保护区内广泛分布。

在东莞市大岭山森林公园内共计有 30 个位点拍摄到豹猫（图 4-6）。

图4-6　豹猫凭证照片（上）、网格分布（下）

4.2.1.3.2 鼬獾

"三有"动物。

鼬獾体重 0.5~1.6 kg；头体长 30.5~4.3 cm，尾长 11.5~21.5 cm。身体短小，吻部前突。体背为棕灰色、暗紫色或棕褐色，腹部苍白色或黄白色，尾毛毛尖灰白色或乳黄色。两眼间有近方形大块白斑，脸颊的白色花纹形状多变。头顶的白斑向后逐渐变细，与背中央的白色条纹相接或不相接。尾较短且蓬松。栖息于山地和平原，见于林缘、河谷、灌丛和草丘中。通常栖息在天然洞穴或其他动物的废弃洞穴内。杂食，取食蚯蚓、蜗牛、昆虫及其幼虫、螺类以及小型哺乳类、鸟类、鸟蛋、蛙类、果实和腐肉等。夜行性。独居或成对活动。夏秋季节繁殖，每胎产仔 2~4 只。保护区内广泛分布。

在东莞市大岭山森林公园内共计有 14 个位点拍摄到鼬獾（图 4-7）。

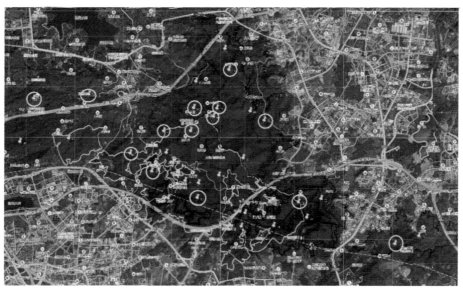

图4-7　鼬獾凭证照片（上）、网格分布（下）

4.2.1.3.3 花面狸

"三有"动物。

花面狸肢体长 48~50 cm，尾长 37~41 cm；体重 3.6~5.0 kg。体毛短而粗，体色为黄灰褐色，头部毛色较黑，由额头至鼻梁有一条明显的丝带，眼下及耳下具有白斑，背部体毛灰棕色。后头、肩、四肢末端及尾巴后半部为黑色，四肢短壮，各具五趾。趾端有爪，爪稍有伸缩性；尾长，约为体长的 2/3。为林缘兽类，夜行性动物。喜欢在黄昏、夜间和日出前活动，善于攀援。属杂食性动物，颇喜食多汁之果类；以野果和谷物为主食，也吃树枝叶，还到果园中吃水果，偶尔吃自己的粪便。保护区内广泛分布。

在东莞市大岭山森林公园内共计有 2 个位点拍摄到花面狸（图 4-8）。

图 4-8　花面狸凭证照片（上）、网格分布（下）

4.2.1.4 小型兽类调查结果

通过 2021 年 11 月，2022 年 3 月底至 4 月初、8 月的 3 轮调查，本次在东莞市大岭山森林公园调查捕捉到小型兽类 3 目 5 科 16 种。其中，劳亚食虫目 1 科 1 种，啮齿目 1 科 3 种，翼手目 3 科 12 种。翼手目的蝙蝠科 Vespertilionidae 10 种占比达 62.5%，啮齿目的鼠科 Muridae 3 种占比 18.8%，其余的各科均 1 种，各占比 6.3%（表 4-3）。

从动物地理区划来看，东莞市大岭山森林公园调查到的 16 种小型兽类以东洋界为主（14 种），另外 2 种（东亚伏翼 *Pipistrellus abramus* 和普通伏翼 *P. pipistrellus* 为广布种。

在东莞市大岭山森林公园所调查到的 16 种小型兽中，灰麝鼩 *Crocidura attenuata*、华南针毛鼠 *Niviventer huang*、黄胸鼠 *Rattus tanezumi*、中华菊头蝠 *Rhinolophus sinicus*、华南水鼠耳蝠 *Myotis laniger* 和东亚伏翼 *Pipistrellus abramus* 具有华南地区代表性，在华南地区分布较广，且种群数也较多。其中，东亚伏翼为广布种，遍布全国，主要栖息在建筑物内。

所调查到的 16 种小型兽类中，4 种为地栖型，2 种为洞栖型，6 种为建筑物栖息型，2 种为树栖型，另有 2 种既可洞栖也可树栖。

表4-3　东莞市大岭山森林公园调查到的小型兽类物种多样性和濒危现状

物种名称	生活类型	分布型	种群数量	濒危等级
I 劳亚食虫目 EULIPOTYPHLA				
（一）鼩鼱科 Soricidae				
1. 灰麝鼩 *Crocidura attenuata* △	d	OS	+++	LC
II 啮齿目 RODENTIA				
（二）鼠科 Muridae				
2. 华南针毛鼠 *Niviventer huang*	d	OS	+++	LC
3. 黑缘齿鼠 *Rattus andamanensis* △	d	OS	+++	LC
4. 黄胸鼠 *Rattus tanezumi*	d	OS	+	LC
III 翼手目 CHIROPTERA				
（三）菊头蝠科 Rhinolopidae				
5. 中华菊头蝠 *Rhinolophus sinicus* △	e	OS	+++	LC
（四）蹄蝠科 Hipposideridae				
6. 小蹄蝠 *Hipposideros pomona* △	e	OS	+++	EN
（五）蝙蝠科 Vespertilionidae				
7. 霍氏鼠耳蝠 *Myotis horsfieldii* △	e、f	OS	+	LC
8. 华南水鼠耳蝠 *Myotis laniger* △	e、f	OS	++	LC
9. 鼠耳蝠 *Myotis* sp.	f		+	
10. 灰伏翼 *Hypsugo pulveratus* △	f	OS	+	LC
11. 卡氏伏翼 *Hypsugo cadornae* △	f	OS	+	LC
12. 东亚伏翼 *Pipistrellus abramus* △	f	WS	+++	LC

物种名称	生活类型	分布型	种群数量	濒危状况
13.普通伏翼 *Pipistrellus pipistrellus*	f	WS	++	LC
14.侏伏翼 *Pipistrellus tenuis* △	f	OS	+	LC
15.华南扁颅蝠 *Tylonycteris fulvida* △	g	OS	+	LC
16.托京褐扁颅蝠 *Tylonycteris tonkinensis* △	g	OS	+	LC

注 ①生活类型：d—地栖型，e—岩洞栖息型，f—建筑物栖型，g—树栖型。②分布型：OS—东洋界，WS—广布种。③濒危等级：依据《IUCN濒危物种红色名录》，LC—无危。"△"—东莞市大岭山森林公园新记录。

4.2.1.5 兽类总体情况

合并红外相机和小型兽类专项调查，东莞市大岭山森林公园调查到的兽类合计23种，隶属于5目10科，其中翼手目物种占比超一半（52.2%）（表4-4）。

表4-4 东莞市大岭山森林公园调查到的兽类各分类阶元组成情况

目	科	种	种占比（%）
1.劳亚食虫目	1	1	4.3
2.翼手目	3	12	52.2
3.啮齿目	2	6	26.1
4.食肉目	3	3	13.0
5.鲸偶蹄目	1	1	4.3
共计	10	23	100

东莞市大岭山调查到的兽类，占广东省兽类144种（邹发生等，2016）的16%，约占中国兽类694种（魏辅文等，2022）的3.3%。

东莞市大岭山森林公园调查到的23种兽类中，20种为东洋界（占比87%），3种为广布种（占比13%）（图4-9）。

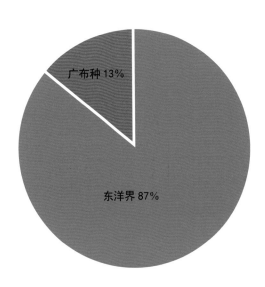

图4-9 东莞市大岭山森林公园兽类区系组成

4.2.2 鸟类

4.2.2.1 调查方法

本次东莞市大岭山森林公园鸟类监测结合红外相机监测法和样线法共同展开，红外相机监测法见本监测报告 4.2.1 红外相机监测部分。

样线法调查中，样线覆盖森林公园主要的生境类型，统计样线法内观察到的鸟类。本次调查分别于 2021 年 11 月，2022 年 3 月底至 4 月初、8 月、12 月沿 11 条固定样线进行了 4 期调查（表 4-5、图 4-10）。调查成员每人配备一架 Nikon 双筒望远镜和一支 SONY 录音笔，每组配有 300~500 mm 长焦镜头的 Nikon 单反相机一台。用双筒望远镜观测所看见的鸟类，并拍摄照片和录制其鸣声，通过记录的体形特征、鸣声和飞行姿势等，现场确定鸟种。同时填写记录表，记录鸟的种类、数量及生境等数据，已经记录过的和从后往前飞的种类不计其中，并在调查当晚对当天记录进行核实、校对。每天的调查时间集中在 6:00~10:00 和 15:00~18:00。统计所有调查数据，获得鸟类物种组成、数量、区系、群落结构、分布特征、生境偏好、空间分布等，并分析各期以及季节变化。

表 4-5　东莞市大岭山森林公园鸟类样线布设情况

编号	生境类型	起终点	海拔（m）	样线长度（m）
样线 1	阔叶林、农田、溪流、水库	113°50′32.05″E、22°50′45.96″N~113°49′48.36″E、22°49′42.24″N	24~79	3700
样线 2	阔叶林、溪流、水库	113°48′26.496″E、22°52′36.48″N~113°47′39.84″E、22°52′11.28″N	49~187	3220
样线 3	阔叶林、溪流、水库	113°46′54.15″E、22°53′58.20″N~113°47′47.04″E、22°53′13.56″N	94~245	4150
样线 4	阔叶林、溪流、水库、鱼塘	113°42′14.40″E、22°53′51.37″N~113°41′17.88″E、22°52′59.52″N	26~94	4350
样线 5	阔叶林、针阔混交林、水库	113°45′1.44″E、22°52′8.54″N~113°45′59.76″E、22°51′55.45″N	52~101	7370
样线 6	阔叶林、针阔混交林	113°41′32.28″E、22°52′17.40″N~113°43′4.08″E、22°52′59.10″N	101~271	5360
样线 7	阔叶林、针阔混交林、溪流	113°46′16.32″E、22°52′18.12″N~113°46′27.84″E、22°52′58.44″N	199~480	2450
样线 8	阔叶林、针阔混交林、溪流	113°46′16.32″E、22°52′18.12″N~113°46′27.84″E、22°52′58.44″N	199~480	2660
样线 9	阔叶林、果园、农田、水库	113°45′54″E、22°53′0.96″N~113°45′8.28″E、22°53′7.08″N	104~343	4060
样线 10	阔叶林、溪流、水库	113°47′26.52″E、22°50′26.52″N~113°48′12.60″E、22°50′45.96″N	62~189	4220
样线 11	阔叶林、针阔混交林、鱼塘	113°47′52.44″E、22°51′30.96″N~113°47′34.08″E、22°51′23.76″N	82~132	3300

物种分类参考《中国鸟类分类与分布名录（第三版）》（郑光美，2011），物种鉴定参考《中国鸟类野外手册》（约翰·马敬能，2000），地理区划主要参考《中国动物地理》（张荣祖，2011），濒危等级参考《中国脊椎动物红色名录》（蒋志刚，2016），CITES 附录参考中国 CITES 附录物种数据库（中华人民共和国濒危物种科学委员会，2013），保护等级参考《国家重点保护野生动物名录》（2021）和《广东省重点保护陆生野生动物名录》（2021）。

4.2.2.2 调查结果
4.2.2.2.1 总体情况

2021 年 11 月，2022 年 3 月至 4 月初、8 月、12 月共进行了 4 次鸟类样线调查，对应秋季、春季、夏季、冬季，并采用红外相机辅助监测。通过样线法、红外相机监测法共记录到鸟类11目32科77种（表4-6），其中样线法调查到71种，红外相机监测法拍摄到的照片中鉴定到36种。

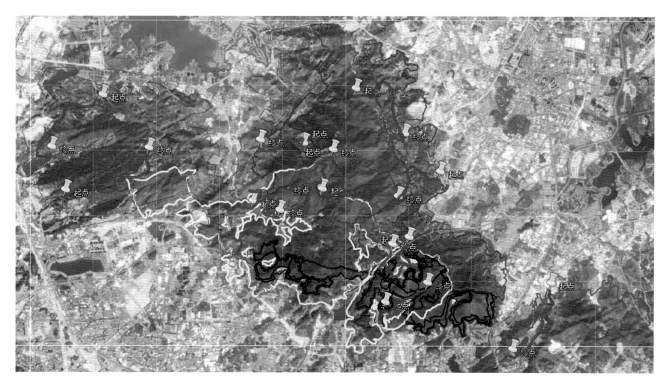

图4-10 东莞市大岭山森林公园鸟类样线分布图

表4-6 东莞市大岭山森林公园调查到的鸟类

分类	物种	区系	居留型	生态类型	保护级别	红色名录	CITES附录
1鸡形目 GALLIFORMES							
1雉科 Phasianidae							
	1灰胸竹鸡 *Bambusicola thoracicus**	OS	R	陆禽	3	LC	
2䴙䴘目 PODICIPEDIFORMES							
2䴙䴘科 Podicipedidae							
	2小䴙䴘 *Tachybaptus ruficollis* △	OS	R	游禽	3	LC	
3鸽形目 COLUMBIFORMES							
3鸠鸽科 Columbidae							
	3珠颈斑鸠 *Spilopelia chinensis*	OS	R	陆禽	3	LC	
	4山斑鸠 *Streptopelia orientalis*	CS	R	陆禽	3	LC	
	5绿翅金鸠 *Chalcophaps indica* △	OS	R	陆禽	3	LC	
4夜鹰目 RPRIMULGIFORMES							
4雨燕科 Apodidae							

(续)

分类	物种	区系	居留型	生态类型	保护级别	红色名录	CITES附录
	6 小白腰雨燕 *Apus nipalensis*	CS	S	攀禽	3	LC	
5 鹃形目 CUCULIFORMES							
5 杜鹃科 Cuculidae							
	7 褐翅鸦鹃 *Centropus sinensis*	OS	R	攀禽	二级	LC	
	8 小鸦鹃 *Centropus bengalensis*	OS	R	攀禽	二级	LC	
	9 噪鹃 *Eudynamys scolopaceus*	OS	R	攀禽	3	LC	
	10 八声杜鹃 *Cacomantis merulinus*	OS	S	攀禽	3	LC	
	11 鹰鹃 *Hierococcyx sparverioides*	OS	S	攀禽	3	LC	
6 鹤形目 GRUIFORMES							
6 秧鸡科 Rallidae							
	12 白胸苦恶鸟 *Amaurornis phoenicurus*	OS	R	涉禽	3	LC	
	13 黑水鸡 *Gallinula chloropus* △	OS	R	涉禽	S、3	LC	
	14 白喉斑秧鸡 *Rallina eurizonoides* △	OS	R	涉禽	S、3	LC	
7 鸻形目 CHARADRIFORMES							
7 反嘴鹬科 Recurvirostridae							
	15 黑翅长脚鹬 *Himantopus himantopus* △	CS	W	涉禽	S、3	LC	
8 鹬科 Scolopacidae							
	16 丘鹬 *Scolopax rusticola* △	CS	W	涉禽	3	LC	
8 鹳形目 CICONOOFORMES							
9 鹭科 Ardeidae							
	17 池鹭 *Ardeola bacchus*	OS	S、R、W	涉禽	S、3	LC	
	18 大白鹭 *Ardea alba*	CS	W、P、R	涉禽	S、3	LC	
	19 中白鹭 *Ardea intermedia*	OS	W	涉禽	S、3	LC	
	20 白鹭 *Egretta garzetta*	OS	R、W	涉禽	S、3	LC	
	21 黑冠鳽 *Gorsachius melanolophus* △	OS	R	涉禽	二级	LC	
	22 栗苇鳽 *Ixobrychus cinnamomeus*	CS	R、P	涉禽	S、3	LC	
9 鹰形目 ACCIPITRIFORMES							
10 鹰科 Accipitridae							
	23 普通𫛭 *Buteo japonicus*	PS	W	猛禽	二级	LC	II
	24 蛇雕 *Spilornis cheela*	OS	R	猛禽	二级	LC	II
	25 凤头蜂鹰 *Pernis ptilorhynchus* △	OS	S	猛禽	二级	LC	I

（续）

分类	物种	区系	居留型	生态类型	保护级别	红色名录	CITES附录
10 鸮形目 STRIGIFORMES							
11 鸱鸮科 Strigidae							
	26 领鸺鹠 *Glaucidium brodiei* △	OS	R	猛禽	二级	LC	II
11 佛法僧目 CORACIIFORMES							
12 翠鸟科 Alcedinidae							
	27 白胸翡翠 *Halcyon smyrnensis* △	CS	R	攀禽	二级	LC	II
	28 普通翠鸟 *Alcedo atthis*	OS	R	攀禽	3	LC	
12 雀形目 PASSERIFORMES							
13 山椒鸟科 Campephagidae							
	29 赤红山椒鸟 *Pericrocotus speciosus*	OS	R	鸣禽	3	LC	
14 卷尾科 Dicruridae							
	30 黑卷尾 *Dicrurus macrocercus*	OS	S	鸣禽	3	LC	
15 伯劳科 Laniidae							
	31 棕背伯劳 *Lanius schach*	OS	R	鸣禽	3	LC	
16 鸦科 Corvidae							
	32 松鸦 *Garrulus glandarius*	PS	R	鸣禽	3	LC	
	33 红嘴蓝鹊 *Urocissa erythroryncha*	OS	R	鸣禽	3	LC	
	34 喜鹊 *Pica serica*	CS	R	鸣禽	3	LC	
	35 灰树鹊 *Dendrocitta formosae*	OS	R	鸣禽	3	LC	
	36 大嘴乌鸦 *Corvus macrorhynchos*	CS	R	鸣禽		LC	
17 山雀科 Paridae							
	37 远东山雀 *Parus minor*	OS	R	鸣禽	3	LC	
18 扇尾莺科 Cisticolidae							
	38 黄腹山鹪莺 *Prinia flaviventris*	OS	R	鸣禽	3	LC	
	39 纯色山鹪莺 *Prinia inornata*	OS	R	鸣禽	3	LC	
	40 长尾缝叶莺 *Orthotomus sutorius*	OS	R	鸣禽	3	LC	
19 树莺科 Cettiidae							
	41 鳞头树莺 *Urosphena squameiceps* △	OS	W	鸣禽	3	LC	

（续）

分类	物种	区系	居留型	生态类型	保护级别	红色名录	CITES附录
20 鹎科 Pycnonotidae							
	42 红耳鹎 *Pycnonotus jocosus*	OS	R	鸣禽	3	LC	
	43 白头鹎 *Pycnonotus sinensis*	OS	R	鸣禽	3	LC	
	44 白喉红臀鹎 *Pycnonotus aurigaster*	OS	R	鸣禽	3	LC	
	45 栗背短脚鹎 *Hemixos castanonotus*	OS	R	鸣禽	3	LC	
21 柳莺科 Phylloscopidae							
	46 黄眉柳莺 *Phylloscopus inornatus* △	PS	W	鸣禽	3	LC	
22 绣眼鸟科 Zosteropidae							
	47 暗绿绣眼鸟 *Zosterops simplex*	OS	R	鸣禽	3	LC	
	48 栗颈凤鹛 *Staphida torqueola* △	OS	R	鸣禽	3	LC	
23 幽鹛科 Pellorneidae							
	49 淡眉雀鹛 *Alcippe hueti*	OS	W	鸣禽	3	LC	
24 噪鹛科 Leiothrichidae							
	50 画眉 *Garrulax canorus*	OS	R	鸣禽	二级	LC	II
	51 黑脸噪鹛 *Garrulax perspicillatus*	OS	R	鸣禽	3	LC	
	52 黑喉噪鹛 *Garrulax chinensis* △	OS	R	鸣禽	二级	LC	
	53 黑领噪鹛 *Pterorhinus pectoralis*	OS	R	鸣禽	3	LC	
25 椋鸟科 Sturnidae							
	54 八哥 *Acridotheres cristatellus*	OS	R	鸣禽	3	LC	
	55 黑领椋鸟 *Gracupica nigricollis*	OS	R	鸣禽	3	LC	
26 鸫科 Turdidae							
	56 虎斑地鸫 *Zoothera dauma* △	PS	W	鸣禽	3	LC	
	57 灰背鸫 *Turdus hortulorum*	PS	W	鸣禽	3	LC	
	58 乌灰鸫 *Turdus cardis* △	CS	W	鸣禽	3	LC	
	59 乌鸫 *Turdus mandarinus*	OS	R	鸣禽	3	LC	
	60 橙头地鸫 *Geokichla citrina* △	CS	P	鸣禽	3	LC	
27 八色鸫科 Pittidae							
	61 仙八色鸫 *Pitta nympha* △	OS	S、P	鸣禽	二级	VU	II
28 鹟科 Muscicapidae							
	62 红尾歌鸲 *Larivora sibilans* △	CS	P	鸣禽	3	LC	

（续）

（续）

分类	物种	区系	居留型	生态类型	保护级别	红色名录	CITES附录
	63 红胁蓝尾鸲 *Tarsiger cyanurus*	PS	W	鸣禽	3	LC	
	64 鹊鸲 *Copsychus saularis*	OS	R	鸣禽	3	LC	
	65 北红尾鸲 *Phoenicurus auroreus*	PS	W	鸣禽	3	LC	
	66 紫啸鸫 *Myophonus caeruleus*	OS	R	鸣禽	3	LC	
29 啄花鸟科 Dicaeidae							
	67 红胸啄花鸟 *Dicaeum ignipectus*	OS	R	鸣禽	3	LC	
30 花蜜鸟科 Nectariniidae							
	68 叉尾太阳鸟 *Aethopyga christinae*	OS	R	鸣禽	3	LC	
31 梅花雀科 Estrildidae							
	69 白腰文鸟 *Lonchura striata*	OS	R	鸣禽	3	LC	
	70 斑文鸟 *Lonchura punctulata*	OS	R	鸣禽	3	LC	
32 雀科 Passeridae							
	71 麻雀 *Passer montanus*	PS	R	鸣禽	3	LC	
33 鹡鸰科 Motacillidae							
	72 灰鹡鸰 *Motacilla cinerea*	CS	W	鸣禽	3	LC	
	73 白鹡鸰 *Motacilla alba*	PS	R、W、P	鸣禽	3	LC	
	74 树鹨 *Anthus hodgsoni*	CS	W	鸣禽	3	LC	
	75 黄腹鹨 *Anthus rubescens* △	CS	R	鸣禽	3	LC	
34 鹀科 Emberizidae							
	76 白眉鹀 *Emberiza tristrami* △	CS	W	鸣禽	S、3	LC	
	77 三道眉草鹀 *Emberiza cioides* △	OS	R、W	鸣禽	S、3	LC	

注 区系：OS—东洋界，PS—古北界，CS—广布种。居留型：R—留鸟，S—夏候鸟，W—冬候鸟，P—旅鸟。保护级别：二级—国家二级保护野生动物，3—国家保护的有重要生态、科学、社会价值的陆生野生动物，S—广东省重点保护野生动物。红色名录：EX—灭绝，EW—野外灭绝，CR—极危，EN—濒危，VU—易危，NT—近危，LC—低危，DD—数据不足。CITES附录：I—CITES附录I，II—CITES附录II。"*"—中国特有种。"△"—代表东莞市大岭山森林公园新记录。

本次调查的 77 种鸟类，约占广东省鸟类 553 种（邹发生等，2016）的 13.9%，约占中国鸟类 1445 种（郑光美，2017）的 5.3%。其中鸡形目 GALLIFORMES1 科 1 种，鹛鹧目 1 科 1 种，鸽形目 COLUMBIFORMES1 科 3 种，夜鹰目 CARPRIMULGIFORMES1 科 1 种，鹃形目 CUCULIFORMES1 科 5 种，鹤形目 GRUIFORMES1 科 3 种，鸻形目 CHARADRIFORMES2 科 2 种，鹳形目 CICONOOFORMES1 科 6 种，鹰形目 ACCIPITRIFORMES1 科 3 种，鸮形目 STRIGIFORMES1 科 1 种，佛法僧目 CORACIIFORMES1 科 2 种，雀形目 22 科 49 种。以雀形目物种最为丰富，占比达 63.6%；其次为鹳形目占 7.8%，鹃形目占 6.5%。鸟类各分类阶元组成见表 4-7。

表4-7　东莞市大岭山森林公园调查到的鸟类不同分类阶元组成

目	科数	种数	种数占比（%）
鸡形目 GALLIFORMES	1	1	1.3
鹛䴙目 PODICIPEDIFORMES	1	1	1.3
鸽形目 COLUMBIFORMES	1	3	3.9
夜鹰目 CARPRIMULGIFORMES	1	1	1.3
鹃形目 CUCULIFORMES	1	5	6.5
鹤形目 GRUIFORMES	1	3	3.9
鸻形目 CHARADRIFORMES	2	2	2.6
鹳形目 CICONOOFORMES	1	6	7.8
鹰形目 ACCIPITRIFORMES	1	3	3.9
鸮形目 STRIGIFORMES	1	1	1.3
佛法僧目 CORACIIFORMES	1	2	2.6
雀形目 PASSERIFORMES	22	49	63.6
合计　　　12	34	77	100

　　东莞市大岭山森林公园的地理位置在中国动物地理区划中属于东洋界→中印亚界→华南区→闽广沿海亚区，该区在自然保护区划上属于南亚热带常绿阔叶林及东部热带季雨林地带，主要分布热带森林、林灌草地和农田动物群。

　　结合样线调查和红外相机监测到的77种鸟类中，东洋界有52种，占调查到鸟类物种总数的67.5%；古北界物种有9种，占调查到鸟类物种总数的11.7%；广布种物种有16种，占比20.8%（表4-8）。区系组成以东洋界物种占优势，这与其所处的地理位置特征相符。

表4-8　东莞市大岭山森林公园调查到的鸟类区系组成

区系	种数	占比（%）
广布种（CS）	16	20.8
东洋界物种（OS）	52	67.5
古北界物种（PS）	9	11.7
合计	77	100

　　根据鸟类的居留情况，把鸟类分为留鸟、旅鸟和候鸟；而针对鸟类在越冬、繁殖季节迁徙与否，又把候鸟分为夏候鸟和冬候鸟。在居留型组成上，留鸟（包括以留鸟为主）有52种，占调查到鸟类物种总数的67.5%；冬候鸟（包括以冬候鸟为主）16种，占调查到鸟类物种总数的20.8%；夏候鸟（包括以夏候鸟为主）

7 种，占调查到鸟类物种总数的 9.1%；旅鸟 2 种，占比 2.6%（图 4-11）。

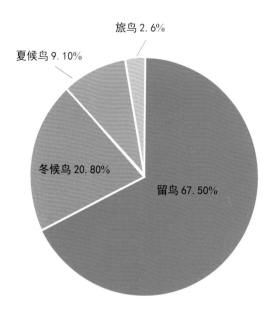

图4-11　东莞市大岭山森林公园调查到的鸟类居留型组成

　　根据鸟类的生态特征，将鸟类划分为七大生态类群，而中国有其中六个生态类群的分布，分别为游禽类、涉禽类、陆禽类、攀禽类、猛禽类和鸣禽类。调查到的 77 种鸟类，包含了该六大生态类群（图 4-12）。

(1) 游禽

　　该类群鸟类在水中取食，喜欢在水上生活，脚向后伸，趾间有蹼，有扁阔的或尖嘴，善于游泳、潜水和在水中掏取食物，大多数不善于在陆地上行走，但飞翔很快。东莞市大岭山森林公园仅调查到小䴙䴘 *Tachybaptus ruficollis* 1 种，主要在水库活动。

(2) 涉禽类

　　这是一类在滩涂或涉行于水中觅食的鸟类。东莞市大岭山森林公园范围内共调查到 11 种，占鸟类物种数的 14.3%，包括黑水鸡 *Gallinula chloropus*、丘鹬 *Eurasian woodcock*、池鹭 *Ardeola bacchus* 等。此类群在东莞市大岭山森林公园主要活动于水库、溪流边沼泽地以及临近水域的茂密林区等。

(3) 陆禽类

　　这一类群鸟类多栖息于陆地上或树上，常在地面游行取食。东莞市大岭山森林公园内调查到 4 种，其中鸡形目 1 种、鸽形目 3 种，占调查到鸟类物种数的 5.2%，包括灰胸竹鸡 *Bambusicola thoracicus*、山斑鸠 *Streptopelia orientalis*、珠颈斑鸠 *Spilopelia chinensis*、绿翅金鸠 *Chalcophaps indica*。此类群在东莞市大岭山森林公园分布较广，灌丛、常绿阔叶林等都有记录。

(4) 攀禽类

　　这一类群不善步行，善于攀缘，很少在地面活动，多在树洞、土洞中营巢。东莞市大岭山森林公园内调查到 8 种，其中鹃形目 5 种、佛法僧目 2 种，占调查到鸟类物种数的 10.4%，包括褐翅鸦鹃 *Centropus sinensis*、鹰鹃 *Hierococcyx sparverioides*、普通翠鸟 *Alcedo atthis* 等。此类群在林地范围内广泛分布，主要活动于植被较好的乔木林、灌丛植被茂密区域或干扰较少的水域附近。

(5) 猛禽类

这类鸟类生性凶猛，喙强健有力，善于飞行，视力敏锐，具有锋利的爪，善于抓捕猎物，昼行或夜行，多在树上营巢，少数在地面营巢。东莞市大岭山森林公园内调查到4种，其中鹰形目3种、鸮形目1种，占调查到鸟类物种数的5.2%，包括普通鵟 *Buteo japonicus*、蛇雕 *Spilornis cheela*、凤头蜂鹰 *Pernis ptilorhynchus*、领鸺鹠 *Glaucidium brodiei*。此类物种多隐藏于生境较好的乔木林区，也见于山体间的枯枝上。

(6) 鸣禽类

这类鸟叫声婉转多变，善于营巢，中小体型，多成群活动。包括雀形目全部物种，共49种，占调查到鸟类物种数的63.6%。此类鸟分布在各个不同的生境中，前文所述的优势种基本全为雀形目物种，说明该类群是东莞市大岭山森林公园及周边区域鸟类的主体。

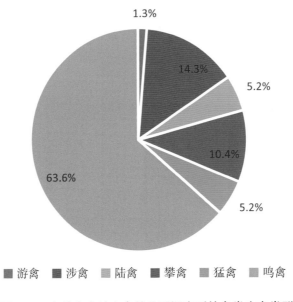

图4-12 东莞市大岭山森林公园调查到的鸟类生态类群

4.2.2.2.2 红外相机监测结果

红外相机累计工作日10240天·台，收集数据3轮，有效照片共计2706张，其中鸟类有效照片2059张，拍摄到鸟类36种。通过拍摄到的有效照片数来看，东莞市大岭山森林公园优势林下鸟类为紫啸鸫（相对多度指数RAI=6.90），其次为虎斑地鸫（4.11）、灰背鸫（3.88）、珠颈斑鸠（1.16）。

从网格占有率来看，在30个网格中占有率超过0.50的物种分别是虎斑地鸫（1.00）、灰背鸫（0.93）、紫啸鸫（0.90）、珠颈斑鸠（0.63）、褐翅鸦鹃（0.57）、乌灰鸫（0.53）、黑领噪鹛（0.53）（表4-9）。

由此可见，紫啸鸫、虎斑地鸫和灰背鸫的相对多度、拍摄率均排在前三，说明东莞市大岭山森林公园林下该3种鸟类相对丰富且分布广。

	物种名称	有效照片（张）	相对多度指数	网格数	网格占有率（%）
1.	灰胸竹鸡 *Bambusicola thoracicus*	4	0.04	2	0.07
2.	白喉斑秧鸡 *Rallina eurizonoides*	2	0.02	1	0.03
3.	珠颈斑鸠 *Spilopelia chinensis*	119	1.16	19	0.63

（续）

物种名称	有效照片（张）	相对多度指数	网格数	网格占有率（%）
4. 山斑鸠 *Streptopelia orientalis*	13	0.13	5	0.17
5. 绿翅金鸠 *Chalcophaps indica*	45	0.44	7	0.23
6. 黑冠鳽 *Gorsachius melanolophus*	10	0.10	4	0.13
7. 褐翅鸦鹃 *Centropus sinensis*	32	0.31	17	0.57
8. 小鸦鹃 *Centropus bengalensis*	6	0.06	4	0.13
9. 白胸苦恶鸟 *Amaurornis phoenicurus*	3	0.03	3	0.10
10. 丘鹬 *Scolopax rusticola*	45	0.44	9	0.30
11. 蛇雕 *Spilornis cheela*	1	0.01	1	0.03
12. 松鸦 *Garrulus glandarius*	12	0.12	5	0.17
13. 灰树鹊 *Dendrocitta formosae*	8	0.08	3	0.10
14. 红嘴蓝鹊 *Urocissa erythroryncha*	34	0.33	6	0.20
15. 仙八色鸫 *Pitta nympha*	8	0.08	4	0.13
16. 远东大山雀 *Parus minor*	1	0.01	1	0.03
17. 长尾缝叶莺 *Orthotomus sutorius*	2	0.02	1	0.03
18. 乌灰鸫 *Turdus cardis*	47	0.46	16	0.53
19. 灰背鸫 *Turdus hortulorum*	397	3.88	28	0.93
20. 乌鸫 *Turdus mandarinus*	4	0.04	2	0.07
21. 虎斑地鸫 *Zoothera dauma*	421	4.11	30	1.00
22. 橙头地鸫 *Geokichla citrina*	4	0.04	3	0.10
23. 紫啸鸫 *Myophonus caeruleus*	707	6.90	27	0.90
24. 鹊鸲 *Copsychus saularis*	3	0.03	3	0.10
25. 红尾歌鸲 *Larvivora sibilans*	22	0.21	4	0.13
26. 红胁蓝尾鸲 *Tarsiger cyanurus*	10	0.10	5	0.17
27. 黄眉柳莺 *Phylloscopus inornatus*	3	0.03	2	0.07
28. 画眉 *Garrulax canorus*	15	0.15	9	0.30
29. 黑领噪鹛 *Garrulax pectoralis*	41	0.40	16	0.53
30. 黑脸噪鹛 *Garrulax perspicillatus*	8	0.08	5	0.17
31. 黑喉噪鹛 *Garrulax chinensis*	9	0.09	5	0.17
32. 白眉鹀 *Emberiza tristrami*	8	0.08	5	0.17
33. 白头鹎 *Pycnonotus sinensis*	9	0.09	4	0.13
34. 红耳鹎 *Pycnonotus jocosus*	1	0.01	1	0.03

(续)

	物种名称	有效照片（张）	相对多度指数	网格数	网格占有率（%）
35.	鳞头树莺 *Urosphena squameiceps*	1	0.01	1	0.03
36.	北红尾鸲 *Phoenicurus auroreus*	4	0.04	1	0.03
	合计	2059		30	

表4-9　东莞市大岭山森林公园红外相机监测鸟类信息表

统计30个相机位点的鸟类拍摄情况（图4-13），从拍摄鸟类物种数量来看，拍摄鸟种最多的相机位点为1、4、24号，分别拍摄到17、15、14种鸟类，以典型的森林鸟类为主，包括绿翅金鸠、珠颈斑鸠、山斑鸠、丘鹬、褐翅鸦鹃、小鸦鹃、红嘴蓝鹊、黑领噪鹛、灰背鸫、乌灰鸫、仙八色鸫、紫啸鸫和白眉鸫等；其次为7、31、6、13、16、19号，均拍摄到超过10种鸟类。

从拍摄到有效照片来看，4、5、31号位点拍摄的鸟类有效照片较多，分别为249、240、190张，其次为2、1号，分别拍摄到135、108张。

综上，鸟类物种丰富度和个体丰富度较高的为4、1、31号，这些位点的大生境位为常绿阔叶林，周边有水源，有灌丛，适应多种鸟类栖息。

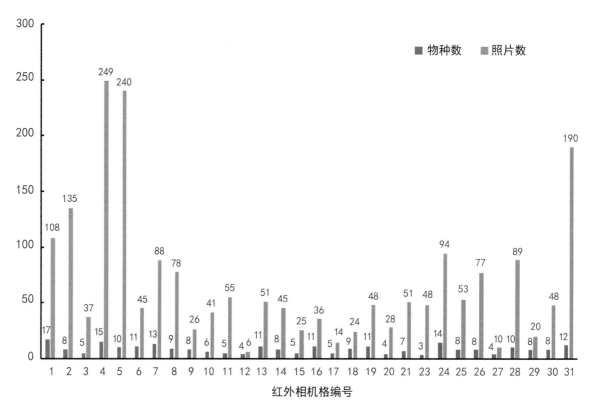

图4-13　东莞市大岭山森林公园红外相机各网格点鸟类物种数和有效照片数

4.2.3 爬行类

4.2.3.1 调查方法

在实地调查中，对样线进行详细的物种种类及数量记录，同时对森林公园各个生境梯度调查范围内的农田和居民区的菜地进行样方补充调查。由于爬行类个体对生境有不同的选择偏好，且个体分布不均匀，相对集中在溪流水塘、平坝耕作区（包括农户村舍在内）、低山或丘陵区的灌丛、草坡等适宜小生境中，因此，在野外调查时主要采用固定样线，同时辅以辅助随机样线调查法。具体调查情况如下。

爬行类的活动旺季为 4~10 月，日行性种类于早晨阳光充足时外出活动，夜间 20:00 后为夜行性种类活动的高峰期。处于繁殖期的爬行类季节性特征明显，此时最易被发现和调查，但由于其隐藏性较好，对气温变化敏感，所以可能具有很高的不可预测性。

爬行类的调查主要以固定样线法为主。具体操作为：对路线两侧进行观察寻找，沿选定的路线前进，仔细搜寻各侧的爬行动物，记录爬行类物种和数量。每条样线长度为 1~3 km，单侧宽度为 5 m。调查时间为每天 8:00~11:00、16:00~18:00、20:00~22:00。实地调查时，使用 GPS 手持定位仪对采集到的或观察到的动物进行定位，并用相机对物种及生境进行拍照，供物种鉴定和内业整理时参考。

两栖动物和爬行动物的调查同时进行。由于两栖类夜晚活跃度高，所以夜间调查会侧重两栖动物调查。

样线跨越的生境类型主要包括山间公路、路边灌丛、溪流、池塘、沼泽、稻田和常绿阔叶林等。本次调查爬行类调查样线为 8 条（表 4-10、图 4-14），调查 4 轮：2021 年 11 月，2022 年 3 月底至 4 月初、8 月、12 月。

调查过程中对遇到的爬行动物进行拍照、鉴定，记录种类数量和栖息地特点，用 GPS 和手机两步路 APP 记录地理坐标和海拔，必要时会对动物进行网捞和捕捉，鉴定记录完毕拍照后自然放生。调查过程中遇到动物尸体，现场记录、取样或者整个带回实验室做物种鉴定。

表 4-10　东莞市大岭山森林公园两栖类和爬行类样线布设情况

编号	生境类型	起终点	海拔范围（m）	样线长度（m）
样线 1	阔叶林、水库	113.698687°E、22.900388°N~ 113.682758°E、22.886293°	26~93	4352
样线 2	阔叶林、水库	113.687092°E、22.874417°N~ 113.712619°E、22.885861°	100~271	5359
样线 3	阔叶林、溪流	113.766072°E、22.874547°N~ 113.769273°E、22.885398°	198~480	2416
样线 4	阔叶林、溪流	113.769273°E、22.885398°N~ 113.765844°E、22.874960°	196~480	2642
样线 5	阔叶林、水库、溪流	113.802296°E、22.879398°N~ 113.789473°E、22.872593°	49~186	3215
样线 6	阔叶林、水库、溪流	113.769273°E、22.885398°N~ 113.765844°E、22.874960°	81~131	312
样线 7	阔叶林、水库、溪流	113.785452°E、22.843557°N~ 113.798474°E、22.848916°	61~188	4207
样线 8	阔叶林、水库	113.837111°E、22.848948°N~ 113.825059°E、22.830743°	24~79	3705

物种鉴定及分类系统依据《中国动物志爬行纲：第二卷·有鳞目蜥蜴亚目》与《中国动物志爬行纲：第三卷·有鳞目蛇亚目》（赵尔宓等，1999）、《中国蛇类（上、下卷）》（赵尔宓，2006）、《中国蛇类名录订正及其分布》（罗键等，2010）、《广东省两栖动物和爬行动物》（黎振昌等，2011）；地理区划参考《中国动物地理》（张荣祖，2011）以及部分最新分类研究文献；中国受威胁物种评估等级参考《中国物种红色名录》（汪松等，2009）；CITES附录参考中国CITES附录物种数据库（中华人民共和国濒危物种科学委员会，2019）；IUCN濒危等级以IUCN网站（http://www.iucnredlist.org/）为准。

参考文献（杨岗，2011）方法，将记录到的爬行动物个体总数在1~3只（条）、4~14只（条）、15只（条）及以上的，确定为资源量稀少（+）、一般（++）、丰富（+++）。

用优势度指数来评价保护区爬行类的种群数量状况。优势度指数（Berger-Parker优势度指数测定法）：

$$I = N_i / N \tag{4-3}$$

式中，N_i是物种i的个体数量、N是全部物种的总个体数量，当优势度指数$I \geqslant 0.1$时，即该物种为优势种（Zhang et al., 2002；Shi et al., 2005；王英永等，2008）。

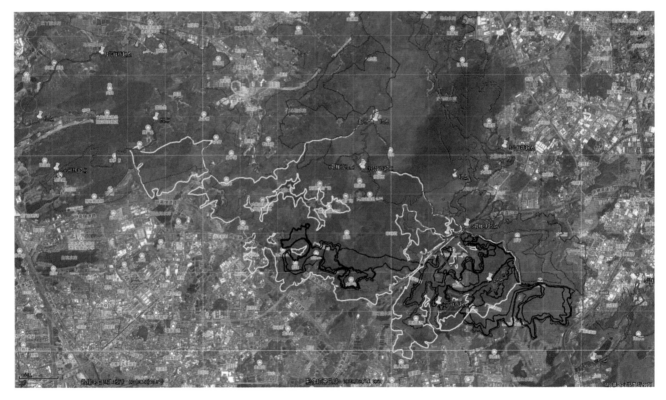

图4-14　东莞市大岭山森林公园爬行类调查样线图（红色粗线）

4.2.3.2 调查结果

通过对东莞市大岭山森林公园进行样线调查，本次共计调查到爬行动物18种，隶属于1目11科（表4-11、表4-12），约占全国462种（蔡波等，2015）的3.9%，约占全省156种爬行动物（邹发生等，2016）的11.5%。

表4-11 东莞市大岭山森林公园调查到的爬行动物不同分类阶元组成

目	科	种数	占比（%）
	壁虎科 Gekkonidae	2	11.1
	石龙子科 Scincidae	5	27.8
	鬣蜥科 Agamidae	1	5.6
	盲蛇科 Typhlopidae	1	5.6
	钝头蛇科 Pareatidae	1	5.6
有鳞目	蝰科 Viperidae	1	5.6
	水蛇科 Homalopsidae	1	5.6
	屋蛇科 Lamprophiidae	1	5.6
	眼镜蛇科 Elapidae	2	11.1
	游蛇科 Colubride	2	11.1
	闪皮蛇科 Xenodermidae	1	
11		18	100

表4-12 东莞市大岭山森林公园调查到的爬行类动物

物种名称	区系	生态类型	保护级别	资源量
一、有鳞目 SQUAMATA				
（一）壁虎科 Gekkonidae				
1. 中国壁虎 *Gekko chinensis**	S	T	3、LC	++
2. 原尾蜥虎 *Hemidactylus bowringii*	S	T	3、LC	+
（二）石龙子科 Scincidae				
3. 股鳞蜓蜥 *Sphenomorphus incognitus*	C–S	T	3、LC	+
4. 铜蜓蜥 *Sphenomorphus indicus*	C–S	T	3、LC	+
5. 中国棱蜥 *Tropidophorus sinicus* △	S	T	3、LC	+
6. 中国石龙子 *Plestiodon chinensis*	C–S	T	3、LC	+
7. 南滑蜥 *Scincella reevesii*	S	T	3、LC	+
（三）鬣蜥科 Agamidae				
8. 变色树蜥 *Calotes versicolor*	S	TA	3、LC	++
（四）盲蛇科 Typhlopidae				
9. 钩盲蛇 *Indotyphlops braminus*	C–S	T	3、LC	+
（五）钝头蛇科 Pareatidae				
10. 横纹钝头蛇 *Pareas margaritophorus* △	S	T	3、LC	+
（六）蝰科 Viperidae				
11. 白唇竹叶青蛇 *Trimeresurus albolabris*	C–S	T	3、LC	+
（七）屋蛇科 Lamprophiidae				

（续）

物种名称	区系	生态类型	保护级别	资源量
12. 紫沙蛇 *Psammodynastes pulverulentus*	S	T	3、LC	+
（八）眼镜蛇科 **Elapidae**				
13. 舟山眼镜蛇 *Naja atra*	C-S	T	3、VU	++
14. 银环蛇 *Bungarus multicinctus*	C-S	T	3、LC	+
（九）水蛇科 **Homalopsidae**				
15. 中国水蛇 *Myrrophis chinensis* △	C-S	TQ	3、LC	+
（十）游蛇科 **Colubride**				
16. 黄斑渔游蛇 *Xenochrophis flavipunctatus*	C-S	T	3、LC、III	+
（十一）闪皮蛇科 **Xenodermidae**				
17. 棕脊蛇 *Achalinus rufescens* △	C-S	T	3、LC	+
18. 三索锦蛇 *Coelognathus radiatus* △	S	T	二级、LC	+

注　区系：C—S—东洋界华中–华南区，S—东洋界华南区。生态类型：T—陆栖型，TQ—陆栖–静水型，TA—陆栖–树栖型。保护级别：二级—国家二级保护野生动物；3—国家保护的有益的或者有重要经济、科学研究价值的陆生野生动物；VU—易危，LC—无危，依据《IUCN濒危物种红色名录》；III—CITES附录III。"*"—中国特有种。"△"—东莞市大岭山森林公园新记录。资源量："+++"—15只及以上，"++"—4~14只，"+"—1~3只。

调查到的18种爬行类动物中，优势度指数前三的物种从高到低依次为中国壁虎 *Gekko chinensis*（0.190）、黄斑渔游蛇 *Xenochrophis flavipunctatus*（0.071）、变色树蜥 *Calotes versicolor*（0.071）。

记录到的18种爬行动物中属于东洋界华中–华南区共有物种的有10种，包括股鳞蜓蜥 *Sphenomorphus incognitus*、铜蜓蜥 *Lygosoma indicum*、中国石龙子 *Plestiodon chinensis*、钩盲蛇 *Indotyphlops braminus*、白唇竹叶青蛇 *Trimeresurus albolabris*、中国水蛇 *Myrrophis chinensis*、舟山眼镜蛇 *Naja atra*、银环蛇 *Bungarus multicinctus*、黄斑渔游蛇 *Xenochrophis flavipunctatus*、棕脊蛇 *Achalinus rufescens*，占该区域爬行动物种数的55.6%；其余的8个物种属于东洋界华南区（图4-15）。区系组成以华中–华南区物种略占优势，华南区物种次之，表现出明显的南亚热带动物区系特点。

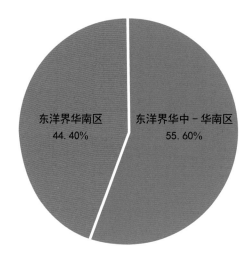

图4-15　东莞市大岭山森林公园调查到的爬行类区系组成

依据爬行动物的主要栖息地，综合考虑将爬行类归为五个生态类型：① 陆栖型（Terrestrial type, T）；② 陆栖－静水型（Terrestrial & quiet water type，TQ）；③ 陆栖－流水型（Terrestrial & running water type，TR）；④ 树栖型（Arboreal type，A）；⑤ 陆栖－树栖型（Terrestrial & arboreal type，TA）（张永宏等，2012）。

调查记录到的 18 种爬行动物，其中陆栖型有 16 种，约占该区域调查到的物种数 88.2%；陆栖－静水型和陆栖－树栖型各有 1 种，分别为中国水蛇、变色树蜥，各占 5.9%（图 4-16）。由此可见保护区的爬行类生态类型以陆栖型占优。

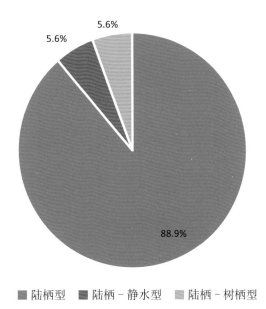

图 4-16　东莞市大岭山森林公园调查到的爬行类生态类型组成

4.2.4 两栖类

4.2.4.1 调查方法

两栖动物调查方法大致和爬行动物调查方法相同，且同步进行，样线同样为 8 条，调查 4 轮。不同的是两栖类会鸣叫，对于数量稀少、活动规律特殊、在野外很难见到实体的物种或是在一些不容易到达的区域的调查可以使用鸣声识别法。调查团队在样线法调查过程中也会结合鸣声识别法共同记录两栖动物的种类和数量；必要时捕捉鉴别后再放生。

两栖动物物种鉴定主要依据：《中国两栖动物及其分布彩色图鉴》（费梁等，2012）、《中国两栖动物彩色图鉴》《蛙科 Ranidae 系统关系研究进展与分类》（费梁等，2010）、《广东省两栖动物和爬行动物》（黎振昌等，2011）、中国两栖类网站等；濒危等级参考《中国脊椎动物红色名录》；区系分析根据《中国动物地理》（张荣祖，2011）；生态类型划分根据《中国两栖动物及其分布彩色图鉴》和相关文献；中国受威胁物种评估等级参考《中国物种红色名录》（汪松等，2009）；CITES 附录参考中国 CITES 附录物种数据库（中华人民共和国濒危物种科学委员会，2013）；IUCN 濒危等级以 IUCN 官方网站（http://www.iucnredlist.org/）为准。

所有数据的处理均在 Microsoft Excel 2019 中进行，并运用上述软件作图；样线轨迹使用奥维地图、两步路 APP 合并，并用 Google Earth 生成轨迹图。

参考文献（杨岗，2011）方法，将调查到的两栖爬行动物进行资源量等级划分：将记录到的两栖动物个体总数在 7 只以下、8~98 只、98 只以上，确定为资源量稀少（+）、一般（++）丰富（+++）。

用优势度指数来作为保护区两栖爬行动物优势种衡量方法，运用 Berger-Parker 优势度指数测定法：

$$I = N_i / N \tag{4-4}$$

式中，N_i 是物种 i 的个体数量；N 为调查到的全部物种的总个体数量，优势度指数 $I \geqslant 0.1$ 时，定为优势种。

4.2.4.2 调查结果

通过对东莞市大岭山森林公园开展两栖类样线调查，共记录到 10 种，隶属于 1 目 6 科（表 4-13、表 4-14），约占全国已记录 406 种（费梁等，2012）的 2.5%，占广东省已记录的 75 种（邹发生等，2016）的 13.3%。

表 4-13　东莞市大岭山森林公园调查到的两栖动物不同分类阶元组成

目	科	种数	占比（%）
无尾目	蟾蜍科 Bufonidae	1	10
	角蟾科 Megophryidae	1	10
	蛙科 Ranidae	2	20
	叉舌蛙科 Dicroglossidae	2	20
	树蛙科 Rhacophoridae	1	10
	姬蛙科 Microhylidds	3	30
6		10	100

表 4-14　东莞市大岭山森林公园调查到的两栖类动物

物种名称	区系	生态类型	保护级别	资源量
I 无尾目 ANURA				
（一）角蟾科 Megophryidae				
1. 东莞角蟾 *Panophrys dongguanensis* * △	S	TQ	S、NA	+
（二）蟾蜍科 Bufonidae				
2. 黑眶蟾蜍 *Duttaphrynus melanostictus*	OW	TQ	3、LC	++
（三）蛙科 Ranidae				
3. 沼水蛙 *Hylarana guentheri*	OW	TQ	3、LC	++
4. 大绿臭蛙 *Odorrana graminea*	C–S	TR	3、DD	+
（四）叉舌蛙科 Dicroglossidae				
5. 泽陆蛙 *Fejervarya multistriata*	W	TQ	3、DD	+
6. 小棘蛙 *Quasipaa exilispinosa* * △	C–S	TQ	3、LC	+
（五）树蛙科 Rhacophoridae				
7. 斑腿泛树蛙 *Polypedates megacephalus*	OW	A	3、LC	+

（续）

物种名称	区系	生态类型	保护级别	资源量
（六）姬蛙科 Microhylidds				
8. 粗皮姬蛙 *Microhyla butleri*	S	TQ	3、LC	+
9. 花狭口蛙 *Kaloula pulchra*	S	TQ	3、LC	++
10. 花细狭口蛙 *Kalophrynus interlineatus* △	S	TQ	3、LC	+

注　区系：S—东洋界华南区物种，C-S-东洋界华中-华南区共有种，OW东洋界广布种，W广布种。生态类型：TQ—陆栖-静水型，TR—陆栖-流水型，A—树栖型。保护级别：3—国家保护的有益的或者有重要经济、科学研究价值的陆生野生动物，S—广东省重点保护野生动物，LC—无危，DD—数据不足，NA—未评估。"*"—中国特有种。"△"—东莞市大岭山森林公园新记录。资源量："+++"—调查数量大于98，"++"—调查数量8~98，"+"—调查数量1-7。

调查到的 10 种两栖类动物中，属于优势种的有 3 种，优势度指数从高到低依次为黑眶蟾蜍 *Duttaphrynus melanostictus*（0.61）、花狭口蛙 *Kaloula pulchra*（0.13）、沼水蛙 *Hylarana guentheri*（0.10）。

记录到的 10 种两栖动物中属于广布种的有 1 种，为泽陆蛙 *Fejervarya multistriata*，占该区域调查到的两栖动物种数的10%；属于东洋界广布种的有 3 种，为黑眶蟾蜍、沼水蛙和斑腿泛树蛙 *Polypedates megacephalus*，占30%；属于东洋界华南区物种的有 4 种，为东莞角蟾 *Panophrys dongguanensis*、粗皮姬蛙 *Microhyla butleri*、花狭口蛙和花细狭口蛙 *Kalophrynus interlineatus*，占比最高，为40%；属于东洋界华中 - 华南区的物种有 2 种，为大绿臭蛙 *Odorrana graminea* 和小棘蛙 *Quasipaa exilispinosa*，占20%（图4-17）。两栖动物区系组成以东洋界华南区物种居多，南亚热带动物区系特点明显。

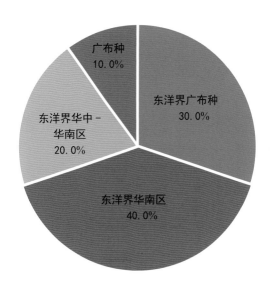

图4-17　东莞市大岭山调查到的两栖类区系组成

依据两栖类的主要栖息地，综合考虑产卵、蝌蚪及其幼体生活的水域状态，将两栖类归为五个生态类型：① 静水型（Quiet water type，Q）：整个个体发育均要或完全在静水水域的种类；② 陆栖 - 静水型（Terrestrial & quiet water type，TQ）：非繁殖期成体多营陆生而胚胎发育及变态在静水水域中的种类；③ 流水型（Running water type，R）：整个个体发育均要或完全在流水水域中的种类；④ 陆栖 - 流水型（Terrestrial & running water type，TR）：非繁殖期成体多营陆生而胚胎发育及变态在流水水域的种类；⑤ 树栖型（Arboreal type，A）：成体以树栖为主，胚胎发育及变态在静水水域的种类。（刘松等，2007；艾为明等，2010；张永宏等，2012）。

调查记录到的 10 种两栖动物，陆栖 – 静水型有 8 种，占比 80%；陆栖 – 流水型有 1 种，为大绿臭蛙，占比 10%；树栖型有 1 种，为斑腿泛树蛙，占比 10%（图 4-18）。由此可见，东莞市大岭山森林公园的两栖类生态类型以陆栖 – 静水型占优。

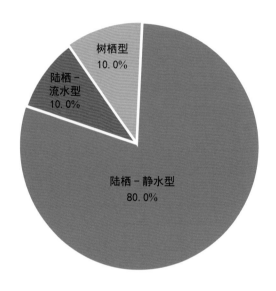

图 4-18　东莞市大岭山森林公园调查到的两栖类生态类型组成

4.2.5 鱼类

4.2.5.1 调查方法

鱼类调查方法有多种，根据东莞市大岭山森林公园的生境情况，我们主要采用以下两种方法进行。

① 地笼：在水库和溪流的水潭放置地笼，过夜，翌日收地笼。

② 手抄网捕捉：逆溪流而上，发现鱼类直接用手抄网进行捕捉。

对捕捉到的鱼类进行鉴定、拍照，然后放生。鱼类物种鉴定主要依据：《新鱼类解剖图鉴》（木春清志，2021）、《鱼形态学彩色图谱》（赵战勤等，2017）等。

4.2.5.2 调查结果

通过对东莞市大岭山森林公园开展鱼类调查，共记录到 26 种，隶属于 4 目 10 科（表 4-15、表 4-16），其中鲤形目 Cypriniformes 占比最高（57.7%），其次为鲈形目 Perciformes（26.9%）、鲇形目 Siluriformes（11.5%），鳉形目 Cyprinodontiformes 仅 1 种（3.8%）。

表4-15　东莞市大岭山森林公园调查到的鱼类不同分类阶元组成

目	科	种数	占比（%）
鲤形目	3	15	57.7
	鲤科 Cyprindae	12	46.1
	鳅科 Cobitidae	2	7.7
	平鳍鳅科 Gastromyzondae	1	3.8
鲇形目	2	3	11.5
	鲇科 Siluridae	2	7.7
	胡鲇科 Claridae	1	3.8
鳉形目	1	1	3.8
	鳉科 Cyprinodontidae	1	3.8
鲈形目	4	7	26.9
	丽鱼科 Cichlaidae	2	7.7
	虾虎科 Gobiidae	3	11.5
	丝足鲈科 Belontidae	1	3.8
	鳢科 Channidae	1	3.8
4	10	26	100

表4-16　东莞市大岭山森林公园调查到的鱼类

物种名称	采集区域	原生或入侵
I 鲤形目 Cypriniformes		
（一）鲤科 Cyprindae		
1. 长鳍马口鱲 *Opsariichthys evolans*	核心区主溪流	原生
2. 鲩鱼 *Ctenopharyngodon idella*	保护区水库	原生
3. 翘嘴鲌 *Siniperca chuatsi*	保护区水库	原生
4. 高体鳑鲏 *Rhodeus ocellatus*	保护区水库	原生
5. 鲮 *Cirrhimus molitorella*	保护区水库	原生
6. 麦穗鱼 *Pseudorasbora parva*	保护区水库	原生
7. 草金鱼 *Goldfish*	核心区主溪流	人为放生
8. 锦鲤 *Cyprinus carpio haematopterus*	核心区主溪流	人为放生
9. 鲤 *Cyprinus carpio haematopterus*	保护区水库	原生
10. 鲫 *Carassius auratus auratus*	保护区水库	原生

（续）

物种名称	采集区域	原生或入侵
11. 鳙 *Hypophthalmichthys nobilis*	保护区水库、核心区主溪流	原生、人为放生
12. 鲢 *Hypophthalmiecthys molitrir*	保护区水库、核心区主溪流	原生、人为放生
（二）鳅科 Cobitidae		
13. 泥鳅 *Misgurmus anguillicaudatu*	保护区水库、核心区主溪流	原生、人为放生
14. 大鳞副泥鳅 *Paramisgurnus dabryanus*	保护区水库、核心区主溪流	原生、人为放生
（三）平鳍鳅科 Gastromyzondae		
15. 拟平鳅 *Liniparhomaloptera disparis*	核心区主溪流	原生
II 鲇形目 Siluriformes		
（四）鲇科 Siluridae		
16. 越南隐鳍鲇 *Pterocryptis cochinchinensis*	核心区主溪流	原生
17. 鲇 *Silurus asotus*	保护区水库	原生
（五）胡鲇科 Claridae		
18. 胡子鲇 *Clarias fuscus*	保护区水库	原生
III 鳉形目 Cyprinodontiformes		
（六）鳉科 Cyprinodontidae		
19. 食蚊鱼 *Gambusia affinis*	保护区水库、核心区主溪流	入侵
IV 鲈形目 Perciformes		
（七）丽鱼科 Cichlaidae		
20. 吉利慈鲷 *Tilapia zillii*	保护区水库、核心区主溪流	入侵
21. 尼罗罗非鱼 *Oreochromis niloticus*	保护区水库、核心区主溪流	入侵
（八）虾虎科 Gobiidae		
22. 粘皮鲻虾虎 *Mugilogobius myxodermus*	保护区水库	原生
23. 子陵吻虾虎 *Rhinogobius giurinus*	保护区水库	原生
24. 溪吻虾虎 *Rhinogobius duospilus*	核心区主溪流	原生
（九）丝足鲈科 Belontidae		
25. 叉尾斗鱼 *Macropodus opercularis*	保护区水库	原生
（十）鳢科 Channidae		
26. 斑鳢 *Channa maculata*	保护区水库	原生

　　记录到的 26 种鱼类中，原生物种 17 种（占比 65.4%），入侵物种 3 种（11.5%），人为放生种 2 种（7.7%），还有 4 种为原生、人为放生种（15.4%）（图 4-19）。未查阅到此前东莞市大岭山森林公园鱼类调查记录，因此无法进行鱼类新记录的分析。

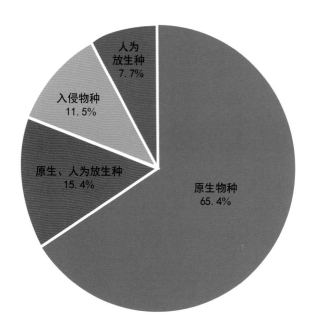

图4-19　东莞市大岭山森林公园调查到的鱼类原生种或入侵种组成

4.3 珍稀濒危及特有动物

4.3.1 兽类

在调查到的 22 种兽类中，有珍稀濒危兽类 7 种。其中，国家二级保护野生动物 1 种，为豹猫；被列入 CITES 附录 II 的有 1 种，亦为豹猫，附录 III 的有 2 种，为花面狸、赤腹松鼠；广东省重点保护野生动物 1 种，为红背鼯鼠；被列入《IUCN 濒危物种红色名录》濒危（EN）1 种，为小蹄蝠 *Hipposideros pomona*；被列入国家保护的有益的或者有重要经济、科学研究价值的野生动物（"三有"动物）名录的兽类 6 种。

比较前期东莞市大岭山森林公园调查的兽类名录，此次调查新增 16 种，分别为：灰麝鼩 *Crocidura attenuata*、中华菊头蝠 *Rhinolophus sinicus*、小蹄蝠、霍氏鼠耳蝠 *Myotis horsfieldii*、华南水鼠耳蝠 *Myotis laniger*、灰伏翼 *Hypsugo pulveratus*、卡氏伏翼 *Hypsugo cadornae*、东亚伏翼 *Pipistrellus abramus*、侏伏翼 *Pipistrellus tenuis*、华南扁颅蝠 *Tylonycteris fulvida*、托京褐扁颅蝠 *Tylonycteris tonkinensis*、豹猫 *Prionailurus bengalensis*、赤腹松鼠 *Callosciurus erythraeus*、红腿长吻松 *Dremomys pyrrhomerus*、红背鼯鼠 *Petaurista petaurista*、黑缘齿鼠 *Rattus andamanensis*。

中国特有种有 1 种，为红腿长吻松鼠。

4.3.2 鸟类

调查到的 77 种鸟类中，国家二级保护野生动物 11 种，分别为褐翅鸦鹃、小鸦鹃、黑冠鹃、普通鵟、蛇雕、凤头蜂鹰、领角鸮、白胸翡翠、画眉、黑喉噪鹛、仙八色鸫；广东省重点保护野生动物 10 种；被列入 CITES 附录 I 的有 1 种，附录 II 的有 6 种；被列入《IUCN 濒危物种红色名录》易危（VU）1 种（表 4-17）。

表 4-17　东莞市大岭山森林公园珍稀濒危重点保护鸟类一览表

物种名称	保护级别
褐翅鸦鹃 *Centropus sinensis*	二级
小鸦鹃 *Centropus bengalensis*	二级
黑水鸡 *Gallinula chloropus*	省重
白喉斑秧鸡 *Rallina eurizonoides*	省重
黑翅长脚鹬 *Himantopus himantopus*	省重
池鹭 *Ardeola bacchus*	省重
大白鹭 *Ardea alba*	省重
中白鹭 *Ardea intermedia*	省重
白鹭 *Egretta garzetta*	省重
黑冠鳽 *Gorsachius melanolophus*	二级
栗苇鳽 *Ixobrychus cinnamomeus*	省重
普通鵟 *Buteo japonicus*	二级、附录II
蛇雕 *Spilornis cheela*	二级、附录II
凤头蜂鹰 *Pernis ptilorhynchus*	二级、附录I
领鸺鹠 *Glaucidium brodiei*	二级、附录II
白胸翡翠 *Halcyon smyrnensis*	二级、附录II
画眉 *Garrulax canorus*	二级、附录II
黑喉噪鹛 *Garrulax chinensis*	二级
仙八色鸫 *Pitta nympha*	二级、VU、附录II
白眉鹀 *Emberiza tristrami*	省重
三道眉草鹀 *Emberiza cioides*	省重

注　二级—国家二级保护野生动物；省重—广东省重点保护野生动物；VU—易危；附录II—CITES附录II。

比较前期东莞市大岭山森林公园调查的鸟类名录，此次调查新增 22 种鸟类，分别为小鸦鹃、绿翅金鸠、黑水鸡、白喉斑秧鸡、黑翅长脚鹬、丘鹬、黑冠鳽、凤头蜂鹰、领鸺鹠、白胸翡翠、鳞头树莺、黄眉柳莺、栗颈凤鹛、黑喉噪鹛、虎斑地鸫、乌灰鸫、橙头地鸫、仙八色鸫、红尾歌鸲、黄腹鹪、白眉鹀、三道眉草鹀。新记录的 22 种鸟类中，有 6 种为国家二级保护野生动物（黑冠鳽、凤头蜂鹰、领鸺鹠、白胸翡翠、黑喉噪鹛、仙八色鸫），5 种为广东省重点保护动物（黑水鸡、白喉斑秧鸡、黑翅长脚鹬、白眉鹀、三道眉草鹀）。

4.3.3 爬行类

东莞市大岭山森林公园的珍稀爬行类资源较为丰富，调查到的 18 种爬行类动物中，1 种为国家二级保护野生动物（三索颌腔蛇），其余 17 种均属于中国"三有"保护动物；《IUCN 濒危物种红色名录》易危（VU）的有 1 种，为舟山眼镜蛇；列入 CITES 附录 III 的有 1 种，为黄斑渔游蛇。

此次调查到的 18 种爬行类动物，中国特有种有 1 种，为中国壁虎。发现东莞市大岭山森林公园爬行动物新增记录种 5 种：中国棱蜥、横纹钝头蛇、中国水蛇、棕脊蛇、三索颌腔蛇。

4.3.4　两栖类

东莞市大岭山森林公园的珍稀两栖类资源较为丰富，10 种中有 9 种被列入《国家保护的有重要生态、科学、社会价值的陆生野生动物》（即"三有"保护动物），1 种列入广东省重点保护名录，为东莞角蟾。列入《IUCN 濒危物种红色名录》DD 等级（数据缺乏）的有大绿臭蛙和泽陆蛙，VU（易危）的有小棘蛙，而东莞角蟾为 NA（未评估）。

此次调查发现，东莞市大岭山森林公园调查到的两栖动物中属于中国特有种的有 2 种，为东莞角蟾、小棘蛙；属于东莞市大岭山森林公园新记录种的有 3 种，为东莞角蟾、小棘蛙和花细狭口蛙。

4.4 动物调查总结

① 本次调查，东莞市大岭山森林公园兽类 5 目 10 科 23 种，鸟类 12 目 34 科 77 种，爬行类 1 目 9 科 18 种，两栖类 1 目 6 科 10 种，鱼类 4 目 10 科 26 种，共计 23 目 69 科 154 种，其中国家二级保护野生动物 13 种。

② 结合历史资料，东莞市大岭山森林公园兽类 31 种，鸟类 124 种，爬行类 38 种，两栖类 19 种，鱼类 26 种，共计 238 种。

③ 东莞市大岭山森林公园新增兽类 16 种，鸟类 22 种，爬行类 5 种，两栖类 3 种，鱼类 26 种，共计 72 种（鱼类除外，为 44 种）；新增物种中，国家二级保护野生动物有 7 种（黑冠鹃、凤头蜂鹰、领鸺鹠、白胸翡翠、黑喉噪鹛、仙八色鸫、三索颌腔蛇）。

第5章 大型真菌多样性

5.1 大型真菌调查内容

5.1.1 大型真菌资源的采集、调查和保藏

本项目调查类群为大型子囊菌和大型担子菌。调查的范围包括大岭山下辖的厚街镇、虎门镇、长安镇、大岭山镇、大岭山林场等地的森林公园和自然保护区，重点调查地点包括大岭山林科园、环湖绿道、白石山景区、厚街广场、翠绿步径、长安广场、杨屋马鞍山生态公园、霸王城、樱园、珍稀植物园、山猪坑、大溪步道、沙溪步径、灯心塘、碧幽谷、茶山顶、大板水库等具有代表性和大型真菌高发的地点（图 5-1）。

在所考察区域，针对不同生境类型 (如森林、草地、湿地等)、不同林型 (如阔叶林、针叶林、竹林等)，在不同坡向 (如南北坡、东西坡)，对大型真菌种类采用踏查法进行广泛调查。对大岭山森林公园辖区范围内大型真菌资源进行广泛、系统地调查和标本采集，记录和拍摄这些种类的野外形态和生态环境；制作大型真菌标本，并在广东省科学院微生物研究所真菌标本馆 (GDGM) 中进行长期保藏。

5.1.2 大型真菌分类鉴定

采用经典的形态学方法和现代的分子生物学技术 (ITS 和 LSU 等 DNA 序列片段扩增及测序) 相结合的方式，对采集的大型真菌样品进行准确科学地分类鉴定，并在此基础上挖掘大型真菌新资源。

5.1.3 东莞市大岭山森林公园大型真菌资源初步评估

在本项目调查研究结果的基础上，编写大岭山森林公园大型真菌名录，分析大岭山森林公园大型真菌群落组成与优势类群或特有种类，同时对该地区大型真菌种类的食用性、药用性及毒性进行初步评价（戴玉成等，2008；戴玉成等，2010；图力古尔等，2014）。

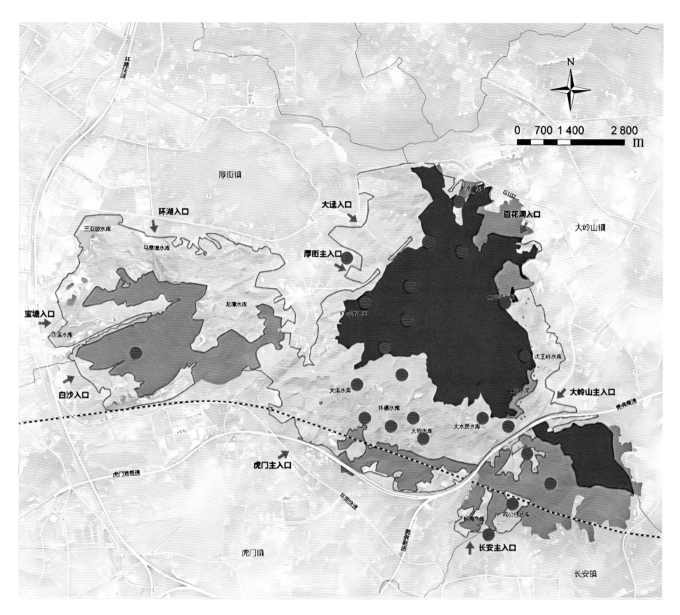

图5-1　东莞市大岭山森林公园大型真菌调查区域图（红色圆点表示采集地点）

5.2 大型真菌采集鉴定

5.2.1 野外调查

在不同时段，采用踏查法对大岭山森林公园的大型真菌进行全面调查采集。

5.2.2 标本采集、记录与制作

标本采集时要注意标本的完整性，采集特征完整的标本，保留标本的特征部位（如菌盖鳞片、菌环、菌托、地下部分等）。记录标本信息，内容包括采集地、经纬度、海拔、采集时间、采集人、生境、相关树种及子

实体形态特征等详细记录。标本的宏观特征记录要尽量详尽全面，如子实体大小、表面颜色（包括颜色变化）、菌盖及菌柄表面特征、菌肉厚度及颜色变化、菌褶颜色及宽度（或菌管颜色及长度）、每厘米菌褶数量（或菌孔大小）、菌褶（菌管）着生方式、菌环形态及位置、菌托颜色及形状等。

对采集的标本做好记录后，及时在40~50℃下烘干，对容易腐烂、变色、变形的标本要尽量保护标本的整体性。标本烘干后及时和对应的记录纸、标本号一同装入标本袋保存。

5.2.3 分类鉴定

5.2.3.1 形态鉴定

采用形态学方法对采集的标本进行详细的形态解剖研究。显微特征观察采用光学显微镜、扫描电镜等工具，主要包括子实层菌髓菌丝，亚子实层细胞组成，担孢子大小、形状、表面特征，担子形状、大小，担子小梗，囊状体，菌盖皮层，菌柄皮层，锁状联合及色素等。依据实物标本的形态特征与相关信息证据，参考相关类群的真菌权威分类学文献资料，进行准确的形态分类和鉴定。具体操作程序如下。

样品选取：孢子的形态和大小是大型真菌种类形态学鉴定非常重要且必不可少的特征之一，因此鉴定时需选取成熟的个体。

宏观特征观察：子实体颜色也是大型真菌形态鉴定的重要特征，本书色谱描述采用国际真菌学家通用的色谱手册《Methuen Handbook of Colour》(Kornerup et al., 1978)。

制片：制片技术会直接影响对样品部分组织的观察效果，切片时首先要在解剖镜下，用锋利的刀片将组织块切成很薄的薄片（20~50 μm)，并且制片后不要用力按压玻片，这样有利于观察组织显微结构的分层，菌丝和膨大细胞的走向。

显微特征观察：观察标本的菌髓菌丝走向，亚子实层细胞形状，担子形状、大小，担子小梗数量和长度，担孢子大小、形状、表面特征、是否为淀粉质，囊状体有无及大小形状，菌盖皮层，菌柄皮层，以及菌丝是否具锁状联合及色素。担孢子大小在100倍物镜下，测量其侧面观的长度和宽度，尖突计入长度内，随机测量3个以上子实体、每个子实体20个以上的成熟担孢子。用梅氏试剂Melzer's reagent检测其担孢子壁是否为淀粉质。各组织的形状和锁状联合主要在5% KOH和1%刚果红中进行；色素在KOH中易溶解消失，因此一般在灭菌水中进行观察。

特征描述：为了统一规范标本的形态特征描述，本书描述标准采用我国权威的大型真菌分类著作《中国大型菌物资源图鉴》(李玉等， 2015)。

5.2.3.2 分子生物学鉴定

（1）DNA提取、基因片段扩增

大型真菌DNA提取使用真菌基因组DNA快速抽提试剂盒，并按照其说明进行。提取的DNA立即进行下一步实验或-20℃保存。针对不同目的基因片段(nLSU、ITS、rpb2等)选择对应的扩增引物和反应体系进行PCR扩增，具体参考文献Co-David et al. (2009)、He et al. (2013) 和Kluting et al. (2014)。

（2）扩增引物

用于nrDNA-ITS序列PCR扩增引物为ITS1 (5'-TCC GTA GGT GAA CCT GCG G-3')、ITS5 (5'-GGA AGT AAA AGT CGT AAC AAG G-3') 分别与ITS4 (5'-TCC TCC GCT TAT TGA TAT GC-3') 配对扩增；nrDNA-LSU序列所用的扩增引物为LROR (5'-ACC CGC TGA ACT TAA GC-3') 和LR5 (5'-TCC TGA GGG AAA CTT CG-3')；RPB2所用引物为rpb2-i6f (5'-GAA GGY CAA GCY TGY GGT CT-3') 和rpb2-i7r (5'-ATC ATR CTN GGA

TGR ATY TC-3'）。

（3）PCR 扩增反应体系及热循环参数

PCR 扩增反应体系选用 20 μL 反应体系，其中包括 10 μL PCR mix (Fermentas, 2 ×)，10 μm 引物各 0.5 μL，DNA 模板 0.5 μL，用 ddH$_2$O 定容至 20 μL。PCR 扩增反应的热循环参数：预变性 95℃ 1 min；变性 95℃ 30 s，退火 50 ℃ 30 s，延伸 72℃ 45 s，循环数 30；72℃ 7 min；4℃停止。

（4）PCR 扩增反应产物测序

PCR 扩增反应的产物送往华大基因公司进行测序，测序引物与扩增引物相同。

（5）序列比对与系统发育分析

将得到的 DNA 序列，对照测序图谱仔细核查每一个碱基，以确保所得序列的准确性。将准确可靠的序列在 GenBank 数据库中进行 Blast 比对，获得其最大相似性种类名称。为了进一步确定样品的分类地位，可从 GenBank 下载所得序列与本研究所得序列用 ClustalX1.83 (Thompson et al. 1997) 或 Muscle (Edgar, 2004) 软件进行比对，之后用 Bioedit Sequence Alignment Editor 对需要调整的序列进行手工调整；再用 PAUP4.0b10 或 Mega 软件进行最大相似性分析，基于 nLSU、ITS、rpb2 等基因片段，对样品及其相关种类构建基因系统发育树，确定其分类地位及其与近缘种的亲缘关系。

5.2.4 技术路线（图 5-2）

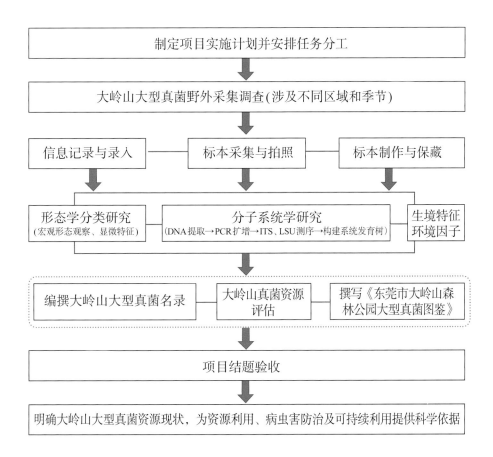

图 5-2　技术路线图

5.3 大型真菌资源

5.3.1 大型真菌采集、调查与保藏和数据录入

在项目实施期内，对大岭山森林公园调查区域进行了5次野外调查采集，主要采集地点包括山猪坑、水翁湿地、珍稀植物园、环湖步道、灯心塘保护区、碧幽谷、茶山顶等多个植被较好的区域（表5-1、图5-3）。目前共采集大型真菌标本456号，并全部制作成标本，保藏在广东省科学院微生物研究所真菌标本馆（国际代码GDGM）；并对所有采集标本进行数据信息录入，内容包括标本号、照片编号、采集地点、采集时间、采集人等，可通过标本号查询到相应的数据信息（表5-1）。本项目共拍摄东莞大岭山森林公园大型真菌生境照片6300余张（图5-4）。

表5-1　东莞市大岭山森林公园大型真菌标本采集情况

次数	采集时间	采集地点	采集人	数量（份）
1	2021年11月3~5日	碧幽谷—山猪坑—鸡公仔—水翁湿地—林科园	李泰辉、黄浩、黄晓晴	69
2	2022年2月24~28日	林科园入口周边—霸王城—水翁湿地—林科园—环湖路	李泰辉、黄浩、钟国瑞、黄晓晴	64
3	2022年5月16~20日	环湖绿道东段—沙溪步径—厚街广场—翠绿步径—长安广场—林科园—马鞍山	黄浩、钟国瑞、汪士政、黄晓晴	223
4	2022年6月22~24日	珍稀植物园—樱园—环湖步道南段—大溪步道—灯心塘保护区	张明、汪士政、黄晓晴	74
5	2022年7月20~22日	碧幽谷—茶山顶—大板水库	钟国瑞、杨心宇	26
共计				456

图5-3　项目组成员在东莞市大岭山森林公园进行标本采集调查

图5-3　项目组成员在东莞市大岭山森林公园进行标本采集调查（续）

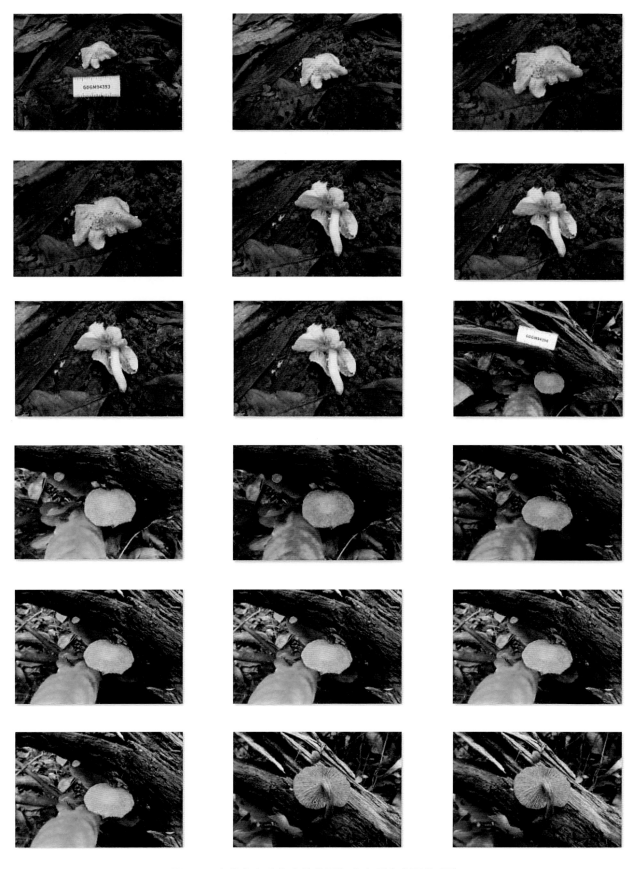

图5-4　东莞市大岭山森林公园部分大型真菌野外照片

图5-4　东莞市大岭山森林公园部分大型真菌野外照片（续）

图5-4 东莞市大岭山森林公园部分大型真菌野外照片（续）

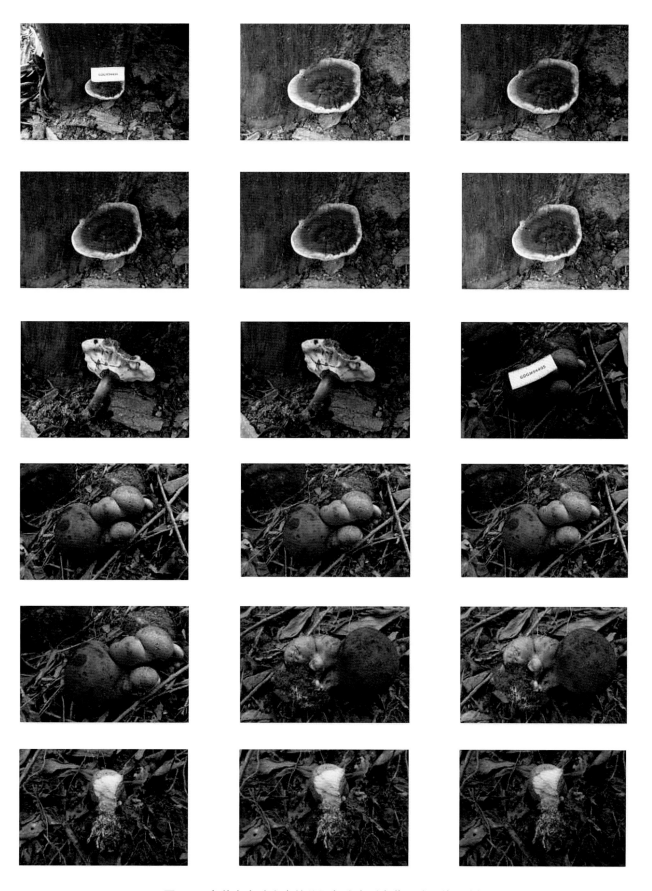

图5-4　东莞市大岭山森林公园部分大型真菌野外照片（续）

5.3.2 东莞市大岭山森林公园大型真菌物种分类鉴定

分类系统参照《Dictionary of the Fungi》（第10版，2008）和权威网站"真菌索引"(http://www.indexfungorum.org)以及《中国大型菌物资源图鉴》，采用形态学结合分子生物学的鉴定方法，对采集标本进行鉴定。项目对部分疑难鉴定标本进行了DNA提取、PCR扩增和测序，获得有效ITS片段103个、LSU片段95个（表5-2）。所采集的456份标本中鉴定出的大型真菌有123种，黏菌2种。大型真菌涉及2门4纲14目41科76属，其中子囊菌门真菌10种，涉及3纲4目5科8属；担子菌门真菌113种，涉及1纲10目36科68属（图5-5）。

表5-2　东莞市大岭山森林公园大型真菌分子测序结果

标本号	扩增序列片段	比对结果	扩增序列片段	比对结果
87296	ITS片段	—	LSU片段	*Gymnopilus penetrans*
87291	ITS片段	*Leucoagaricus tangerinus*	LSU片段	*Leucoagaricus* sp.
87284	ITS片段	*Xylaria anisopleura*	LSU片段	*Xylaria curta*
87288	ITS片段	*Trichoderma* sp.	LSU片段	—
87281	ITS片段	*Agaricus bingensis*	LSU片段	—
87290	ITS片段	*Trichoderma* sp.	LSU片段	*Trichoderma virens*
87285	ITS片段	*Leucoagaricus leucothites*	LSU片段	*Leucoagaricus barssii*
87295	ITS片段	—	LSU片段	*Clitopilus* sp.
87292	ITS片段	*Xerocomellus pruinatus*	LSU片段	—
87286	ITS片段	—	LSU片段	*Xylaria longipes*
87289	ITS片段	—	LSU片段	*Xerocomellus pruinatus*
87297	ITS片段	—	LSU片段	*Leucoagaricus* sp.
87300	ITS片段	—	LSU片段	*Leucoagaricus* sp.
87324	ITS片段	*Gymnopilus dilepis*	LSU片段	—
87322	ITS片段	*Clitopilus crispus*	LSU片段	—
87327	ITS片段	*Micropsalliota xanthorubescens*	LSU片段	—
87314	ITS片段	*Datroniella tropica*	LSU片段	—
87316	ITS片段	*Resupinatus trichotis*	LSU片段	—
87335	ITS片段	*Trametes hirsuta*	LSU片段	*Trametes hirsuta*
87304	ITS片段	*Pleurotus djamor*	LSU片段	—
87320	ITS片段	*Coprinopsis urticicola*	LSU片段	—
87330	ITS片段	*Xanthagaricus caeruleus*	LSU片段	—
87332	ITS片段	*Laccaria* sp.	LSU片段	*Laccaria amethystina*
87303	ITS片段	*Volvariella* sp.	LSU片段	—

（续）

标本号	扩增序列片段	比对结果	扩增序列片段	比对结果
87305	ITS 片段	*Earliella scabrosa*	LSU 片段	—
87312	ITS 片段	*Hexagonia tenuis*	LSU 片段	—
87315	ITS 片段	*Ganoderma tropicum*	LSU 片段	—
87337	ITS 片段	*Uncultured mycorrhizal*	LSU 片段	*Psathyrella candolleana*
87325	ITS 片段	*Micropsalliota* sp.	LSU 片段	—
87301	ITS 片段	*Coprinellus* sp.	LSU 片段	—
87329	ITS 片段	*Marasmiellus palmivorus*	LSU 片段	—
87338	ITS 片段	*Phlebiopsis darjeelingensis*	LSU 片段	*Phlebiopsis* sp.
87333	ITS 片段	—	LSU 片段	*Stropharia lignicola*
87328	ITS 片段	*Marasmius palmivorus*	LSU 片段	—
87342	ITS 片段	*Micropsalliota pseudoarginea*	LSU 片段	—
87341	ITS 片段	*Polyporus pumilus*	LSU 片段	*Polyporus pumilus*
87345	ITS 片段	Uncultured Marasmiaceae genes	LSU 片段	*Porotheleum fimbriatum*
87344	ITS 片段	*Hypholoma* aff. *subviride*	LSU 片段	*Hypholoma subviride*
87346	ITS 片段	—	LSU 片段	*Agrocybe smithii*
87349	ITS 片段	*Fungal* sp.	LSU 片段	—
87348	ITS 片段	*Xylaria allantoidea*	LSU 片段	*Xylaria longipes*
87843	ITS 片段	*Lactarius* sp.	LSU 片段	*Lactarius pubescens*
87844	ITS 片段	*Uncultured Cortinarius*	LSU 片段	*Cortinarius* sp.
87846	ITS 片段	—	LSU 片段	*Hexagonia glabra*
87841	ITS 片段	—	LSU 片段	*Agaricus dolichocaulis*
87842	ITS 片段	*Xylaria* sp.	LSU 片段	*Xylariaceae* sp.
87891	ITS 片段	*Microporus xanthopus*	LSU 片段	*Microporus xanthopus*
87866	ITS 片段	*Lactarius* sp.	LSU 片段	*Lactarius deterrimus*
87868	ITS 片段	*Hydnum albomagnum*	LSU 片段	—
87869	ITS 片段	*Laccaria canaliculata*	LSU 片段	*Laccaria amethystina*
87870	ITS 片段	*Xylaria globosa*	LSU 片段	*Xylaria badia*
87872	ITS 片段	*Scleroderma* sp.	LSU 片段	*Scleroderma areolatum*
87847	ITS 片段	*Flavodon* sp.	LSU 片段	*Flavodon flavus*
87850	ITS 片段	*Irpex laceratus*	LSU 片段	*Irpex laceratus*
87845	ITS 片段	—	LSU 片段	—

（续）

标本号	扩增序列片段	比对结果	扩增序列片段	比对结果
87852	ITS 片段	*Trametes elegans*	LSU 片段	*Trametes manilaensis*
87853	ITS 片段	*Tyromyces* sp.	LSU 片段	*Tyromyces* sp.
87854	ITS 片段	—	LSU 片段	*Trametes hirsuta*
87855	ITS 片段	—	LSU 片段	*Tremella mesenterica*
87858	ITS 片段	*Microporus xanthopus*	LSU 片段	*Microporus subaffinis*
87861	ITS 片段	*Tremella mesenterica*	LSU 片段	*Tremella mesenterica*
87863	ITS 片段	*Trametes hirsuta*	LSU 片段	—
87864	ITS 片段	*Entoloma piceinum*	LSU 片段	*Entoloma strictius*
87873	ITS 片段	*Trametes versicolor*	LSU 片段	*Trametes versicolor*
87874	ITS 片段	*Cortinarius* sp.	LSU 片段	*Cortinarius violaceus*
87876	ITS 片段	—	LSU 片段	*Antrodiella brasiliensis*
87879	ITS 片段	*Earliella scabrosa*	LSU 片段	*Earliella scabrosa*
87881	ITS 片段	*Coprinopsis urticicola*	LSU 片段	*Coprinopsis semitalis*
87887	ITS 片段	*Favolus acervatus*	LSU 片段	*Favolus acervatus*
87893	ITS 片段	*Cortinarius vibratilis*	LSU 片段	*Calonarius caroviolaceus*
87895	ITS 片段	*Polyporus tuberaster*	LSU 片段	*Polyporus tuberaster*
87898	ITS 片段	*Gymnopilus crociphyllus*	LSU 片段	*Gymnopilus penetrans*
87905	ITS 片段	*Polyporus arcularius*	LSU 片段	*Polyporus arcularius*
88302	ITS 片段	*Limacella whereoparaonea*	LSU 片段	—
88298	ITS 片段	*Hohenbuehelia* sp.	LSU 片段	*Hohenbuehelia* sp.
88307	ITS 片段	*Micropsalliota pseudoarginea*	LSU 片段	*Micropsalliota pseudoarginea*
88308	ITS 片段	*Marasmiellus* sp.	LSU 片段	*Marasmiellus koreanus*
88318	ITS 片段	*Micropsalliota pseudoarginea*	LSU 片段	*Micropsalliota pseudoarginea*
88334	ITS 片段	—	LSU 片段	*Entoloma sulcatum*
88325	ITS 片段	*Stropharia rugosoannulata*	LSU 片段	*Stropharia lignicola*
88326	ITS 片段	—	LSU 片段	*Heteropsathyrella macrocystidia*
88335	ITS 片段	—	LSU 片段	*Entoloma lepiotoides*
88346	ITS 片段	—	LSU 片段	*Cortinarius* sp.
88347	ITS 片段	*Lactarius castanopsidis*	LSU 片段	*Lactarius deterrimus*
88348	ITS 片段	*Fuscoporia* sp.	LSU 片段	—
88361	ITS 片段	*Agaricus* sp.	LSU 片段	*Agaricus dolichocaulis*

（续）

标本号	扩增序列片段	比对结果	扩增序列片段	比对结果
88359	ITS 片段	*Volvariella* sp.	LSU 片段	*Volvariella caesiotincta*
88354	ITS 片段	*Hebeloma lactariolens*	LSU 片段	*Hebeloma affine*
88369	ITS 片段	*Entoloma sericatum*	LSU 片段	—
88375	ITS 片段	*Agaricus* sp.	LSU 片段	*Agaricus bisporus*
88383	ITS 片段	—	LSU 片段	*Cortinarius mucifluus*
88384	ITS 片段	*Agaricus subrufescens*	LSU 片段	*Agaricus megacarpus*
88395	ITS 片段	*Laccaria canaliculata*	LSU 片段	*Laccaria amethystina*
88396	ITS 片段	*Entoloma magnum*	LSU 片段	*Entoloma vinaceum*
88398	ITS 片段	—	LSU 片段	*Entoloma vinaceum*
88399	ITS 片段	—	LSU 片段	*Volvariella caesiotincta*
88391	ITS 片段	—	LSU 片段	*Entoloma sericatum*
88400	ITS 片段	*Entoloma* cf. *sericeum*	LSU 片段	*Entoloma vinaceum*
88392	ITS 片段	*Favolus acervatus*	LSU 片段	*Favolus acervatus*
88394	ITS 片段	*Inocybe acriolens*	LSU 片段	*Inocybe acriolens*
88397	ITS 片段	*Calocybe erminea*	LSU 片段	*Calocybe aurantiaca*
88408	ITS 片段	*Leucoagaricus* sp.	LSU 片段	*Leucoagaricus barssii*
88407	ITS 片段	*Micropsalliota* sp.	LSU 片段	*Micropsalliota* sp.
88402	ITS 片段	*Entoloma mediterraneense*	LSU 片段	—
88417	ITS 片段	*Entoloma* sp.	LSU 片段	*Entoloma nidorosum*
88422	ITS 片段	*Scutellinia* sp.	LSU 片段	*Scutellinia scutellata*
88431	ITS 片段	*Conocybe moseri*	LSU 片段	*Galerina* sp.
88433	ITS 片段	*Xerocomus subtomentosus*	LSU 片段	*Xerocomoideae* sp.
88425	ITS 片段	*Conocybe singeriana*	LSU 片段	*Hemistropharia albocrenulata*
88444	ITS 片段	*Xylaria curta*	LSU 片段	*Xylaria* sp.
88436	ITS 片段	*Mycena pearsoniana*	LSU 片段	*Mycena pearsoniana*
88446	ITS 片段	*Entoloma flavovelutinum*	LSU 片段	*Entoloma* sp.
88448	ITS 片段	*Clavulina* sp.	LSU 片段	*Clavulina* sp.
88459	ITS 片段	*Entoloma henricii*	LSU 片段	*Entoloma sericatum*
88460	ITS 片段	—	LSU 片段	*Agaricus dolichocaulis*
88456	ITS 片段	*Entoloma stylophorum*	LSU 片段	*Entoloma nitidum*
88466	ITS 片段	*Clavulina* sp.	LSU 片段	*Clavulina iris*

（续）

标本号	扩增序列片段	比对结果	扩增序列片段	比对结果
88479	ITS 片段	*Gymnopus* sp.	LSU 片段	*Gymnopus luxurians*
88469	ITS 片段	*Leucoagaricus* sp.	LSU 片段	*Leucoagaricus viriditinctus*
88490	ITS 片段	*Agaricus* sp.	LSU 片段	*Agaricus dolichocaulis*
88487	ITS 片段	*Xylaria coprinicola*	LSU 片段	*Xylaria badia*
88485	ITS 片段	—	LSU 片段	*Aleuria aurantia*
88497	ITS 片段	—	LSU 片段	*Amanita eriophora*
88499	ITS 片段	*Amanita hamadae*	LSU 片段	*Amanita hamadae*
88486	ITS 片段	*Xylaria apiculata*	LSU 片段	—
88503	ITS 片段	*Uncultured fungus clone*	LSU 片段	*Russula* sp.
88505	ITS 片段	*Uncultured fungus clone*	LSU 片段	*Russula* sp.
88509	ITS 片段	*Russula dinghuensis*	LSU 片段	*Russula lotus*

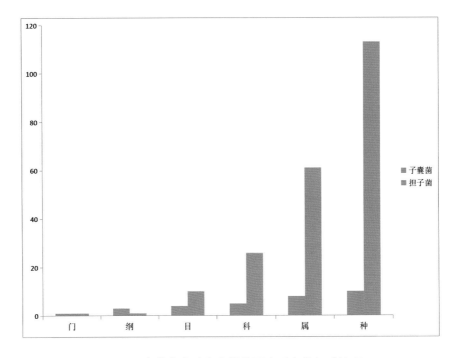

图 5-5　东莞市大岭山森林公园大型真菌组成情况

5.3.3 东莞市大岭山森林公园大型真菌优势类群分析

在目的水平下，蘑菇目 Agaricales 有 70 个种，占 57%，属于优势目，其次是多孔菌目 Polyporales（23 个种），占 19%，牛肝菌目 Boletales（11 个种），占 9%（图 5-6A）。

在科的水平下，物种最多的前三科为：多孔菌科 Polyporaceae 含有 19 个种，占 15.46%，蘑菇科 Agaricaceae（17 个种），占 13.83%，鹅膏科 Amanitaceae（8 个种），占 7%（图 5-6B）。

在属水平下，优势属为鹅膏属 *Amanita*（8 种），占 7%，其次是粉褶菌属 *Entoloma*（7 种），占 6%，蘑菇属 *Agaricus*（5 种）和小蘑菇属 *Micropsalliota*（5 种），各占 4%（图 5-6C）。

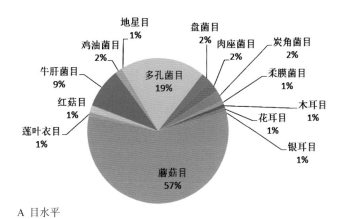

A　目水平

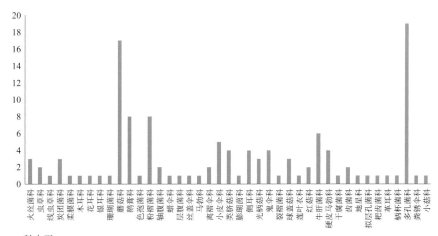

B　科水平

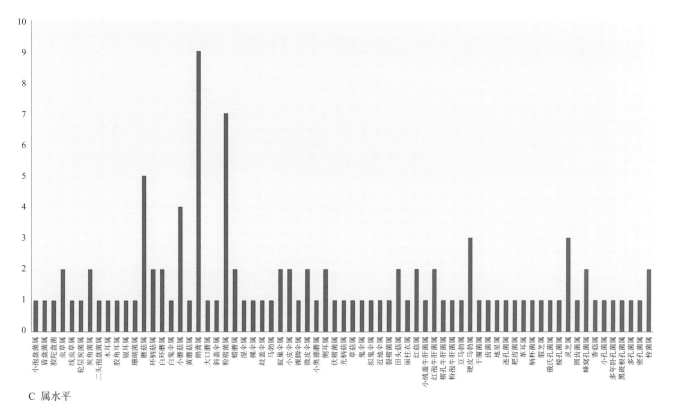

C　属水平

图5-6　东莞市大岭山森林公园大型真菌优势类群分析

5.3.4 东莞市大岭山森林公园分布的中国特有真菌

5.3.4.1 江西线虫草*Ophiocordyceps jiangxiensis* (Z. Q. Liang, A. Y. Liu & Yong C. Jiang) G. H. Sung, J. M. Sung, Hywel-Jones & Spatafora

形态特征：子座长 45~80 mm，直径 3~5 mm，从寄主的头部长出，簇生或丛生，柱状，可分枝，淡褐色，无不育尖端，表面很容易长出绿色霉菌。子囊 400~450 μm × 7~7.5 μm，棒形。子囊孢子 5.5~7 μm × 1~1.2 μm，长柱状，不断裂。

生境：寄生于林下丽叩甲或绿腹丽叩甲的幼虫上。

用途与讨论：有毒。模式产地江西。

标本：GDGM 88449，2022 年 5 月 18 日，黄浩、黄晓晴、汪士政、钟国瑞采于翠绿步径。GDGM 89668，2022 年 7 月 21 日，钟国瑞、杨心宇采于茶山顶。

图5-7　江西线虫草*Ophiocordyceps jiangxiensis*

5.3.4.2 中国胶角耳*Calocera sinensis* McNabb

形态特征：子实体高 5~15 mm，直径 0.5~2 mm，淡黄色、橙黄色，偶淡黄褐色，干后红褐色、浅褐色或深褐色，硬胶质，棒状，偶分叉，顶端钝或尖，横切面有三个环带。子实层周生。菌丝具横隔，壁薄，光滑或粗糙，具锁状联合。担子 25~52 μm × 3.5~5 μm，圆柱状至棒状，基部具锁状联合。担孢子 10~13.5 μm × 4.5~5.5 μm，弯圆柱状，薄壁，具小尖，具一横隔，隔薄壁，无色。

生境：群生于阔叶树或针叶树朽木上。

用途与讨论：不明。模式产地江西。

标本：GDGM 87892，2022 年 2 月 26 日，钟国瑞采于林科园入口。

图5-8　中国胶角耳 Calocera sinensis

5.3.4.3 致命鹅膏 *Amanita exitialis* Zhu L. Yang & T. H. Li

形态特征：菌盖直径 4~8 cm，初近半球形，后凸镜形到近平展形，白色，中央有时米色，边缘平滑。菌柄长 7 ~ 9 cm，直径 0.5~1.5 cm，白色；基部近球形，直径 1~3 cm；菌托浅杯状。菌环顶生至近顶生，膜质，

图5-9　致命鹅膏 Amanita exitialis

白色。各部位遇 5% KOH 变为黄色。担子具 2 个小梗。担孢子 9.5~12 μm × 9~11.5 μm，球形至近球形，光滑，无色，淀粉质。

生境：春季及初夏生于鳗蒲栲林中地上。

用途与讨论：该种是华南地区导致误食中毒死亡人数最多的毒菌。该菌的主要识别特征是菌体全白色，在广东基本上都是与鳗蒲栲树共生，担子具 2 个小梗，而且在广东省发生的季节一般是 1~4 月，往往比其他鹅膏菌要早。剧毒！

标本：GDGM 87840，2022 年 3 月 2 日，黄浩采于林科园入口。

5.3.4.4 亚球基鹅膏*Amanita subglobosa* Zhu L. Yang

形态特征：菌盖直径 4~10 cm，浅褐色至琥珀褐色；菌幕残余白色至浅黄色，角锥状至疣状。菌柄长 5~15 cm，直径 0.5~2 cm，圆柱形；基部近球状，直径 1.5~3.5 cm，上部被有小颗粒状至粉状的菌托，呈领口状。菌环上位，膜质。担孢子 8.5~12 μm × 7~9.5 μm，宽椭圆形至椭圆形，光滑，无色，非淀粉质。

生境：夏秋季生于由松树、杨树和壳斗科植物组成的混交林中地上。

用途与讨论：神经精神毒性。

标本：GDGM 89785，2022 年 6 月 23 日，汪士政采于大溪绿道。

图5-10　亚球基鹅膏*Amanita subglobosa*

5.3.4.5 蓝鳞粉褶蕈*Entoloma azureosquamulosum* Xiao Lan He & T. H. Li

形态特征：菌盖直径 1~6 cm，半球形、凸镜形，后平展，无条纹，密被粒状小鳞片，深蓝色至带紫蓝色，中部较深 色至近蓝黑色。菌肉近柄处厚 2 mm，白色带深蓝色。菌褶宽达 5 mm，弯生或近直生，具短延生小齿，密，较厚，初白色，后粉红色，不等长。菌柄长 4~5 cm，直径 4~8 mm，圆柱形或近棒状，极脆，与菌盖同色或较浅，具深蓝色颗粒状鳞片，基部具白色菌丝体。担孢子 9~10.5 μm × 6.5~8 μm，异径，5~7 角，壁较厚，淡粉红色。

生境：散生于阔叶林中地上。

用途与讨论：不明。

标本：GDGM 88369，2022 年 5 月 17 日，黄浩、黄晓晴、汪士政、钟国瑞采于沙溪步径。

图5-11　蓝鳞粉褶蕈*Entoloma azureosquamulosum*

5.3.4.6 丛生粉褶蕈*Entoloma caespitosum* W. M. Zhang

形态特征：子实体小到中型。菌盖直径3~5 cm，斗笠形，中部具明显乳突，淡紫红色、粉红褐色至红褐色，光滑。菌肉淡粉红至淡紫红色。菌褶弯生至直生，不等长，初白色，后粉红色。菌柄圆柱形，长3~9 cm，直径2~6 mm，白色至近白色，空心，脆骨质，光滑。担孢子8.5~10.5 μm×6~7.5 μm，6~8角，近椭圆形，粉红色。

生境：丛生或簇生于阔叶林中地上。

用途与讨论：用途不明。该种为早年间报道于中国华南地区的新种。

标本：GDGM 88416，2022年5月18日，黄浩、黄晓晴、汪士政、钟国瑞采于翠绿步径。

图5-12　丛生粉褶蕈*Entoloma caespitosum*

5.3.4.7 雪白草菇 *Volvariella nivea* T. H. Li & Xiang L. Chen

形态特征：菌盖直径 7~9 cm，初近圆锥形，后展开至凸镜形，纯白色，不黏，边缘完整，薄，无条纹。菌肉近菌柄处厚 4~5 mm，薄，白色，伤不变色，气味温和。菌褶宽 5~7 mm，离生，较密，菌盖边缘每厘米 8~9 片，幼时白色，成熟后变粉红色。菌柄长 10~11.5 cm，直径 0.7~0.8 cm，圆柱形，略带丝状条纹，白色。菌托肉质，苞状，白色。担孢子 6~7 μm × 4.5~5.5 μm，卵圆形至宽椭圆形，光滑，淡粉红色。

生境：生于竹林或阔叶林中地上。

用途与讨论：食用菌。

标本：GDGM 88454，2022 年 5 月 19 日，钟国瑞等采于林科园；GDGM 89760，2022 年 6 月 22 日，张明等采于珍稀植物园；GDGM 89793，2022 年 6 月 23 日，张明等采于灯心塘。

图 5-13 雪白草菇 *Volvariella nivea*

5.3.5 东莞市大岭山森林公园大型真菌濒危物种

本次调查发现并鉴定 123 种大型菌类，采用《中国大型真菌红色名录》检索比对发现，暂时未发现易危或濒危物种，见附录 3。

5.3.6 东莞市大岭山森林公园大型真菌资源评价

通过对大岭山森林公园大型真菌资源食用、药用功能以及毒菌进行分析评估，结果显示大岭山森林公园现有食用菌 17 种（表 5-3、图 5-14）、药用菌 17 种（表 5-4、图 5-15）、毒菌 12 种（表 5-5、图 5-16）。

5.3.6.1 食用菌资源

大岭山森林公园具有较好开发应用前景的食用菌资源包括洛巴伊大口蘑（金福菇）*Macrocybe lobayensis*、巨大侧耳（猪肚菇）*Pleurotus giganteus*、间型鸡枞 *Termitomyces intermedius*、小果鸡枞 *Termitomyces microcarpus*、银耳 *Tremella fuciformis*、雪白草菇 *Volvariella nivea* 等。其中洛巴伊大口蘑、巨大侧耳、银耳、雪白草菇可通过组织分离进行人工栽培。

表5-3　东莞市大岭山森林公园食用菌种类

序号	中文名	学名
1	番红花蘑菇	*Agaricus crocopeplus* Berk. & Broome
2	平田头菇	*Agrocybe pediades* (Fr.) Fayod
3	田头菇	*Agrocybe praecox* (Pers.) Fayod
4	毛木耳	*Auricularia cornea* Ehrenb.
5	翘鳞香菇	*Lentinus squarrosulus* Mont.
6	洛巴伊大口蘑	*Macrocybe lobayensis* (R. Heim) Pegler & Lodge
7	美丽褶孔牛肝菌	*Phylloporus bellus* (Massee) Corner
8	彩色豆马勃	*Pisolithus arhizus* (Scop.) Rauschert
9	巨大侧耳	*Pleurotus giganteus* (Berk.) Karun. & K.D. Hyde
10	淡柠黄侧耳	*Pleurotus* sp.
11	花盖红菇	*Russula cyanoxantha* (Schaeff.) Fr
12	裂褶菌	*Schizophyllum commune* Fr.
13	黄硬皮马勃	*Scleroderma flavidum* Ellis & Everh.
14	间型鸡枞	*Termitomyces intermedius* Har. Takah. & Taneyama
15	小果鸡枞	*Termitomyces microcarpus* (Berk. & Broome) R. Heim
16	银耳	*Tremella fuciformis* Berk.
17	雪白草菇	*Volvariella nivea* T.H. Li & Xiang L. Chen

洛巴伊大口蘑 *Macrocybe lobayensis*

巨大侧耳 *Pleurotus giganteus*

田头菇 *Agrocybe praecox*

雪白草菇 *Volvariella nivea*

银耳 *Tremella fuciformis*

毛木耳 *Auricularia cornea*

图5-14 东莞市大岭山森林公园部分食用菌

5.3.6.2 药用菌资源

大岭山森林公园药用菌资源的功效活性包括抑肿瘤、降血压、抗血栓、增强免疫、抗炎、消肿、止血等。其中，具有较好开发应用前景的药用菌包括假芝 *Amauroderma rugosum*、灵芝 *Ganoderma lingzhi*、热带灵芝 *Ganoderma tropicum*、黑柄炭角菌 *Xylaria nigripes*、蛾蛹虫草 *Cordyceps polyarthra* 等。

表5-4 东莞市大岭山森林公园药用菌种类

序号	中文名	学名	功效
1	平田头菇	*Agrocybe pediades* (Fr.) Fayod	抑肿瘤（卯晓岚，1998）
2	田头菇	*Agrocybe praecox* (Pers.) Fayod	抑肿瘤等（应建浙等，1987）
3	假芝	*Amauroderma rugosum* (Blume & T. Nees) Torrend	消炎、利尿、益胃、抑肿瘤等（上海市农业科学研究院食用菌所，1991）
4	柱形虫草	*Cordyceps cylindrica* Petch.	
5	蛾蛹虫草 (细柄棒束孢)	*Cordyceps polyarthra* Möller	补虚、保肺益肾（李能树等，2002）
6	红贝俄氏孔菌	*Earliella scabrosa* (Pers.) Gilb. & Ryvarden	活血、止痒（应建浙等，1987）
7	南方灵芝	*Ganoderma australe* (Fr.) Pat.	
8	灵芝	*Ganoderma lingzhi* Sheng H. Wu et al.	健脑、抑肿瘤、降血压、抗血栓、增强免疫等（刘波，1984；戴玉成等，2007）
9	热带灵芝	*Ganoderma tropicum* (Jungh.) Bres.	治疗冠心病（卯晓岚，1998）
10	白囊耙齿菌	*Irpex lacteus* (Fr.) Fr.	治疗尿少、浮肿、腰痛、血压升高等症，具抗炎活性（杨真威等，2005a，2005b；戴玉成等，2007）
11	薄肉近地伞	*Parasola plicatilis* (Curtis) Redhead, Vilgalys & Hopple	抑肿瘤（卯晓岚，1998）

（续）

序号	名称	拉丁名	功效
12	血红密孔菌	*Pycnoporus sanguineus* (L.) Murrill	抗细菌、抑肿瘤、去风湿、止血、止痒（应建浙等，1987）
13	黄硬皮马勃	*Scleroderma flavidum* Ellis & Everh.	消炎（卯晓岚，1998）
14	多根硬皮马勃	*Scleroderma polyrhizum* J. F. Gmel. Pers.	消肿、止血（刘波，1984）
15	云芝	*Trametes versicolor* (L.) Lloyd	清热、消炎、抑肿瘤、治疗肝病等（李俊峰，2003；李丽，2004；张玉英等，2004）
16	银耳	*Tremella fuciformis* Berk.	补肾、滋阴、润肺、清热、补脑等（应建浙等，1987；聂伟等，2000）
17	黑柄炭角菌	*Xylaria nigripes* (Klotzsch) Cooke.	利便、补肾、增强免疫力等（刘波，1984；华巍巍，1996）

1. 古巴炭角菌 *Xylaria cubensis* (Mont.) Fr.；2. 假芝 *Amauroderma rugosum* (Blume & T. Nees) Torrend；3. 红贝俄氏孔菌 *Earliella scabrosa* (Pers.) Gilb. & Ryvarden；4. 热带灵芝 *Ganoderma tropicum* (Jungh.) Bres.；5. 白囊耙齿菌 *Irpex lacteus* (Fr.) Fr.；6. 血红密孔菌 *Pycnoporus sanguineus* (L.) Murrill；7. 云芝 *Trametes versicolor* (L.) Lloyd；8. 黄硬皮马勃 *Scleroderma flavidum* Ellis & Everh.；9. 彩色豆马勃 *Pisolithus arhizus* (Scop.) Rauschert

图5-15 东莞市大岭山森林公园部分药用菌

5.3.6.3 毒菌资源

在 12 种毒菌中,剧毒种类有致命鹅膏 *Amanita exitialis*(急性肝脏损害型)、欧氏鹅膏 *Amanita oberwinkleriana*(急性肾脏损害型)、毒环柄菇 *Lepiota venenata*(急性肝脏损害型)3 种。此外,神经精神毒性的有 5 种,胃肠炎毒性的有 4 种。致命鹅膏含极毒的环肽毒素,会引发肝衰竭,致死率高,是广东乃至我国致人死亡的主要毒蘑菇。

表5-5 东莞市大岭山森林公园毒菌种类

序号	中文名	学名	毒性
1	致命鹅膏	*Amanita exitialis* Zhu L. Yang & T.H. Li	急性肝脏损害型(陈作红等,2016)
2	欧氏鹅膏	*Amanita oberwinkleriana* Zhu L. Yang & Yoshim. Doi	急性肾衰竭型(陈作红等,2016)
3	亚球基鹅膏	*Amanita subglobosa* Zhu L. Yang	神经精神型(陈作红等,2016)
4	残托鹅膏有环变型	*Amanita sychnopyramis* f. *subannulata* Hongo	神经精神型(陈作红等,2016)
5	毒蝇歧盖伞	*Inosperma muscarium* Y. G. Fan, L.S. Deng, W. J. Yu & N. K. Zeng	神经精神型(Fan et al.,2021)
6	近江粉褶蕈	*Entoloma omiense* (Hongo) E. Horak	胃肠炎型(陈作红等,2016)
7	热带紫褐裸伞	*Gymnopilus dilepis* (Berk. & Broome) Singer	神经精神型(陈作红等,2016)
8	毒环柄菇	*Lepiota venenata* Zhu L. Yang & Z.H. Chen	急性肝脏损害型(陈作红等,2016)
9	易碎白鬼伞	*Leucocoprinus fragilissimus* (Ravenel exBerk. & M.A. Curtis) Pat.	胃肠炎型(陈作红等,2016)
10	江西线虫草	*Ophiocordyceps jiangxiensis* (Z.Q. Liang, A. Y. Liu & Yong C. Jiang) G. H. Sung, J. M. Sung, Hywel-Jones & Spatafora	神经精神型
11	日本红菇	*Russula japonica* Hongo	胃肠炎型(Chen et al.,2013)
12	点柄黄红菇	*Russula senecis* S. Imai	胃肠炎型(卯晓岚,1998,2006;Chen et al.,2013)

5.3.7 东莞市大岭山森林公园毒菌科普宣传工作

在 2022 年致命鹅膏多发的季节,应东莞市大岭山森林公园邀请,项目成员李泰辉研究员于 2 月 25 日在东莞市大岭山森林公园进行了采样(图 5-17),对该地区的毒菌种类辨别、毒菌毒性类型进行了详尽的讲解,后期在公众号、新闻中进行宣传,取得了良好的科普效果。

5.4 大型真菌受威胁因素及保护建议

资源过度利用、环境污染、气候变化、生境丧失与破碎化等因素,不仅导致部分动、植物多样性降低,也同样威胁大型真菌的多样性。随着近些年城市产业的蓬勃发展,部分保护区和森林公园等区域遭到过度开

致命鹅膏 *Amanita exitialis*

欧氏鹅膏 *Amanita oberwinkleriana*

日本红菇 *Russula japonica*

热带紫褐裸伞 *Gymnopilus dilepis*

近江粉褶蕈 *Entoloma omiense*

江西线虫草 *Ophiocordyceps jiangxiensis*

图5-16 东莞市大岭山森林公园部分毒菌

图5-17 野外采样及公众号宣传

发，毁林修路、建房、建娱乐设施等现象普遍，使得区域内大型真菌的栖息地环境遭到破坏，生长区域面积不断缩小和碎片化，过度的人为干扰、环境污染等，严重影响了大型真菌的正常生长发生，物种数量呈减少趋势。东莞市大岭山森林公园已划定了生态红线。根据《关于划定并严守生态保护红线的若干意见》，生态保护红线原则上按禁止开发区域的要求进行管理。严禁不符合主体功能定位的各类开发活动，严禁任意改变用途。生态保护红线划定后，只能增加、不能减少。

为了更好地保护大型真菌的生存环境，合理利用大型真菌资源，对该地区的大型真菌资源保护和监管建议如下。

5.4.1 建立保育区，制定监测制度

在大型真菌栖息地生态环境脆弱或人为干扰严重的区域，建立大型真菌物种多样性或重要物种保育区，减少游客等人为因素的干扰。同时，制定大型真菌多样性监测方案，监测大型真菌种群数量和物种多样性的动态变化。

5.4.2 加强调查工作

加强对大型真菌的调查与评估工作，尤其是需对重要物种或受威胁严重物种进行专项调查评估，制定科学的保护措施。本次调查结果显示，鸡枞菌和灵芝等一些物种受过度采挖的影响比较严重，种群出现衰退迹象。如不合理控制采挖量和采用正确的采挖方式，并采取一定的保护措施，这些物种很可能在未来很短的时间内陷入受威胁状态。

5.4.3 建立健全重要物种的就地保护和迁地保护政策体系

大型真菌生活方式有腐生和共生等方式，一些与动植物共生的重要和受威胁物种不能进行实验室人工培养和驯化，应采取就地保护措施为主，这就要求在野外建立相应的物种保护区和保育区，健全法律法规体系，对重要物种加强法律保护，加大执法力度，禁止或限制商业性开发利用。

此外，对一些腐生的重要和受威胁物种，应对其进行菌种分离和驯化栽培，加快其物种基因库和菌种资源库建设，进行异地保护。同时可对菌种进行发酵生产、生物活性物质筛选及功能基因筛选等研究，研发菌物资源可持续利用的关键技术，从而推动菌物资源的可持续开发利用。

5.4.4 加大科普宣传力度

加强大型真菌科普宣传工作，增强民众对该类生物的认识和保护意识。较之动物和植物，大型真菌的知名度和受重视程度显得相对薄弱。广大群众对该类群了解较少，因此亟需加强大型真菌的科普知识宣传工作，建立菌物标本馆、菌物博物馆及菌物科普长廊等，让大型真菌文化融入日常生活，增强民众对大型真菌资源的认识和保护意识，让广大群众共同参与到大型真菌的物种保护中去。本研究在对大岭山森林公园大型真菌物种多样性调查的过程中，将采集鉴定的456号标本在国际认可的广东省科学院微生物真菌标本馆进行长期保存，并通过实物展示和科普讲解，让民众更多地了解相关科学知识，以便对大型真菌进行合理的保护和利用。

5.4.5 国家及相关部门加大人力、财力的投入

大型真菌研究队伍和研究力量相对薄弱，亟须政府部门对该类研究领域给予政策倾斜，加大资金投入和支持力度，加快推动大型真菌物种多样性研究和重要物种的调查评估工作。同时，也要加快大型真菌的科学研究，只有在科学研究的基础上，才能制定出更有效的物种保护政策和措施，使两者的有机结合，达到良好的物种保护效果。

第6章 昆虫多样性

6.1 昆虫调查内容

6.1.1 昆虫的采集、调查及标本制作

本次项目调查目标为大岭山境内所有昆虫，调查范围覆盖包括大岭山森林公园下辖的东莞市国营大岭山林场、东莞马山市级自然保护区、东莞灯心塘市级自然保护区、东莞莲花山市级自然保护区等。本次对东莞市大岭山森林公园进行昆虫调查主要以样线法、灯诱法和马氏网法为主。

6.1.1.1 样线法

基于全面性、代表性、可达性原则，在东莞市大岭山森林公园布设调查样线，并采用扫网法采集样线昆虫。样线布设尽可能覆盖大岭山森林公园内的主要区域和生态类型。样线法调查中，样线覆盖森林公园主要的生境类型，统计样线法内观察到的昆虫。本次调查于2021年11月至2022年7月期间沿12条固定样线进行了四期调查，具体样线布设信息见表6-1和图6-1。在野外调查中，每个调查小组配备一台Nikon单反相机，每个小组成员配备一杆网兜，将遇见的昆虫用相机拍照记录下来，进行样线调查时使用网兜进行扫网采集。填写记录表，记录昆虫的种类、数量以及生境等数据，记录过的种类仅记录数量，并在调查当晚对当天记录进行核实、校对。统计所有调查数据，获得昆虫物种组成、数量、区系、群落、结构、分布特征、生境偏好、空间分布等，并进行系统、完整的数据分析。

表6-1 东莞市大岭山森林公园昆虫样线布设情况

编号	生境类型	起终点	样线长度（km）
样线1	虎门镇鸡公仔步道	113.794886°E、22.847946°N 113.815257°E、22.855859°N	3.57
样线2	虎门镇碧幽谷步径	113.775838°E、22.871380°N 113.776550°E、22.874121°N	2.00
样线3	珍稀植物园	113.765128°E、22.864927°N 113.770435°E、22.866697°N	3.15

（续）

编号	生境类型	起终点	样线长度（km）
样线4	茶山顶-霸王城	113.780713°E、22.888910°N	6.05
样线5	九转湖	113.749145°E、22.861505°N 113.764681°E、22.861705°N	2.17
样线6	翠绿步道	113.777347°E、22.873643°N 113.780850°E、22.888859°N	1.79
样线7	莲花步径	113.811051°E、22.865518°N 113.803506°E、22.849316°N	3.08
样线8	水沥步径	113.789510°E、22.867882°N 113.787929°E、22.867715°N	2.31
样线9	厚街	113.761133°E、22.901019°N 113.754090°E、22.884872°N	5.23
样线10	大溪-怀德水库	113.752688°E、22.872818°N 113.768404°E、22.873751°N	5.74
样线11	灯心塘水库	113.778569°E、22.891086°N 113.780716°E、22.891036°N	1.91
样线12	虎门广场	113.744469°E、22.862325°N 113.765844°E、22.872406°N	4.11

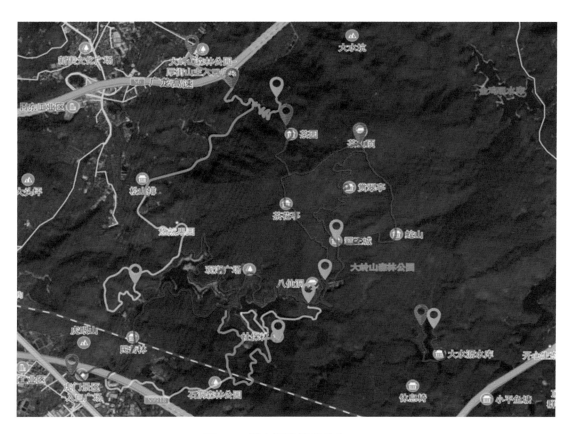

图6-1　昆虫调查样线分布

6.1.1.2 灯诱法

利用昆虫的趋光性，进行鳞翅目 LEPIDOPTERA、鞘翅目 COLEOPTERA、半翅目 HEMIPTERA 等夜行性昆虫的采集。蛾类在采集时先放入氨气瓶中毒死，然后倒出，用微针插在 KT 板上。其他昆虫则用乙酸乙酯毒死或泡入酒精中。

6.1.1.3 马氏网法

马氏网可以捕捉向上飞行的小型昆虫，并收集在上部装有酒精的瓶子内。这种方法主要用于膜翅目 HYMENOPTERA、双翅目 DIPTERA 等部分小型昆虫的采集。调查过程中，平均每 2 周收集一次采集到的材料。通过马氏网和灯诱进行采集调查。马氏网布置点位如表6-2、图6-2所示，灯诱点位如表6-3、图6-3所示。

表6-2　马氏网布置点位置及坐标

马氏网布置点	坐标
霸王城	113.780713°E、22.888910°N
消防水池	113.771454°E、22.883769°N
茶山顶	113.780437°E、22.891227°N
虎门—厚街灯心塘路	113.769846°E、22.893699°N
厚街—大岭山	113.799697°E、22.898635°N
大岭山—长安	113.778856°E、22.870267°N
长安—虎门	113.787480°E、22.860943°N

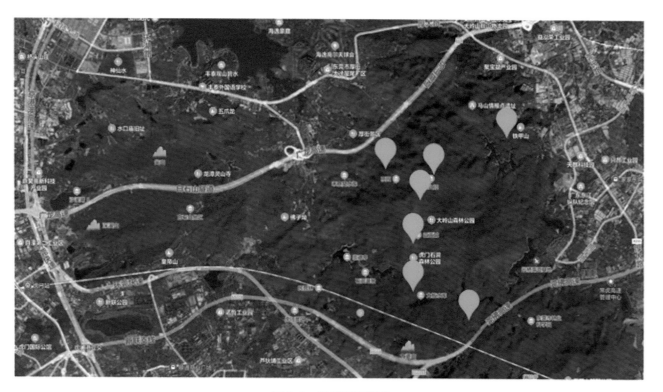

图6-2　马氏网布置点

表6-3　灯诱点位置及坐标

灯诱点	坐标
住宿处楼顶灯诱	113.746158°E、22.850003°N
大岭山门口停车场灯诱	113.746014°E、22.861193°N
怀德水库灯诱	113.768332°E、22.870590°N
长湖水库、大岭山管理处灯诱	113.810602°E、22.870150°N
灯心塘水库灯诱	113.771921°E、22.890911°N
鸡公仔步径灯诱	113.797343°E、22.846573°N

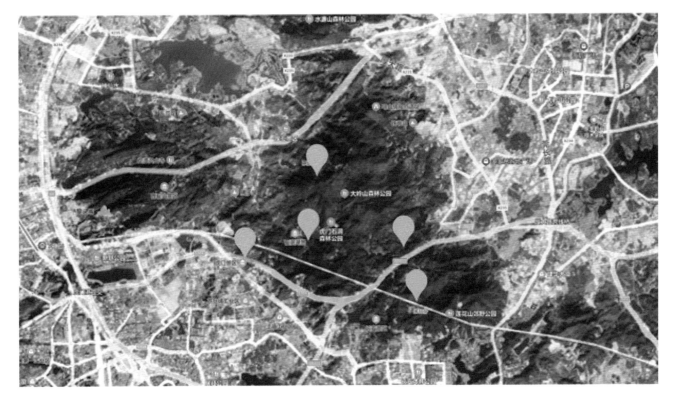

图6-3　灯诱布置点

6.1.1.4 标本的制作

鳞翅目等有较大翅膀的昆虫先在其胸部插一根昆虫针，固定在展翅板上，然后用半透明纸或纸条压在其翅上，并用镊子将其翅展开，保持左右对称，然后在翅边插入昆虫针固定、晾干。鞘翅目等昆虫用昆虫针固定在泡沫板上，用镊子整姿，并用昆虫针固定足的位置，保持左右对称（图6-4）。

6.1.2 参与调查人员

本次调查人员于2021年11月至2022年8月分成多次前往大岭山森林公园进行调查。调查人员详情如表6-4所示。

图6-4　标本制作

表6-4　调查人员名单

教师	研究生	本科生
桑文	刘丽媛	王紫兆
王兴民	秦鹏	王兆雄
	王明慧	吴邦艺
	熊泽恩	黄楚阳
	郭建玲	杨琳钧

6.2 昆虫的区系及多样性

6.2.1 昆虫的区系成分

　　根据世界动物地理的划分方法,昆虫的分布区系分为6个大区(界),即古北界、新北界、东洋界、非洲界、新热带界、澳洲界,中国地跨东洋界和古北界。在地理区划中中国分为7个区,即华中区、西南区、华南区、青藏区、华北区、蒙新区、东北区,其中青藏区、华北区、蒙新区、东北区属于古北界,华中区、西南区、华南区属于东洋界。大岭山森林公园的昆虫区系主要以东洋界为主。

6.2.2 昆虫物种及其分布

6.2.2.1 鉴定依据

物种分类参考《中国昆虫生态大图鉴（第1版）》（张巍巍等，2011），物种鉴定参考《中国动物志·昆虫纲》（薛大勇等，2000）、《中国蝴蝶生活史图鉴（第1版）》（朱建青等，2018）、《中国蜻蜓大图鉴》（张浩淼，2018），多样性分析主要参考《中国半翅目昆虫多样性和地理分布数据集》（李俊洁等，2021），濒危等级参考《昆虫濒危等级和保护级别》（袁德成，2001），保护等级参考《国家重点保护野生动物名录》（2021）和《广东省重点保护陆生野生动物名录》（2021）。

6.2.2.2 物种组成

2021年11月至2022年7月昆虫科考团队分多次前往大岭山森林公园调查。通过样线法、灯诱法和马氏网法共采集昆虫标本约20000头，鉴定得到大岭山森林公园昆虫种类18目108科，共计389种，丰富了该地区昆虫物种多样性的本底资源，为未来长期持续的生物多样性检测奠定了重要的基础。其中首次在中国大陆发现二十星菌瓢虫 *Psyllobora vigintimaculata*。

6.2.2.3 二十星菌瓢虫

二十星菌瓢虫原产于北美，1984年在日本被发现，2008年在中国台湾高雄被发现。这次在大岭山调查中发现的该物种是其在中国大陆的首次记录。其成虫和幼虫均取食真菌孢子，在植物真菌病害的生物防治方面可能有重要的利用前景。

6.2.2.3.1 形态特征

成虫：体长1.8~3.0 mm，宽1.4~2.4 mm。体卵形，背面拱起。头顶具黑色或褐色基斑。前胸背板具有5个黑色或褐色斑，前排2个，横置，后排3个，中斑较小或常消失；两侧有时斑纹相连，或不明显。小盾片黑色，每一鞘翅具9个黑斑或褐斑，呈2-2-1-3-1排列，但中部的斑纹常常相连。腹面黄褐色，腹部中基部黑色或黑褐色。足黄色。幼虫：体纺锤形，背面有刺疣，有发达的胸足，行动活泼。蛹：化蛹后的蜕皮壳置于蛹体尾端，蛹体完全外露（图6-5、图6-6）。

1.幼虫；2.蛹；3.成虫

图6-5　二十星菌瓢虫的生态照片

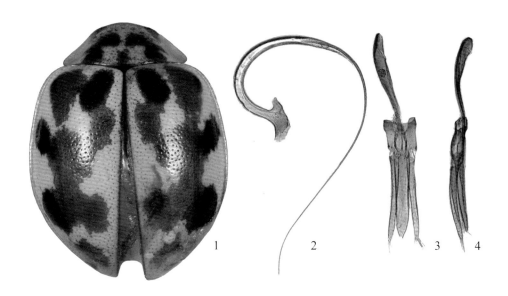

1. 成虫；2~4. 雄性外生殖器（2. 弯管，3. 阳基正面，4. 阳基侧面）

图6-6 二十星菌瓢虫成虫及其雄性外生殖器特征图片

6.2.2.3.2 生物学特性

分布于中国广东（东莞）、台湾（高雄），以及日本，北美平地至低海拔地区。根据观察，成虫和幼虫都以白粉菌和许多其他腐生真菌，如链格孢菌属、枝孢菌属和弯孢菌属的真菌为食，其中三龄幼虫食量最大。成虫在植物的所有部位都可以看到，而幼虫更多地聚集在受白粉病影响的叶片上。

6.2.2.3.3 后续研究意义

食菌瓢虫的繁殖力强，并可取食多种真菌。二十星菌瓢虫成虫和幼虫均取食真菌孢子，它们的摄食行为和潜力保证了它们可能在植物真菌病害的生物防治方面有一定的利用前景。但瓢虫的这种取食行为是否会导致真菌病害的进一步传播还需要进一步研究探讨（吴兴帮等，1987）。此外，该瓢虫作为外来物种，对本地的食菌瓢虫种类，如柯氏素菌瓢虫 *Illeis koebelei* 等生存是否存在威胁，还需要进一步研究。

6.2.3 大岭山森林公园昆虫物种多样性

6.2.3.1 数据处理

6.2.3.1.1 Shannon–Wienner 生物多样性指数

$$H' = \sum_{i=1}^{S} P_i \ln P_i \qquad (6-1)$$

式中，H' 为 Shannon-Wienner 生物多样性指数；P_i 为 i 物种的个体占所有物种个体总数的比例。

6.2.3.1.2 Pielou 均匀度指数

$$J' = \frac{H'}{\ln S} \qquad (6-2)$$

式中，J' 为 Pielou 均匀度指数；S 为物种总数。

6.2.3.1.3 Margalef物种丰富度指数

$$Dma = \frac{S-1}{\ln N}$$

（6-3）

式中，Dma 为 Margalef 物种丰富度指数；S 为群落中的物种总数；N 为观察到的个体总数。

6.2.3.1.4 Simpson优势度指数

$$D = 1 - \sum_{i=1}^{S} (N_i/N)^2$$

式中，D 为 Simpson 优势度指数；N_i 为种 i 的个体数；N 为所在群落的所有物种的个体数之和。

6.2.3.2 多样性分析

对大岭山森林公园昆虫群落结构组成进行分析可知：科数排在前四位的分别是鳞翅目24科，占22.22%；半翅目20科，占18.52%；鞘翅目14科，占12.96%；直翅目11科，占10.19%。种数排在前四位的分别是鳞翅目146种，占37.53%；鞘翅目76种，占19.54%；半翅目46种，占11.83%；膜翅目37种，占9.77%。由此可见无论是种数还是科数，鳞翅目和鞘翅目都占有明显的优势，说明两者在大岭山森林公园昆虫多样性组成中占主要地位（表6-5、图6-7、图6-8）。

表6-5　东莞市大岭山森林公园昆虫群落结构

目	科数	科百分比(%)	种数	种百分比（%）
鳞翅目 LEPIDOPTERA	24	22.22	146	37.53
蟾目 PHASMATODEA	2	1.85	3	0.77
膜翅目 HYMENOPTERA	10	9.26	38	9.77
半翅目 HEMIPTERA	20	18.52	46	11.83
脉翅目 NEUROPTERA	2	1.85	2	0.51
直翅目 ORTHOPTERA	11	10.19	20	5.14
蜚蠊目 BLATTARIA	4	3.70	10	2.57
螳螂目 MANTODEA	1	0.93	3	0.77
鞘翅目 COLEOPTERA	14	12.96	76	19.54
石蛃目 ARCHAEOGNATHA	1	0.93	1	0.26
蜻蜓目 ODONATA	2	1.85	18	4.63
双翅目 DIPTERA	8	7.41	13	3.34
纺足目 EMBIOPTERA	1	0.93	1	0.26
啮虫目 PSOCOPTERA	1	0.93	1	0.26
蚤目 SIPHONAPTERA	1	0.93	1	0.26
缨翅目 THYSANOPTERA	3	2.78	6	1.54
革翅目 DERMAPTERA	2	1.85	3	0.77
广翅目 MEGALOPTERA	1	0.93	1	0.26
总计	108	100.00	389	100.00

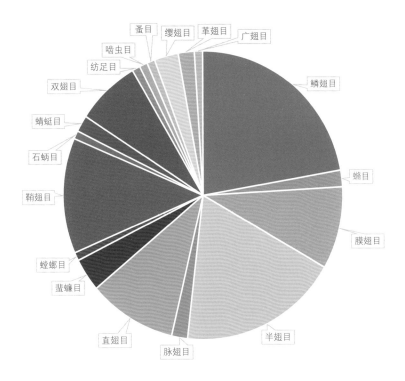

图6-7 东莞市大岭山森林公园昆虫科级组成

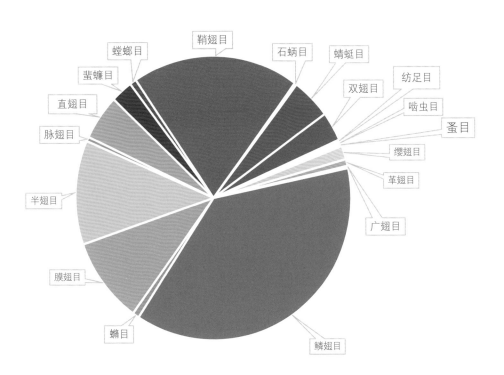

图6-8 东莞市大岭山森林公园昆虫种级组成

大岭山森林公园优势类群有蛱蝶科 Nymphalidae、粉蝶科 Pieridae、灰蝶科 Lycaenidae、眼蝶科 Satyridae、凤蝶科 Papilionidae、蜻科 Libellulidae、蟌科 Coenagrionidae、广翅蜡蝉科 Ricaniidae、蛾蜡蝉科 FLatidae、蝽科 Pentatomidae 和荔蝽科 Pentatomidae 等。

常见的昆虫种类有波蛱蝶 *Ariadne ariadne*、菜粉蝶 *Pieris rapae*、报喜斑粉蝶 *Delias pasithoe*、玉带凤蝶 *Papilio polytes*、柑橘潜叶蛾 *Phyllocnistis citrella*、黄蜻 *Pantala flavescens*、六斑月瓢虫 *Menochilus sexmacula-ta*、红肩瓢虫 *Harmonia dimidiate*、碧蛾蜡蝉 *Geisha distinctissima*、白痣广翅蜡蝉 *Ricanula sublimata*、荔枝蝽 *Tessaaratoma papillosa*、龙眼鸡 *Fulgora candelaria*、斑点广翅蜡蝉 *Ricania guttata*、中华蜜蜂 *Apis cerana* 等。

本科考是对大岭山森林公园昆虫多样性首次的系统全面调查，反映出大岭山森林公园具有丰富的昆虫多样性，其中以鳞翅目与鞘翅目尤为突出。大岭山森林公园蕴藏着丰富的昆虫多样性。在森林公园生境条件下，两广地区对昆虫系统、全面地进行多样性调查的记录比较匮乏，本次调查可填补这一部分的空白。与 2016 年 3 月、6 月、9 月沙林华等（2017）对海南省文昌市森林昆虫多样性的调查结果（7 目 24 科 30 属）相比，大岭山森林公园的昆虫物种多样性具有明显优势，应当引起重视。

蝴蝶作为森林生态景观的重要组成部分，是自然界中种类较大的动物类群，在生态系统中具有重要的作用，五彩缤纷的蝴蝶不仅颇具观赏价值，而且是最重要的环境指示生物之一。因其对栖息地环境质量要求较高、对环境变化敏感，非常适合用来观测环境变化趋势、生态系统健康状况、人类活动对生态系统的干扰程度等，故被称为生物多样性观测的指示物种。在大岭山森林公园昆虫物种多样性调查中发现，鳞翅目昆虫类群是大岭山森林公园昆虫群落中的优势类群之一，目前已记录 24 科 146 种，占大岭山森林公园昆虫物种数量的 37.53%，其中包括蝴蝶 9 科 66 种，占大岭山森林公园昆虫群落总种数的 16.97%。陈振耀等（2002）在南岭国家级自然保护区大东山采集记录鳞翅目 11 科 90 属 168 种。相比之下，大岭山森岭公园的鳞翅目种类数量还是极其有限，究其原因在于本次调查仅为一年的数据，反映的是一年内蝶类群落结构状况，对整个大岭山森林公园鳞翅目群落多样性特征的表现有一定的局限性。春季是蝴蝶活动最为活跃的时候，在对大岭山森林公园进行调查时却频繁遭遇雨水，环境带来的偶然性也会导致昆虫群落多样性特征和数量的动态变化。因此需要在连续的年份对大岭山森林公园的昆虫进行调查、采集和分析数据的基础上，才能彻底反映出整个昆虫群落多样性特征及其种类和数量的动态变化。

6.2.3.3 大岭山森林公园昆虫多样性状况评估

本科考进行数据统计分析和多样性状态评估的样线为 8 条（部分连续的样线合并分析）。采集到的昆虫经过种类鉴定后，将种类和数量数据利用多样性指数进行统计分析（表 6-6）。

根据表 6-6 中的 4 种生物多样性指数，可以表明在不同生境类型中昆虫生物多样性的优劣，其中 Shannon-Wienner 生物多样性指数 H' 是一个综合指标。

表6-6 东莞市大岭山森林公园不同样线昆虫多样性指数

调查样线	生物多样性指数 H'	均匀度指数 J'	丰富度指数 D_{ma}	优势度指数 D	种数 S	数量 N
样线1	2.21	0.73	3.24	0.157	34	374
样线2	3.54	0.79	9.46	0.048	133	1389
样线3	3.56	0.77	11.23	0.043	152	1867
样线4	2.29	0.72	3.36	0.146	37	407
样线5	3.87	0.75	18.03	0.039	82	577
样线6	3.62	0.76	17.12	0.042	118	1008

（续）

调查样线	生物多样性指数 H'	均匀度指数 J'	丰富度指数 Dma	优势度指数 D	种数 S	数量 N
样线7	3.55	0.78	11.16	0.045	107	892
样线8	3.61	0.77	16.84	0.043	98	672

从表 6-6 可以看出，生物多样性 H' 表现为：样线 5（珍稀植物园）＞样线 6（莲花步径）＞样线 8（翠绿步道）＞样线 3（水沥步径）＞样线 7（灯芯塘水库）＞样线 2（九转湖）＞样线 4（茶山顶）＞样线 1（虎门广场）；丰富度指数 Dma 的表现趋势与 H' 一致；均匀度指数 J' 无非常明显变化，表明所研究的昆虫群落数量分布均匀平整，差异不大；优势度指数 D 反映的是群落内某些物种数量的分布情况，数值越大表明该物种优势越突出，从表中看出样线 1 和样线 4 指数大于 0.1，表明有绝对优势种，其他区域大于 0.01 表明有主要优势种。

昆虫的多样性与植被的多样性密切相关，结合实际调查，样线 5（珍稀植物园）尚未对游客开放，植物多样性丰富，人为干扰因素较少。样线 1（虎门广场）与样线 4（茶山顶）人流量较大，昆虫多样性受人为因素影响较大。其他样线为森林小路，植被种类较多，植被茂密，但仍有游客经过，昆虫的多样性受到一定程度的影响。大岭山森林公园植被茂盛，生态保持较好，大部分地区都保持着较好的生物多样性，昆虫的多样性也因此保持较好。

6.3　各生态位中的昆虫结构

6.3.1　各食性昆虫的种类及所占比例

大岭山森林公园中昆虫主要以植食性为主（217 种），食物主要包括林木种实、竹林、灌木林、针叶林、乔木林、杂草林等，其次为肉食性（49 种）、杂食性（26 种）、腐食性（10 种）、菌食性（4 种）（表 6-7、图 6-9）。

6.3.2　各生境中常见的昆虫种类

大岭山森林公园中具有数量众多的各类菌物，因此孕育了一些以菌物为食的昆虫，如眼蕈蚊 Sciara sp.、二十星菌瓢虫 Psyllobora vigintimaculata、柯氏素菌瓢虫 Illeis koebelei timberlake 等；溪流水库中也存在生活于水域中的昆虫，如东方水蠊 Opisthoplatia orientalis、异色灰蜻 Orthetrum melania、方带溪蟌 Euphaea decorata、水黾蝽 Aguarium paludum；土壤中常见的昆虫有筛阿鳃金龟 Apogonia cribricollis、褐腹异丽金龟 Anomala russiventris、东方蝼蛄 Gryllotalpa orientalis、大鳖土蝽 Adrisa magna；保护区中常见的腐食性昆虫有中华蜣螂 Copris sinicus、中华圆翅锹甲 Neolucanus sinicus、黄纹锯锹甲 Prosopocoilus biplagiatus、大头金蝇 Chrysomya megacephala、橡胶木犀金龟 Xylotrupes gideon。

表6-7　东莞市大岭山森林公园昆虫食性

食性	植食性	杂食性	腐食性	肉食性	菌食性
种数	217	26	10	49	4
占比（%）	72.09	8.64	3.32	16.28	1.33

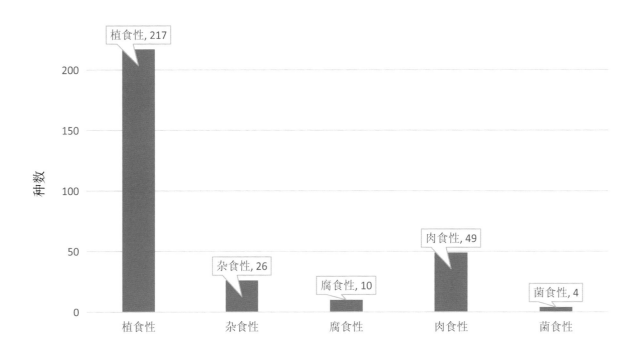

图6-9　东莞市大岭山森林公园昆虫食性分布

6.4 资源昆虫

资源昆虫是保护区昆虫类群中有经济或特殊生态价值的昆虫，保护区的资源昆虫包括传粉、观赏、天敌和药用昆虫 4 类。丰富的资源昆虫使保护区具有保存经济昆虫遗传资源的意义，也显示了保护区具备昆虫资源库的价值特征。

6.4.1 传粉昆虫

大岭山森林公园大多数鳞翅目蝶类都能传粉，如迁粉蝶 *Catopsilia pomona*、黄钩蛱蝶 *Polygonia c-aureum*、报喜斑粉蝶 *Delias pasithoe*、酢浆灰蝶 *Pseudozizeeria maha*；鞘翅目有绿奇花金龟 *Agestrata orichalca*、双斑短突花金龟 *Glycyphana nicobarica*；双翅目有黑腹果蝇 *Drosophila melanogaster*；膜翅目有中华蜜蜂 *Apis cerana*、细黄胡蜂 *Vespula flaviceps*、约马蜂 *Polistes jokahamae*。

中华蜜蜂 *Apis cerana*

有利用零星蜜源植物、采集力强、利用率较高、采蜜期长、适应性和抗螨抗病能力强、消耗饲料少等意大利蜂无法比拟的优点，非常适合中国山区定点饲养。中华蜜蜂体躯较小，头胸部黑色，腹部黄黑色，全身披黄褐色绒毛。2003 年，北京市在房山区建立中华蜜蜂自然保护区。2006 年，中华蜜蜂被列入农业部国家级畜禽遗传资源保护品种。在对中国农业蜜蜂授粉的经济价值评估中，蜜蜂授粉的年均产值是蜂业总产值的 76 倍。农业生产对蜜蜂授粉的需求很大。然而受毁林造田、滥用农药、环境污染和引进意大利蜜蜂等因素的影响，中华蜜蜂的生存环境面临着危机。其中引入的意大利蜜蜂是对中华蜜蜂最大的威胁，这些意大利蜜蜂对中华蜜蜂有很强的攻击力，且翅膀震动频率与中华蜜蜂相似，导致中华蜜蜂误认，从而可以顺利进入中华蜜蜂蜂巢，还得到相当于同伴的待遇和饲喂。不同种群不能共存，意大利蜂杀死中华蜜蜂蜂王不可避免。自意大利蜜蜂引入以来，中华蜜蜂分布区域缩小了 75% 以上，种群数量减少 80% 以上。因此要引起对中华蜜蜂的重视，保护其生态环境对农业生产发展有着非常重要的作用。

6.4.2 观赏昆虫

大岭山森林公园鞘翅目中具有开发和利用前景的种类包括异丽金龟 *Anomala sulax*、丽七齿虎甲 *Heptodonta pulchella*、黄纹锯锹甲 *Prosopocoilus biplagiatus*；鳞翅目中有保护和利用价值的种类包括宁波尾天蚕蛾 *Actias ningpoana*、眉纹天蚕蛾（王氏樗蚕）*Samia cynthia*、爻纹细蛾 *Conopomorpha sinensis*。

6.4.3 天敌昆虫

生物防治是一种绿色、对环境无害的害虫防治方法，加快捕食性昆虫产业化进程，可以推进农药减量控害、保护生态环境，开发利用的前景非常广阔。大岭山森林公园常见的天敌昆虫有六斑月瓢虫 *Menochilus sexmaculata*、红肩瓢虫 *Harmonia dimidiate*、孟氏隐唇瓢虫 *Cryptolaemus montrouzieri*、日本通草蛉 *Chrysoperla nippoensis*、方胸青步甲 *Chlaenius tetragonoderus*、丽七齿虎甲 *Heptodonta pulchella*。

6.4.3.1 六斑月瓢虫 *Menochilus sexmaculata*

体长 4.5~6.6 mm，体宽 4.0~5.3 mm。体长圆形，背面半圆形隆起，表面光滑，黑色。头淡黄色，有时在前缘中部有 1 个三角形黑斑。复眼黑色，触角、口器褐色。前胸背板黄白色，中央有一与后缘相连而形成的"工"字形黑斑，在一些个体中，"工"形斑向外伸展，最后连成一大黑斑（图 6-10）。

六斑月瓢虫是一种广谱性的食蚜瓢虫，分布广，寿命长，发生量和捕食量大，繁殖力强，开发利用前景广阔。应用六斑月瓢虫捕食夏、秋蔬菜蚜虫，是一条值得探索的有效途径。

6.4.3.2 孟氏隐唇瓢虫 *Cryptolaemus montrouzieri*

虫体长卵形，弧形拱起，体背披灰白色毛。体长 4.3~4.6 mm，体宽 3.1~3.5 mm，头部除复眼黑色外

图 6-10　六斑月瓢虫

全为黄色。前胸背板及其缘折红黄色。小盾片黑色。鞘翅黑色而鞘翅末端红黄色。腹面胸部黑色，但前胸腹板黄红色至红褐色，腹部黄褐色，前足栗褐色或黑褐色，中后足黑褐色。

孟氏隐唇瓢虫原产于澳大利亚，是粉蚧重要的捕食性天敌。我国利用孟氏隐唇瓢虫防治重阳木粉蚧、石栗粉蚧、可可粉蚧，都取得了显著的效果。对于入侵我国的检疫害虫湿地松粉蚧，孟氏隐唇瓢虫也有着很好的防治效果，在林间散放，不仅能通过捕食湿地松粉蚧完成发育，有效地控制粉蚧种群，还能在一定程度上建立自身种群。

孟氏隐唇瓢虫引入世界各地进行生物防治已有100多年的历史，与各地环境气候和生态系统生物群落的适应协同发展使得其自身在生理特性，如耐热性、耐寒性等生物学特性，都出现了地区性的差别。所以为了更好地发挥其控害潜能，适用于不同的大田环境的害虫防治，全面系统地研究孟氏隐唇瓢虫的各项生物学特征，制定统一的孟氏隐唇瓢虫种质资源描述规范和数据标准是必要的。应当整合孟氏隐唇瓢虫种质资源，规范孟氏隐唇瓢虫种质资源的收集、整理和保存等基础性工作，创造良好的共享环境和条件，搭建高效的共享平台，有效保护和高效利用孟氏隐唇瓢虫种质资源，充分挖掘其潜在的经济、社会和生态价值。

6.4.4 药用昆虫

昆虫作为药物治病，在我国已有2000多年的历史。据《周礼》记载："五药，草木虫石谷也。"可见古代人们已认识到"虫"是药材之一。《神农本草经》列出的虫药就有29种，明代名医李时珍的《本草纲目》则将虫药扩充到106种，现今我国中医的药用昆虫达300种之多，如蚂蚁、蜜蜂、蟑螂（卵荚）、蝉壳、斑蝥、螳螂、家蚕和苍蝇等昆虫。我国已对很多药用昆虫进行了人工养殖，在医药、食品、工艺美术等诸多领域发挥着极大的作用。大岭山森林公园常见的药用昆虫有黄蜻 *Pantala flavescens*、红蜻 *Crocothemis servilia*、夏赤蜻 *Sympetrum darwinianum*、中华蜣螂 *Copris sinicus*、美洲大蠊 *Periplaneta americana*、中华大刀螳 *Tnodera sinensis*、纺织娘 *Mecopoda elongate*、黑蚱蝉 *Cryptotympana atrata*。

6.5 害虫类群及害虫防治

6.5.1 农业害虫及防治

大岭山森林公园常见的农业害虫有斜纹夜蛾 *Spodoptera litura*、直纹稻弄蝶 *Parnara guttata*、柑橘潜叶蛾 *Phyllocnistis citrella*、黄足黄守瓜 *Aulacophora indica*、稻根叶甲 *Donacia provosti*、甘薯台龟甲 *Cassida circumdata*、荔蝽 *Tessaratoma papillosa*、中华稻蝗 *Oxya chinensis*、白背飞虱 *Sogatella furcifera*、茄二十八星瓢虫 *Henosepilachna vigintioctomaculata*、甘薯叶甲 *Colasposoma auripenne*。

6.5.1.1 斜纹夜蛾 *Spodoptera litura*

幼虫取食甘薯、棉花、芋、莲、田菁、大豆、烟草、甜菜及十字花科和茄科蔬菜等近300种植物的叶片，间歇性猖獗为害。中国从北至南1年发生4~9代。以蛹在土中蛹室内越冬，少数以老熟幼虫在土缝、枯叶、杂草中越冬。南方冬季无休眠现象。发育最适温度为28~30℃，不耐低温，长江以北地区大都不能越冬。各地发生期的迹象表明此虫有长距离迁飞的可能。成虫具趋光和趋化性。卵多产于叶片背面。幼虫共6龄，有假死性。4 龄后进入暴食期，猖獗时可吃尽大面积寄主植物叶片，并迁徙他处为害（图 6-11）。

防治方法：结合管理随手摘除卵块和群集危害的初孵幼虫，以减少虫源。利用成虫趋光性，于盛发期点黑光灯诱杀；利用成虫趋化性配糖醋 (糖：醋：酒：水 =3：4：1：2)，加少量敌百虫诱蛾；柳枝蘸洒 500 倍敌百虫诱杀蛾子。交替喷施 21% 灭杀毙乳油 6000~8000 倍液，或 50% 氰戊菊酯乳油 4000~6000 倍液，或 20% 氰马或菊马乳油 2000~3000 倍液，或 2.5% 功夫、2.5% 天王星乳油 4000~5000 倍液，或 20% 灭扫利乳油 3000 倍液，或 80% 敌敌畏、2.5% 灭幼脲、25% 马拉硫磷 1000 倍液，或 5% 卡死克、5% 农梦特 2000~3000 倍液，2~3 次，隔 7~10 天 1 次，喷匀喷足。

图6-11　斜纹夜蛾

6.5.1.2 黄足黄守瓜 *Aulacophora indica*

黄守瓜属鞘翅目叶甲科害虫，食性广泛，成虫、幼虫都能危害作物，可危害 19 科 69 种植物。几乎危害各种瓜类，受害最烈的是西瓜、南瓜、甜瓜、黄瓜等，也危害十字花科、茄科、豆科及柑橘、桃、梨、苹果、朴树和桑树等。成虫会啃食瓜类作物的嫩叶与花朵，危害颇为严重。

防治方法：首先要抓住成虫期，可利用趋黄习性，用黄盆诱集，以便掌握发生期，及时进行防治；防治幼虫掌握在瓜苗初见萎蔫时及早施药，以尽快杀死幼虫。苗期受害影响较成株大，应列为重点防治时期。具体方法有：① 改造产卵环境。植株长至 4~5 片叶以前，可在植株周围撒施石灰粉、草木灰等不利于产卵的物质或撒入锯末、稻糠、谷糠等物，引诱成虫在远离幼根处产卵，以减轻幼根受害。② 消灭越冬虫源。对低地周围的秋冬寄主和场所，在冬季要认真进行铲除杂草、清理落叶、铲平土缝等工作，尤其是背风向阳的地方更应彻底，使瓜地免受着暖后迁来的害虫为害。③ 捕捉成虫。清晨成虫活动力差，借此机会进行人工捉拿。同时，可利用其假死性用药水盆捕捉，也能取得良好的效果。④ 幼苗移栽施药。在瓜类幼苗移栽前后，掌握成虫盛发期，喷 90% 敌百虫 1000 倍液 2~3 次。幼虫为害时，用 90% 敌百虫 1500 倍或烟草水 30 倍液点灌瓜根。⑤ 幼虫药剂防治。幼虫的抗药性较差，可选用 1500 倍液的敌敌畏或 800 倍液的辛硫磷或 30 倍液的烟筋（梗）浸泡液，用低压喷灌根部周围以杀灭幼虫，每株用 100 mL 左右稀释液。

6.5.1.3 荔蝽 *Tessaratoma papillosa*

体长 24~28mm，盾形、黄褐色，胸部有腹面被白色蜡粉。触角 4 节，黑褐色。前胸向前下方倾斜；臭腺开口于后胸侧板近前方处。腹部背面红色，雌虫腹部第七节腹面中央有一纵缝而分成两片（图 6-12）。1 年发生 1 代，以成虫在树上浓郁的叶丛或老叶背面越冬。翌年 3、4 月恢复活动，产卵于叶背。5、6 月若虫盛发为害。若虫共 5 龄，历时约 2 个月，有假死习性，多数在 7 月间羽化为成虫，天寒后进入越冬期。若虫和成虫刺吸荔枝和龙眼的嫩梢、花穗和幼果的汁液，导致落花落果。如遇惊扰，常射出臭液自卫，沾及嫩梢、幼果局部会变焦褐色。寄主有荔枝、龙眼。以成虫、若虫刺吸嫩梢、嫩芽、花穗和幼果汁液，严重影响新梢生长，导致嫩梢、叶枯萎或落花、落果，并传播其他病害。

防治方法：在每年越冬季节，特别是低温的早上，振动枝丫使成虫坠落；3~5 月也可振落若虫捕杀；产卵盛期，采摘卵块，放入寄生蜂保护器内；荔枝、龙眼的花芽至幼果期用敌百虫、毒丝本、灭虫灵百虫宁、速灭系丁等触杀性农药稀释液毒杀；利用平腹小蜂等寄生蜂的释放，寄生荔蝽卵粒。

图 6-12　荔蝽

6.5.1.4 龙眼鸡 *Pyrops Candelaria*

成虫体长 (头突至腹末)37~42 mm，翅展 68~79 mm，体色艳丽。头额延伸如长鼻，额突背面红褐色，腹面黄色，散布许多白点。复眼大，暗褐色；单眼 1 对红色，位于复眼正下方。触角短，柄节圆柱形，梗节膨大如球，鞭节刚毛状，暗褐色，胸部红褐色，有零星小白点；前胸背板具中脊，中域有 2 个明显的凹斑。两侧前沿略呈黑色；中胸背板色较深，有 3 条纵脊。前翅绿色，外半部约有 14 个圆形黄斑，翅基部有 1 条黄赭色横带，近 1/3 至中部处有两条交叉的黄赭色横带，有时中断；这些圆斑和横带的边缘常围有白色蜡粉。后翅橙黄色，顶角黑褐色。足黄褐色，但前、中足的胫、跗节黑褐色。腹部背面橘黄色，腹面黑褐色，被有蜡质白粉，各节后缘为黄色狭带，腹末肛管黑褐色（图 6-13）。

主要危害龙眼，盛发时，虫口密布于枝叶丛间。成虫、若虫以口针从栓缝插入树干和枝梢皮层吸食汁液，被刺吸后皮层渐次出现小黑点。数量多，发生严重时，能使树势衰弱，枝条枯干，落果或果实品质低劣。其排泄物可致煤烟病。在龙眼、荔枝、橄榄、杧果混栽之处，发生虫口数量尤其多。若虫善弹跳，成虫善跳能飞。稍受惊扰，若虫便弹跳逃逸，成虫弹跳飞逃。

防治方法：通常情况下与荔枝蝽共同防治。

图 6-13　龙眼鸡

6.5.1.5 白背飞虱 *Sogatella furcifera*

成虫有长翅型和短翅型两种。长翅型成虫体长 4~5 mm，呈灰黄色，头顶较狭，突出在复眼前方，颜面部有 3 条凸起纵脊，脊色淡，沟色深，黑白分明，胸背小盾板中央长有 1 个五角形的白色或蓝白色斑。雌虫的两侧为暗褐色或灰褐色，而雄虫则为黑色，并在前端相连。翅半透明，两翅会合线中央有 1 个黑斑。短翅型雌虫体长约 4 mm，呈灰黄色至淡黄色，翅短，仅及腹部的一半。中国南部 1 年发生 11 代，岭南 7~10 代，长江以南 4~7 代，淮河以南 3~4 代，东北地区 2~3 代，新疆、宁夏 1~2 代。

成虫、若虫吸食稻株汁液，雌成虫用产卵器刺入稻株组织产卵，造成伤口，增大稻株的养分消耗和水分的散失，还为一些弱寄生菌侵染创造了条件。一般水稻苗期和分蘖期受害后，从下至上的叶片端部发黄，分蘖减少，植株矮缩甚至枯死；拔节期，孕穗期受害，下部和中、上部叶片发黄，植株短缩，叶鞘、茎秆上褐色伤痕密集，实粒数减少；乳熟期受害，千粒重下降，青头穗增加，甚至植株倒伏或干枯。一般百丛稻株（抽穗—乳熟期）有虫 1200~1500 头为害 15~20 天，稻谷约减产 5%。在水稻成熟期，虫口密度高，高温、干燥条件下，各代长翅型成虫出现比率高；在水稻拔节孕穗期，虫口密度低，多雨日的条件下，短翅型雌虫出现比率高，短翅雄虫少。成虫产卵在叶鞘中脉两侧及叶片中脉组织内，每卵条粒数 2~31 粒，平均 7.3 粒。若虫群栖于基部叶鞘上为害，受害部先出现黄白斑，后变黑褐色，叶片由黄色变棕红色，重者枯死，田中出现黄塘。

防治方法：选用抗（耐）虫水稻品种，进行科学肥水管理，创造不利于白背飞虱滋生繁殖的生态条件；

白背飞虱各虫期寄生性和捕食性天敌种类较多，除寄生蜂、黑肩绿盲蝽、瓢虫等外，还有蜘蛛、线虫及菌类对白背虱的发生有很大的抑制作用。保护利用好天敌，对控制白背飞虱的发生为害能起到明显的效果；根据水稻品种类型和飞虱发生情况，采取重点防治主害代低龄若虫高峰期的防治对策，如果成虫迁入量特别大而集中的年份和地区，采取防治迁入峰成虫和主害代低龄若虫高峰期相结合的对策。

6.5.1.6 茄二十八星瓢虫 *Henosepilachna vigintioctomaculata*

成虫体长 6 mm，半球形，黄褐色，体表密生黄色细毛。前胸背板上有 6 个黑点，中间的 2 个常连成 1 个横斑；每个鞘翅上有 14 个黑斑，其中第二列 4 个黑斑呈一直线，是与马铃薯瓢虫的显著区别。卵长约 1.2 mm，弹头形，淡黄色至褐色，卵粒排列较紧密。幼虫共 4 龄，末龄幼虫体长约 7 mm，初龄淡黄色，后变白色，体表多枝刺，其基部有黑褐色环纹。蛹长 5.5 mm，椭圆形，背面有黑色斑纹，尾端包着末龄幼虫的蜕皮。分布于中国东部地区，但以长江以南发生为多。在广东年发生 5 代，无越冬现象。每年以 5 月发生数量最多，为害最重。成虫白天活动，有假死性和自残性。

主要为害茄子、马铃薯、番茄、甜椒等茄科蔬菜，果实受害后，影响产量和质量，是茄科蔬菜的常见虫害。成虫和幼虫食叶肉，残留上表皮呈网状，严重时全叶食尽，此外还危害瓜果表面，受害部位变硬，带有苦味，影响产量和质量。

防治方法：人工捕捉成虫。利用成虫的假死性，用盆承接，并叩打植株使之坠落，收集后杀灭；人工摘除卵块。雌成虫产卵集中成群，颜色艳丽，极易发现，易于摘除；在幼虫分散前及时喷洒下列药剂：2.5% 功夫乳油 4000 倍液，或 21% 灭杀毙乳油 5000 倍液，或 50% 辛硫磷乳油 1000 倍液。注意重点喷叶背面。

6.5.2 地下害虫及防治

大岭山森林公园主要的林木地下害虫包括华北大黑鳃金龟 *Holotrichia oblita*、东方蝼蛄 *Gryllotalpa orientalis*、筛阿鳃金龟 *Apogonia cribricollis*、中华胸突鳃金龟 *Hoplosternus chinensis*。

6.5.2.1 华北大黑鳃金龟 *Holotrichia oblita*

成虫有假死性，喜食杨树、豆类等叶片。幼虫具有自相残杀习性，主要危害小麦、玉米、大豆、甘薯、药材等，也可危害林、果树木的根部。1 年发生 1 代，以成虫或幼虫越冬。越冬成虫约 5 月陆续出土活动至 9 月入蛰，活动时间较长。

防治方法：采取以防治成虫为主幼虫为辅的策略。可通过减少非耕地面积，掌握成虫防治适期，在田埂地头喷洒农药，或在花生播种时将毒土在整地前撒入，消灭正在出土或飞来产卵的成虫。

6.5.2.2 东方蝼蛄 *Gryllotalpa orientalis*

以成虫和若虫在土中取食刚播下的种子、种芽和幼根，也咬断幼苗根茎、蛀食薯类的块根和块茎。幼苗根茎被害部呈麻丝状，这是判断蝼蛄危害的重要特征。此外，蝼蛄在近地面开挖的隧道，常使幼苗的根系与土壤分离，使之失水干枯（图 6-14）。

防治方法：实行水旱轮作，施用充分腐熟的有机肥；灯光诱杀；在产卵盛期结合夏锄进行挖巢灭卵；可用 40% 甲基异柳磷乳油 50~100 mL，兑适量水后与 5 kg 炒香的麦麸、豆饼或米糠混合均匀，制成毒饵；或用 40% 乐果乳油 500mL 或 90% 敌百虫晶体 0.5 kg 加水 5 L，拌 50 kg 毒饵。

图6-14　东方蝼蛄

6.5.3 林业害虫及防治

6.5.3.1 榕八星天牛 *Batocera rubus*

体长 30~46 mm。体宽 10~16 mm。体红褐色或绛色，头、前胸及前足股节较深，有时接近黑色。全体被绒毛，背面的较稀疏，灰色或棕灰色；腹面的较长而密，棕灰色或棕色，有时略带全黄，两侧各有 1 条相当宽的白色纵纹。前胸背板有一堆橘红色弧形白斑，小盾片密生白毛；每一鞘翅上各有 4 个白色圆斑，第 4 个最小，第 2 个最大，较靠中缝，其上方外侧常有 1、2 个小圆斑，有时和它连接或并合。

主要危害榕属、芒果、木棉、重阳木等。在四川、贵州、江西、福建、云南、广东、广西、海南、台湾、香港均有分布。在广州 1 年发生 1 代。成虫于 4 月下旬开始出现，5 月为成虫羽化高峰期，到 10 月上旬仍见有少量成虫活动，成虫寿命 4~5 个月。成虫多于夜晚求偶，取食嫩叶及绿枝以补充营养，白天除产卵外常静伏于树干上。雌虫常选择树干较大者并在离地数尺（常 2 m 以下）的树干上产卵，雌虫先选择适当部位咬一扁圆形的刻槽，有时深达木质部，然后将产卵管插入刻槽内，常产卵 1 粒并分泌一些胶状物覆盖，有时也将卵产在大的分枝上，同一株树可产几粒至十几粒。一生能交尾数次，卵粒分批成熟分批产下，6、7、8 月为产卵高峰期。幼虫孵化后在皮下取食，造成弯曲的坑道，一段时间内主要在韧皮部与木质部间取食，稍大后进入木质部蛀食，造成的圆形稍扁蛀道不规则上下纵横。大龄幼虫常爬出孔口在树皮下大面积的取食木材，排出的虫粪和木屑充塞在树皮下，使树皮鼓胀开裂。虫龄越大，排出的木屑越粗越长。该种天牛多半在移栽后保养不善的大树上发生危害，尚未见危害小苗，种植多年且生长良好的榕树很少发生。

防治方法：严格检疫制度，杜绝带虫苗木的调运和栽植，防止榕八星天牛的传播扩散；可在产卵期于干基缠草绳，幼虫孵化初期解下草绳集中烧毁。干基缠草绳既可防止成虫在树干上产卵，又可避免新移栽植株树干水分过度蒸发及遭受阳光暴晒；低龄幼虫在韧皮下危害而尚未进入木质部时，用化学药剂喷涂树干防效显著。常用药剂有 40% 乐果乳油、90% 敌百虫晶体 100~200 倍、40% 氧化乐果乳乳油 400 倍。

6.5.3.2 星天牛 *Anoplophora chinensis*

翅黑色，每鞘翅有多个白点。体长 50 mm，头宽 20 mm。体色为亮黑色；前胸背板左右各有 1 枚白点；翅鞘散生许多白点，白点大小个体差异颇大（图6-15）。

图6-15 星天牛

幼虫没有自主选择寄主的能力，幼虫所在寄主是雌成虫的产卵选择决定的。成虫最喜食苦楝，取食的部位常为枝条和树皮，较少取食叶片。产卵一般会在胸径较大的寄主树上，很少将卵产在胸径小于 6 cm 的木麻黄上，在苦楝上也很少发现星天牛产卵现象。在木麻黄上的产卵部位常在树干距地面 40 cm 以内部位或者在裸露的树根上，并且羽化孔一般在产卵刻槽上方 25 cm 以内。1 年发生 1 代，以幼虫在被害寄主木质部越冬，3 月中、下旬开始活动取食，4 月下旬化蛹，5 月下旬羽化，6 月上旬幼虫孵化危害至 10 月下旬越冬。危害期长，生活十分隐蔽，防治难以奏效，所以预报成虫羽化高峰期，是防治成虫成败的关键。

防治方法：① 设置诱饵树。诱饵树种即天牛嗜食树种，作用是诱集天牛而后集中灭杀和处理，降低天牛对目标树种的危害。星天牛的诱饵树种多为其嗜食树种——苦楝，苦楝的有效诱集距离在 200 m 左右，在成虫高峰期引诱的数量占总数量的 71.6%。② 抗性树种选育。通过对 51 个不同地理种源木麻黄的研究，筛选出 5 个抗性品种，并进行多年的星天牛蛀干观察，发现这些抗虫树种能够完全抵抗天牛的入侵，抗虫效果非常好，已进行无性栽培和大面积推广。③ 物理防治手段需要结合天牛各个虫期的时间规律，进行集中治理，包括及时伐除枯折树木，在成虫盛发期人工捕杀成虫，在产卵盛期刮除虫卵、锤击幼龄幼虫等方法。④ 利用益鸟防治：川硬皮肿腿蜂对天牛幼虫有很好的防治效果，其寄生效果最高可达 43.63%，平均可达 26.93%。⑤ 病原真菌。利用白僵菌防治星天牛，白僵菌对星天牛的有很高的致死率，配合粘膏能提高其对星天牛的致死能力，星天牛平均死亡率达 77.8%。⑥ 线虫。*Steinernematidae feltiae* 和 *S. carpocapsae* 两个品系线虫对星天牛的大龄幼虫有较强的感染能力，线虫进入虫道后，只要温湿度适宜，就会寻找到星天牛幼虫，只需 4~6 天就能将其杀死。

6.5.4 入侵害虫及防治

侵入害虫又称外来害虫。由其他地区迁入的害虫，是与本地土著害虫相对的术语，是由原产地向没有天敌的新区域迁移的结果。外来物种引进是与生物入侵密切联系的一个概念。任何生物物种，总是先形成于某一特定地点，随后通过迁移或引入，逐渐适应迁移地或引入地的自然生存环境并逐渐扩大其生存范围，这一过程即被称为外来物种的引进（简称引种）。正确的引种会增加引种地区生物的多样性，也会极大丰富人们的物质生活，相反，不适当的引种则会使得缺乏自然天敌的外来物种迅速繁殖，并抢夺其他生物的生存空间，进而导致生态失衡及其他本地物种的减少和灭绝，严重危及一国的生态安全。此种意义上的物种引进即被称为外来物种的入侵。由此，这种对等地生态环境，造成严重危害的外来物种即被称为入侵种。常见的入侵害虫有桔小实蝇 *Bactrocera dorsalis*、红火蚁 *Solenopsis invicta*、曲纹紫灰蝶 *Chilades pandava*、扶桑绵粉蚧 *Phenacoccus solenopsis* 等。

6.5.4.1 红火蚁 *Solenopsis invicta*

工蚁特征：头部近正方形至略呈心形，长 1.00~1.47 mm，宽 0.90~1.42 mm。头顶中间轻微下凹，不具带横纹的纵沟；唇基中齿发达，长约为侧齿的一半，有时不在中间位置；唇基中刚毛明显，着生于中齿端部或近端；唇基侧脊明显，末端突出呈三角尖齿，侧齿间中齿基以外的唇基边缘凹陷；复眼椭圆形，最大直径为 11~14 个小眼长，最小直径 8~10 个小眼长；触角柄节长，兵蚁柄节端离头顶 0.08~0.15 倍柄节长，小型工蚁柄节端可伸达或超过头顶。前胸背板前侧角圆至轻微的角状，罕见突出的肩角；中胸侧板前腹边厚，厚边内侧着生多条与厚边垂直的横向小脊；并胸腹节背面和斜面两侧无脊状突起，仅在背面和其后的斜面之间呈钝圆角状。后腹柄结略宽于前腹柄结，前腹柄结腹面可能有一些细浅的中纵沟，柄腹突小，平截，后腹柄结后面观长方形，顶部光亮，下面 2/3 或更大部分着生横纹与刻点。

蚁巢特征：红火蚁为完全地栖型蚁巢的蚂蚁种类，成熟蚁巢是以土壤堆成高 10~30 cm、直径 30~50 cm 的蚁丘，有时为大面积蜂窝状，内部结构呈蜂窝状。新形成的蚁巢在 4~9 个月后出现明显的小土丘状的蚁丘。新建的蚁丘表面土壤颗粒细碎、均匀。随着蚁巢内的蚁群数量不断增加，露出土面的蚁丘不断增大。当蚁巢受到干扰时，蚂蚁会迅速出巢攻击入侵者。红火蚁在蚁丘四围有明确的领地意识，而蚁丘的特点及主动攻击入侵者的行为，可以作为迅速判断是否为红火蚁的方法之一。

红火蚁对人有攻击性和重复蜇刺的能力。它影响入侵地人的健康和生活质量、损坏公共设施电子仪器，导致通讯、医疗和害虫控制上的财力损失。蚁巢一旦受到干扰，红火蚁迅速出巢发出强烈攻击行为。红火蚁以上颚钳住人的皮肤，以腹部末端的蜇针对人体连续叮蜇多次，每次叮蜇时都从毒囊中释放毒液。人体被红火蚁叮蜇后有如火灼伤般疼痛感，其后会出现如灼伤般的水泡。多数人仅感觉疼痛、不舒服，少数人对毒液中的毒蛋白过敏，会产生过敏性休克，有死亡的危险。如水泡或脓包破掉，不注意清洁卫生时易引起细菌二次感染。

红火蚁给被入侵地带来严重的生态灾难，是生物多样性保护和农业生产的大敌。红火蚁取食多种作物的种子、根部、果实等，为害幼苗，造成产量下降。它损坏灌溉系统，降低工作效率，侵袭牲畜，造成农业上的损失。红火蚁对野生动植物也有严重的影响。它可攻击海龟、蜥蜴、鸟类等的卵，对小型哺乳动物的密度和无脊椎动物群落有负面的影响。有研究表明，在红火蚁建立蚁群的地区，蚂蚁的多样性较低。

防控方法：人为传播主要有园艺植物污染、草皮污染、土壤废土移动、堆肥、园艺农耕机具设备污染、空货柜污染、车辆等运输工具污染等，而作长距离传播。国内在种苗、花卉、草坪、观赏植物等贸易调运中，植物基本上带有土壤或栽培基质，这些活动可能增强红火蚁的传播。在美国，甚至有红火蚁侵入养蜂箱而随放蜂活动做长距离传播的例子。严格控制红火蚁发生区物品外运，防止人为携带疫情外传。

防治方法：在红入侵火蚁觅食区散布饵剂，饵剂通常用玉米颗粒和加了药剂的大豆油混合而成，10~14天后再使用独立蚁丘处理方法，并持续处理直到问题解决。此方法建议每年处理2次，通常在4~5月处理第一次，而在9~10月再处理第二次。化学药剂防治方法建议用药，经农药谘议委员会通过的有3种饵剂与6接触性药剂，可以使用于农地的火蚁防治。独立蚁丘处理法，在严重危害区域与中度危害区域以灌药或粉剂、粒剂直接处理可见的蚁丘，此种防治方法可以有效地防除98%以上的蚁丘。但其明显的缺点是仅能防治可见的蚁丘，但许多新建立的蚁巢不会产生明显蚁丘，在一些防治管理措施较为密集的地点也较不易看见蚁丘，而往往会造成处理上的疏漏。大部分灌药的剂型产品，每个蚁巢需要加入5~10 L的药剂才有效果。

6.5.4.2 曲纹紫灰蝶 *Chilades pandava*

成虫体长10~12 mm，翅展20~35 mm，翅面紫蓝色，前翅外缘黑色，后翅外缘有细的黑白边。翅反面灰褐色，缘毛褐色，两翅均具黑边。后翅有2条带内侧有新月纹白边，翅茎有3个黑斑，都有白圈。尾突细长，端部白色。寄主为苏铁科苏铁属的30多种植物。一般1年发生6~7代，7~10月是其为害盛期。第一代幼虫孵化于6月上中旬，幼虫只危害当年抽出的新叶，初孵幼虫潜入拳卷羽叶内啃食嫩羽叶，常见十几头甚至几十头、上百头幼虫群集于新叶上为害，以至羽叶刚抽出即已被食害，随虫龄增大吃量急剧增加，甚至只剩下残缺不全的叶柄和叶轴，严重影响苏铁的生长和观赏价值。

防治方法：充分利用农业技术措施，抑制害虫发生与蔓延。加强水、肥管理，冬季修剪病虫枝，促进通风、透光，改变原有的栖息环境，减少养分消耗，促进来年新叶抽叶、老化，避过害虫发生高峰期，抑制其发生蔓延；防治重点在越冬代和第一代。冬季在苏铁进行套袋之前，清理盆内被危害过枝株、植株底部的枯枝落叶和苏铁心尖的越冬虫蛹，减少越冬虫源；春季施足底肥，促进苏铁新叶提早萌发、硬化，避开第一代幼虫孵化高峰，可减少第一代虫口基数，减轻曲纹紫灰蝶的全年发生危害；可在新羽化叶刚露出时用纱网罩住，防止成虫产卵，或利用雨后天晴成虫喜在积水处聚集、停息，用捕虫网人工捕捉。

6.6 昆虫物种多样性保护建议

森林生态系统中环境类型相对稳定，植物组成和结构复杂，森林深处受到人为干扰也相对较少，为各类昆虫提供了多样化的食物资源和比较适宜的栖息场所，在昆虫物种多样性的保育方面发挥着积极的作用。本次调查的研究结果表明，保存生境类型的多样性对森林昆虫多样性的维持具有重要的意义。重视对森林多样化生境的保持，尽量避免人为干扰导致生境简单化，是森林保护的重要任务之一。

由于昆虫体形大多非常小，而且多为季节性发生，具有栖息地隐蔽和种群数量不易统计等特点，并且对于普通人来说，大多数种类难以准确鉴别。因此，受威胁因素首先是昆虫种类巨大，多数为人们所不能了解，不知如何保护，不知哪些种类需要保护。其次，在生态链中，不同类昆虫可分为植食性、捕食性、寄生性和腐食性等多种类型，在生态系统中扮演着不同的角色。因此任何环境因素的改变，都可能造成某一类或几类的昆虫多样性受到威胁，而由于昆虫体形小，这种威胁短期内难以察觉。针对上述情况，建议在建设和管理过程中，应注意以下几个方面。

一是昆虫多样性的状况与植被的多样性指数密切相关，因此昆虫多样性的保护，也就是植被的多样性保护，因此建议继续增加植被多样性保护。大岭山森林公园具有良好的林业和农业资源，特别是水资源极其丰富，应充分协调和利用各类资源，生态恢复区应限制活动范围，而昆虫多样性的丰富地区多集中在林缘地区，这些地区也是最易破坏的地方，应格外注重保护工作。

二是除农业害虫和卫生害虫外，很多昆虫的分区较窄而且微生态环境容易被破坏，应减少人为干扰，特别是大规模的旅游开发活动。如果可以在旅游淡季闭园，让森林的生境进行自我修复，有助于保持森林生境的完整。

三是建立昆虫资源展览馆，将大岭山森林公园的昆虫展示给游客们，方便游客了解大岭山的生态结构以及物种构成，并且普及相关知识，培养对大自然的保护意识。

第7章 旅游资源

7.1 景区概况

东莞市大岭山森林公园主要分为石洞景区、莲花山景区和白石山景区，其中石洞景区为主景区。公园共有虎门、厚街、大岭山、长安 4 个景区入口，园区共有道路 78 km、登山步道 31 km。

虎门景区入口：位于虎门怀德远丰村旁，广场占地面积约为 281 亩，广场设有停车场、休息平台、健身器材、休闲步道和栈道等配套设施。

厚街景区入口：位于厚街新围新村旁，占地面积约为 280 亩，广场设有湾区自然学校、休闲栈道、绿道驿站、停车场、健身器材等配套设施。

大岭山景区入口：位于大岭山水朗村附近，占地面积约为 112 亩，广场设有休闲步道、商店、停车场、健身器材等配套设施，附近有莲花步道。

长安景区入口：位于长安增田村附近，占地面积约为 133 亩，广场设有休闲步道、商店、停车场、健身器材等配套设施，附近有花灯盏、鸡公仔绿道等。

绿道主线：东莞市大岭山森林公园绿段主线作为省绿道 2 号线"山水绿道"的主要组成部分，从厚街景区入口广场进，从长安景区入口广场出，全长 24.5 km，串联湾区自然学校、大溪水库、怀德水库、石洞核心景区、花灯盏水库等多个优质景点，沿途群山环绕，碧波千顷，山水相连，林水相融，风光迷人，野趣盎然，"湖之秀，山之灵，景之美"如同一幅幅美丽的画卷步移景开。

大溪绿道：可由虎门、厚街两个入口广场进入新溪路，到达大溪绿道驿站停车场，由西入口进。东与石洞环湖绿道相接，全长 2.9 km。骑车或步行其中，满目翠绿，湖光山色，呈现一派绿意盎然的景象，是一个健身、休闲的好地方。

环湖绿道：环绕怀德水库而建，与大溪绿道、同心园、康体科普园等景点相接，全长 7 km，沿途绿树婆娑，湖光潋滟。沿着绿道，市民可呼吸新鲜的空气，漫步于绿草红花之间，感受"景观相连、景随步移、人景交融"的美景，也可以踩着自行车，悠闲地漫游在山湖之滨，在风景如画的怀德水库旁穿行，是游客健身、休闲的好地方。

大小板、老虎垅绿道：从省绿道 2 号线大板驿站及环湖绿道圆山仔连接线均可进入，环山绕走一圈，总长 5.6 km，沿途可观大板水库全景，是游客锻炼身体的首选地。

7.2 旅游资源

　　东莞市大岭山森林公园内群山延绵，峰谷众多，园内山地经过漫长的地质构造运动，形成了高低不同、形态不一的山地。动植物资源、水资源丰富，有溪流、水库分布山间，有动有静，形成了丰富多样的自然和人文风景资源，园内"青山幽谷、茂林叠翠、水库密布、林科园彩林、石洞庙宇、红色印记、果树飘香"的一系列景观特色，极具旅游吸引力和开发利用价值。

7.2.1 地文资源

　　山景、奇峰：摊尸山、白石山、马山、大岭山、茶山顶、莲花山、马鞍山。

　　峡谷：白石山沟谷、金鸡咀沟谷、花灯盏沟谷、马山沟谷、大溪沟谷、清凉世界、玉溪幽谷。

　　石林石景：沙溪湖石景、霸王城石景、飞来石、插旗石、漂石景观、献寿桃石、石洞、莲花石、情侣石、龙珠石、挂榜石、鲤鱼石、金鸡石、猪首石、马鞍石、龙床、石龟、披云台、更鼓石、观音石、莲花岩、听泉洞。

7.2.2 水文资源

　　水库：三丫陂水库、马草塘水库、沙溪水库、龙潭水库、大溪水库、怀德水库、九转湖、大板水库、大水沥水库、大王岭水库、金鸡咀水库、鸡公仔水库、杨梅水库、禾寮窝水库、灯心塘水库。

　　瀑布、潭池：翠珠潭瀑布、碧幽潭、九龙潭、玉溪飞瀑。

　　溪流：石洞溪、鸡公仔溪。

7.2.3 生物资源

　　森林植被景观：南亚热带常绿阔叶林、常绿落叶阔叶混交林、针阔混交林、果园（荔枝林）。

　　森林植物景观：茶田、竹林、水翁湿地、鳌蕹锥景观、落羽杉景观、禾雀花景观。

　　野生动物景观：鹭鸟景观、鹧鹕景观。

7.2.4 天象资源

　　日月星光：茶趣轩日出与晚霞。

　　云雾景观：茶趣轩云雾。

7.2.5 人文风景资源

　　园景：东莞市珍稀植物科普园、林业科学研究园、同心林、莞香非物质文化园。

　　胜迹：百花洞大捷、大岭山抗日根据地旧址。

　　建筑：福殿宫、水口庙、龙潭庙、郭真人庙、观音寺、湖心亭、重檐亭、知音廊、白石山防火亭、水上栈桥、茶趣轩、杜鹃花径、茶山顶休息平台、竹林径、茶花亭、赏翠亭、怡心亭、养心亭、清心亭、麒麟亭、映湖亭、碧幽谷茶舍、石洞城楼、宜家山庄、休闲平台、莲花山治安亭、长安入口景墙、大岭山入口景墙、厚街入口景墙、虎门入口景墙、知青房、东江纵队馆、水库大坝。

　　风物：莞香、厚街烧鹅濑粉、白沙油鸭、虎门麻虾、厚街腊肠、东莞米粉、荔枝节、龙舟竞渡、狮舞、客家山歌。

7.2.6 代表旅游资源

7.2.6.1 石洞主景区

石洞主景区是整个森林公园的核心区，这一带有近 2 万亩的原始次生阔叶林。原始次生林是原始森林经过多次采伐和破坏后天然更新的森林。与人工林相比，原始次生林具有景观多样、物种丰富、层次分明、结构复杂、生态功能强等优点。石洞景区的森林林冠茂密，林内动植物资源极为丰富，生活有穿山甲、野猪、白鹭、啄木鸟、豹猫、松鼠、毛鸡、泽蛙、蛇类、鱼类等野生动物；生长有桫椤、金毛狗、苏铁蕨、土沉香、白桂木、毛茶以及各种兰花等珍稀植物。大岭山的原始次生林是东莞市少见且较具地方特色的次生林，对东莞市开展科学研究、了解地带性森林历史、揭示森林演替规律等具有重要价值。

7.2.6.2 东江口第一峰（茶山顶）

茶山顶是公园主峰，也是东江口第一峰，海拔 530.1m，因山顶周围自古以来皆种有茶树而得名。登上峰顶，可远眺城市新貌，也可欣赏周边湖光山色。山高谷深，峰峦叠嶂，林木葱郁，坡度适中，溪流有缓有急，奇特象形山石，令人称奇。遇夏日阴雨连绵或雨后初晴之时，山顶亭阁"茶趣轩"周围轻雾缭绕，如梦似幻，恍如仙境。逢晴天的清晨和傍晚，凭栏远眺，还可观赏到美丽的日出和晚霞，云蒸霞蔚，蔚为壮观；晴天的午后，伫立峰顶，前临深壑，俯瞰群山，眼力所及满是盈盈的绿意，远看珠江，宛若白练，蜿蜒前伸。

7.2.6.3 碧幽谷

位于石洞景区，通幽小径贯穿石洞核心地带，上至霸王城，下接环湖绿道，全长 1500m。顺着溪流沿山涧而上，是碧幽谷的林阴步道，走进谷内，树茂林丰，绿阴如幄，怪石嶙峋，流水潺潺，沁人肺腑的清新空气让人精神一振。越往深处，各种乔、灌木和藤本植物遮天蔽日，许多珍稀动植物在此栖身繁衍，如禾雀花等。每年 3~4 月，淡绿色的禾雀花成串盛开于山涧，形似禾雀，吸引不少游客前来观赏。

7.2.6.4 插旗石

往茶山顶的登山步行道途中可直达一大石脚下，大石上插着一支旗，这就是"插旗石"。东江纵队以大岭山山脉作为抗日根据地，在巨石插上五星红旗，如一位战士斗志高昂地挥动着胜利的旗帜，当地村民称其为"插旗石"，延续至今。

7.2.6.5 林业科学研究园

位于大岭山景区，面积 1580 亩，是东莞市目前唯一以林业科研和科普教育为主题的基地，现有 16 个功能区。

7.2.6.6 莲花山景区

位于长安镇，连绵十余公里，占地面积 3300 亩。主峰海拔 513.4m，主峰上分东、西、北三个山峰，三个山峰自然组合形成莲花状，故名莲花山。山区主体植被覆盖率达 90%，山上林木苍翠、流水潺潺、鸟语花香、四季如春，山麓地带银湖如缎、草坡绸织、湖光山色、环境幽静、人文荟萃。风景区突显莲文化与佛教文化，有莲花湖、莲花溪、莲花圣寺、莲花峰、鸡公仔、水翁湿地、杜鹃生物群落等景区。

7.2.6.7 鸡公仔水翁湿地

在鸡公仔景区（园区的东南方向）有一片沼泽，面积约 152 亩，形成了东莞现有为数不多的较大片的水翁湿地。湿地与森林、海洋并称为全球三大生态系统，被誉为"生命的摇篮""地球之肾"。水翁别名水榕，为桃金娘科水翁属的常绿乔木，喜生于水边，有固堤之功能，分布于广东、海南、广西、福建等，印度、越南、马来西亚、印度尼西亚、澳大利亚亦有分布。湿地是指天然或人工、长久或暂时之沼泽地、湿原、泥炭地、带有静止或流动的淡水、半咸水或咸水的水域地带，包括低潮位不超过 6 m 的滨岸海域。湿地里四季流水潺潺，生物物种丰富，生长有水翁、厚叶算盘子、对叶榕、海芋、露兜等多种喜湿植物以及虾、蟹等多种水生生物。林冠密不透光，林下树影斑驳。每当夏日，林外艳阳高照、赤日炎炎时，林中却凉风习习、清爽怡人。清风强劲时，树冠摇曳，哗啦畅响，水翁湿地便成了一片清幽雅静、野趣盎然的天地，是附近城镇的居民平时休憩的好地方。

7.2.6.8 杜鹃花群落

在东莞市大岭山森林公园莲花山西峰，从莲花山脚往鸡公仔步道方向走约 2.6 km，有一片面积达几十亩的杜鹃花群落。杜鹃别名映山红、山石榴、山踯躅、红踯躅，为杜鹃花科杜鹃花属常绿灌木。杜鹃的花呈辐射状，花瓣桃红色而带白色斑点，味甜，薄如蝉翼，花蕊细长成束状。春回大地，万物复苏，布谷声声，杜鹃南飞，此时映山红正值盛花期，山坡灌木丛中，鲜花缀满枝头，密密匝匝的花瓣姹紫嫣红、艳丽无比，颇有"树头万朵齐吞火，残雪烧红半个天"的气势，人若处于花海中，则心旷神怡，流连忘返。

7.2.6.9 白石山景区

白石山景区以白石山采石遗址为中心，是摄影爱好者的乐土。这块地方曾经是采石场，后来废弃，又成了越野爱好者的天堂。漫漫的黄沙，嶙峋的白色岩石，这个景点给人第一眼的视觉冲击感非常强烈。在这里你能找到国画中所有山石的技法，如折带皴、斧劈皴、披麻皴、米点皴、马牙皴、卷云皴、荷叶皴、乱柴皴、解索皴。这里吸引了很多的游客，有来爬山的，能让人找到童年的感觉；有来拍照的，蓝天白云下，随手拍拍都是大片。

7.2.6.10 大岭山抗日根据地遗址

大岭山是抗日战争时期东江纵队的革命根据地，东纵旧址、纪念馆、战役纪念碑等红色印记，印证着这片有光荣革命传统的热土、传承着永垂不朽的红色精神。1940 年秋天，广东人民抗日游击队第三大队根据中共前线东江特委的指示，挺进东莞市大岭山地区，开辟了大岭山抗日根据地。该遗址也早在 1978 年被列为东莞文物保护单位。

7.2.6.11 知青房

大岭山知青房现存有四排平房，是东莞境内目前保留的唯一一处知青点。当年有 200 多名热血青年，为响应伟大领袖毛主席号召"广大知识青年到农村去，接受贫下中农的再教育"，来到国营大岭山林场，将青春献给了祖国的建设。站在知青点后面的平台上，可俯瞰山谷中的石洞湖。现在，知青房旁边的空地上已开发成了烧烤场，可以让游人在休闲娱乐的同时，感受浓烈的复古气息。

7.2.6.12 观音寺

观音寺是东莞市大岭山森林公园里最辉煌的景观。据史料记载，观音寺始建于明朝，距今已有 300 多年历史。这是一座依山而建的寺庙，保留古代建筑风格，采用院落重叠纵向扩展，与左右横向扩展配合，以通过不同封闭空间的变化来突出主体建筑的庄严肃穆。庙内的大殿一层一层沿着山的坡度层层向上，相互之间有台阶上下，气派壮观。寺庙的建筑都是重檐歇山顶，铺着金黄色的琉璃瓦，飞檐斗拱，翘起的檐角犹如飞鸟展翅，上面还挂着铜铃。檐下有鲜艳亮丽的彩绘，朱红色的墙，大红色的柱子。金碧辉煌的观音寺就如一朵盛开在绿色森林里的莲花，美丽又神圣。寺内香火鼎盛，许多游人不怕山高路远来这里上香礼佛。

7.2.6.13 霸王城

霸王城坐落在石洞的山麓中，如远古盘寨雄踞虎门珠江边，故称为"霸王城"，是碧幽谷、茶山路、插旗径等多条通往茶山顶山径的交汇处，拥有山间茶庄、清心池、飞来石和森林浴步道等景点。山麓之内树木苍翠，风景秀丽，环境幽美。

7.3 旅游资源评价与建议

7.3.1 旅游资源现状评价

东莞市大岭山森林公园的旅游资源以自然旅游资源和人文旅游资源为主。公园内生物多样性丰富，植被覆盖率高，环境清幽，分布着许多具有较高观赏价值的参天大树、奇花异草。同时，公园内动物资源丰富，怀德水库周边有白鹭等鸟类，是大自然中极具生机、观赏价值高而又易于被游客接受的旅游资源。

公园内有灯心塘水库、大溪水库、怀德水库等众多水库，水库周边群山环抱，满目苍翠，水库湖面宽广，水质清澈，碧波荡漾，风景美丽，是一个欣赏美丽景色、放松身心、缓解压力的生态休闲场所。其中以茶山顶、莲花山、灯心塘水库为中心的周边自然风光最具旅游开发潜力。茶山顶现有山顶茶园、茶山顶等历史传统景点，主要开展以登山望远、休闲观光为主要内容的旅游活动，也可规划民俗体验、农耕、品茶、休闲购物等游憩活动。灯心塘水库旅游区内有森林、溪流、水库、林鸟等景点，主要开展休闲观光、科普教育等内容的旅游活动。

东莞市大岭山森林公园具有得天独厚的旅游资源，自森林公园和自然保护区建立以来，生态环境越来越好，来公园内旅游的人逐年增多，特别是节假日和周末。游人多是以家庭或亲友为单位的自驾游，游憩活动有观光、垂钓、野炊等。经过多年的建设，公园现已建成虎门、厚街、大岭山、长安4个主要出入口广场，7个停车场，园区道路78 km、登山步道31 km、绿道主线24.5 km、支线24.7 km及便民服务等配套设施。虽然四大出入口广场均设有停车场，观湖生态停车场、石洞中心区停车场和霸王城停车场也已投入使用，但每逢节假日及佛教节日的客流高峰，公园内的停车场仍难以消化游客的车辆，旅游配套尚未完善，需要进行进一步的规划和开发。

7.3.2 旅游资源开发建议

在森林公园和自然保护区进行旅游活动必然会给环境带来一定的影响。例如，随意采摘花草、挖竹笋、践踏草地等活动对森林植被和土壤造成影响；游客高声喧哗，进入野生动物活动区域造成惊扰，影响野生动物的正常栖息活动；游客带来的生活垃圾对环境造成影响以及野外用火安全隐患。这些是目前旅游活动面临的主要问题。因此，进行生态旅游开发应坚持以下原则。

7.3.2.1 优先保护，合理布局

以生态环境保护为前提、展示森林景观为主体，在尊重自然和社会发展规律的基础上，适当开展森林公园的生态旅游。在生态保育区等重点保护区域禁止开展旅游活动，生态旅游建设需严格限制在规划的核心景观区、游憩区范围内，旅游建设项目应以不破坏自然资源、自然景观和保护对象的生长栖息环境为原则，以不造成新的环境污染为前提。

开展生态旅游开发必须严格控制环境质量，采取有效措施，防止对自然生态环境造成负面影响，确保自然环境和生物资源的安全。建设项目风格要与周边林地景观保持协调，严格做好环境保护工作，及时就生态旅游活动对环境的影响进行评价，以便及时改进保护措施。

7.3.2.2 科学规划，分区管理

根据园区的类型和特点，在内部划分功能区，实行分区保护和管理，确保旅游开发、基础设施建设与资源利用等项目在不同区域内适度合理安排。

7.3.2.3 合理开发，适度利用

在保护自然资源的前提下，在核心景观区、游憩区，合理开发旅游项目，适度利用，实现可持续发展。根据公园的现状以及保护管理的目标和任务，确定旅游建设规模、建设重点、投资规模与建设期限。

7.3.2.4 加强宣传教育，提高保护意识

开展旅游活动，增加了野外用火等安全隐患，加大了护林防火工作难度。因此需要加强旅游活动管理和对游人的教育。做好宣传监督，使游人遵守旅游规定，不超越旅游线路、区域，不乱扔垃圾，不乱采花草。

第8章 社会经济状况

8.1 社会经济状况

东莞市大岭山森林公园的经营范围涉及厚街镇、虎门镇、长安镇、大岭山四镇，森林公园内现无村庄人口分布，但一直有周边村民在公园和保护区的部分区域种植荔枝和茶，因此，这些区域至今仍存在人为种植、采摘活动。

8.1.1 厚街镇社会经济概况

厚街镇位于珠江三角洲东岸，穗港经济走廊中段，北连东莞市区，南邻虎门港，东倚大岭山，西南毗连沙田，西北与道滘、洪梅等隔河相望。厚街镇面积 188550 亩（合 12570 hm²），下辖 24 个社区居委会，户籍人口 10 万，外来常住人口 33.8 万。

2021 年，厚街镇实现地区生产总值达 474.2 亿元，同比增长 10%，全镇规模以上工业增加值 216.38 亿元，同比增长 12.9%；固定资产投资 86.36 亿元，增长 17.1%；社会消费品零售总额 257.86 亿元，增长 12.4%。

8.1.2 虎门镇社会经济概况

虎门镇位于东莞市西南部，珠江口的东岸，珠三角几何中心，毗邻广州、深圳；北和沙田镇、厚街镇相接，东与大岭山镇、长安镇为邻，西隔珠江口与广州市南沙区南沙街道相望，南临伶仃洋。全镇面积 267750 亩（合 17850 hm²），户籍人口 13 万人，外来人口 60 万人。

2021 年，虎门镇实现地区生产总值达 720.1 亿元，经济总量突破 700 亿元大关，虎门的服装纺织、电子等产业力量强、规模大，虎门拥有规模以上工业企业 639 家，2021 年规模以上工业增加值 226 亿元，增长 16%，固定资产投资总额达 89.4 亿元，增长 30.9%，社会消费品零售总额达 345 亿元，增长 11.9%。产业、投资、消费三大主体刺激经济高速增长。

8.1.3 长安镇社会经济概况

长安镇位于东莞市南端，珠江口东南岸，东连深圳宝安，西接虎门古镇，地处广州、深圳经济走廊中部，面积 147000 亩（合 9800 hm²）。G107 国道、S358 省道、广深高速、虎岗高速、广深沿江高速等纵横贯通全镇，距深圳市区 55 km、广州市区 90 km、东莞市区 30 km，是广州、东莞与深圳交通往来的南大门。长安镇下辖 13 个社区，常住人口 66.2 万，其中户籍人口 4.8 万，旅港同胞 3 万多人。

2021 年，长安镇实现地区生产总值达 880.7 亿元，增长 11%。长安镇立足湾区几何中心区位优势，加快融入大湾区世界级城市群，积极强化电子信息和五金模具两大支柱产业发展，壮大全镇的制造业经济发展水平。

8.1.4 大岭山镇社会经济概况

大岭山镇位于东莞市中南部，南部分别与深圳市的罗田村和东莞市的长安镇接址，西南与虎门镇相连，西至西北分别与厚街镇、南城区（篁村）、东城区（附城）相接，北到东北与寮步镇相连，东至东南与大朗镇相邻，地理位置优越，面积 142500 亩（合 9500 hm²）。大岭山镇下辖 23 个村（社区），常住人口约 40 万人，其中户籍人口约 5.26 万人，是著名的革命老区、荔枝之乡、莞香原产地、家具名镇，先后获国家级生态乡镇、中国绿色名镇、国家卫生镇、全国文明村镇、全国建制镇示范试点等称号。

2021 年，大岭山镇实现地区生产总值 341.03 亿元，同比增长 10.3%，两年平均增长 8.2%；规模以上工业增加值 160.77 亿元，同比增长 16.7%；全年完成固定资产投资 95.04 亿元，增长 8.8%；社会消费品零售总额 93.36 亿元，增长 15%。

8.2 园区基础设施建设

8.2.1 道路

东莞市大岭山森林公园内部道路系统现有道路总长 160.16 km。车行道 78.71 km，登山步径 31.39 km，绿道 50.06 km，穿越公园或位于公园内的各种类型公路，可通达公园各主要管护片区，公园与各社区村和主要居民点均有公路相连，交通便利。

公园外部有常虎高速、龙大高速、G4 京港澳高速、环莞快速道路、G107 国道、S358 省道以及马山路、厚大路、X883、信垄路、风柜口路等交通道路，周边交通条件发达。

8.2.2 停车场

东莞市大岭山森林公园现有停车场 16 处，占地面积 109.65 亩，共计 1889 个停车位，主要集中在四大主入口停车场和沙溪驿站停车场。主要停车场有虎门主入口停车场、大岭山主入口停车场、长安主入口停车场、厚街主入口停车场、沙溪驿站停车场等。

8.2.3 通信网络

东莞市大岭山森林公园内及周边社区均有移动通信网络覆盖，可使用中国移动、电信等通信网络，能保证基本通信。

8.3 土地资源与利用

东莞市大岭山森林公园总面积 74 km²。根据现状调查并结合《自然保护区总体规划技术规程》（GB 20399—2006）对土地利用分类的技术要求，公园范围内土地利用现状主要包括林地、园地和水域及水利设施用地，其中林地约 87036.6 亩（合 5802.44 hm²），园地约 25824.15 亩（合 1721.61 hm²），水域及水利设施用地约 5189.25 亩（合 345.95 hm²），分别占公园总面积的 73.44%、21.79% 和 4.38%。其余土地利用类型主要有草地、公园绿地、耕地、道路用地等。

第9章　森林公园管理

9.1 基础设施

管护设施：现有宣传指示牌约 100 块，环境因子监测点 5 个，位于茶山顶、石洞等地，巡护道路约 30 km，珍稀濒危植物繁育地约 15 亩。

管理服务设施：现有管理服务设施 5 处，其中有 4 处为出入口管理楼，1 处为管理处办公楼。

环卫设施：景区内现状配套环卫设施较为完善。现共有旅游公厕 21 处，主要集中在宝塘主入口及怀德水库周边景点。现共有 4 处垃圾收集站点，位于百花洞、虎门、厚街以及长安入口。

餐饮及便民商店：现有 20 处餐饮服务点，3 处便民商店，主要分布在大岭山主入口、厚街主入口附近。

9.2 机构设置

东莞市大岭山森林公园（加挂东莞市国营大岭山林场牌子）为正科级，公益一类事业单位，事业编制 48 名。公园按照东莞市林业局要求设置管理岗位 24 名，专业技术岗位 24 名，目前满编在岗；公园内设置综合股、财统股、治安消防股、资源管理股、规划基建股、社区管理股、虎门景区管理股、厚街景区管理股、大岭山景区管理股、长安景管理股 10 个股室，均能有效履职，积极开展森林公园内的各项管理工作。

9.3 保护管理

管护范围：东莞市大岭山森林公园及下辖保护区保全了南亚热带常绿阔叶林、水源涵养林等保护对象的完整性，其面积和范围满足珍稀濒危野生动植物的分布和活动要求，使保护对象能够得到有效保护。

巡护工作：公园由东莞市大岭山森林公园管理处开展日常巡护管理，已建立较完善的巡护制度，巡护面积占公园总面积的 30% 以上，重点防火区、人为活动区等巡护覆盖面达到 100%，巡护频率基本为每工作日一次，重点区域巡护频率为每天至少一次。

保护管理措施：公园制定有以下管理措施。

①森林防火制度。成立有专门的防火队伍，将森林防火责任到人，多年来园内未发生一宗森林火灾和安全生产责任事故。

②病虫害防治制度。成立有专门的巡护队伍，积极开展树林病虫害预防、外来有害物种清理等工作，维护了园内生物多样性和生态系统平衡。

③园区工作制度。由于有果园、大岭山顶茶园等原居民生产生活区的存在，公园加强了对周边社区的宣传教育，基本限止了果园、茶园面积的扩大，减少了社区居民在公园内的活动范围。

9.4 科研宣教

生态教育：为了给市民提供更好更优质的服务，东莞市大岭山森林公园对虎门景区的服务楼进行升级改造，实现了功能提升，打造成了公园游客中心。游客中心位于公园虎门景区主入口处，建筑面积 532 m²，规划了导游咨询、应急医疗、母婴室、阅读区、互动区等十多个功能室和服务项目，满足游客多方面的需求。在大厅的电子系统上，游客可以通过简易操作，了解公园资源情况，方便自己规划合适、理想的游玩路径。同时，为了能满足小朋友的需求，游客中心还特意打造了游戏互动区以及科普小课堂和儿童手工 DIY 室，让小朋友在娱乐的过程中收获知识。

科普宣传：公园建立后，大力宣传《中华人民共和国森林法》《中华人民共和国野生动物保护法》《中华人民共和国自然保护区条例》等法律法规，积极配合当地林业公安、林政管理部门查处涉林涉猎案例，不仅严厉打击了破坏森林资源和野生动植物资源的行为、有效保护了园内野生动植物资源和自然生态系统，还起到了很好的警示教育作用。公园主要通过 3 种方式开展公众教育：一是通过当地政府及有关部门发布通告、举办活动等形式进行宣传教育；二是工作人员不定期到周边社区开展自然教育和法规宣教活动；三是利用设立的宣传牌进行宣传教育，在进出公园的主要路口和人员活动频繁区域设立宣传牌。通过这些宣传教育工作，提高了社区居民的自然保护意识。

第10章 森林公园评价

10.1 公园范围及功能区划评价

　　东莞市大岭山森林公园的功能区划分明确,可分为生态保育区、核心景观区、一般游憩区和管理服务区。生态保育区是保存最完好的自然生态系统和珍稀濒危野生动植物的集中分布区,该区域自20世纪90年代左右就停止了林木的采伐,并采用相思树、木荷、山乌桕、鳖蘱锥等树种进行了植被改造和恢复。区域内植被群落均经过了较长期的自然演替,人为活动干扰较少,生态环境质量较高,可增加公园内的保护对象分布范围,使区域自然生态资源进一步得到丰富,提升了自然保护区的整体保护价值。核心景观区除现有设施及必要的保护、解说、游览、休憩和安全、环卫、景区管护站等设施以外,没有规划建设住宿、餐饮、购物、娱乐等设施,一定程度上增强了公园的物种丰富度,较多的珍稀濒危保护物种也一定程度上增加了公园的生物资源稀有度和整体保护价值。一般游憩区和管理服务区是公园内自然保护与资源可持续利用有效结合的区域,可开展传统生产、科学实验、宣传教育、生态旅游、管理服务和自然恢复,用于减缓外界对生态保育区和核心景观区的干扰。

　　从本次综合科考结果看,东莞市大岭山森林公园内物种多样性丰富,物种具有一定的珍稀性,公园内的珍稀濒危植物种类较多,部分种类如金毛狗、钳唇兰等的种群数量较大,分布较广。公园内的常绿阔叶林分布面积大,从低海拔一直延伸到茶山顶周边,体现出从南亚热带向中亚热带过渡的性质。因此,无论是珍稀濒危植物的种类和数量还是维管植物区系性质,都具有很高的可保护性。东莞市大岭山森林公园拥有的生物多样性丰富度、物种的特殊性和稀有性,具有一定的保护价值。只有面积足够大,包含有足够多的生境,许多分布范围狭窄、生境独特的物种才能被纳入公园和保护区范围,才能体现出生态系统的完整性,同时自然生态系统和物种受到干扰和破坏的影响小、恢复快。公园总面积对目前调查到的动植物物种和主要生态系统的保护是适宜的,同时有利于对公园的科学管理。

10.2 管理有效性评价

　　自东莞市大岭山森林公园建立以来,管理机构和设施不断完善,成立了正科级公益一类事业单位——管理处,编制48人,在编48人,有1栋管理处综合办公楼和4个管理保护站先后建成并投入使用,配备了汽车、摩托车等巡护交通工具和GPS、照相机、无人机、望远镜等巡护监测设备,基本满足管理保护工作需要。公园管理能力不断增强,工作人员业务水平不断提高,专业技术人员得到充实,近年来新进人员均为重点高校毕业的相关专业本科生。外聘专职管护人员 13 人。社区关系和谐，林政违法案件不断下降。所有违法违规案件都得到了处理和责任追究，起到了很好的警示教育作用。公园内的各种资源得到有效保护，森林覆盖率提高，林分质量提升，野生动植物种群数量增加。

10.3 社会效益评价

建立森林公园和保护区，不仅生态效益显著，而且对当地经济的持续发展和资源的可持续利用具有重要意义，是当地社区居民生存和发展的基础。

保障水资源利用：公园和保护区有巨大的涵养水源效益，保障了下游地区生产生活用水安全，促进了地方经济发展。

增加社区就业：森林资源管护工作可以聘用周边社区村民，帮助他们解决就业问题，另外工程建设、项目实施等也可临时聘用周边社区村民。

提高公众生态保护意识：通过社区宣教、资源保护执法，提高了社区群众对自然资源和生态环境保护重要性的认识，增强了保护意识；通过树立宣传警示牌、工作人员宣传讲解，可以使来保护区旅游休闲的人员受到自然保护教育。

增强社区经济发展潜力：公园建立 20 年来，森林资源质量显著提升，生态环境极大改善，具备发展生态旅游的优质资源基础。对公园游憩资源的进行合理利用，可扩大就业，提供吃、住、游、购、娱等服务，增加周边社区村民收入，促进社区经济发展，践行"绿水青山就是金山银山"的绿色发展理念。同时，公园发展生态旅游也是将生物多样性保护事业的保护成果回馈社会，使社会大众切身感受到自然保护带来的实实在在的好处，体会到自然保护是一项全社会参与、全社会受益的公共事业。

10.4 经济效益评价

东莞市大岭山森林公园的动植物资源丰富，环境优良，周边种植有大面积的荔枝林、竹林、茶园，给周边社区村民带来了经济收入。公园的旅游资源丰富，每年都有大量游客前来旅游，也可给当地带来大量经济收入。另外还有竹笋、食用菌等林副产品得到一定利用，林下经济、森林康养、生态旅游等环境友好型经济还有更大的发展。

10.5 生态效益评价

10.5.1 保护南亚热带常绿阔叶林生态系统

东莞市大岭山森林公园位于北回归线南缘，珠江口东岸，分布有东莞市境内的几座较高山峰，保存了面积较大、有一定原生性的南亚热带常绿阔叶林，是东莞市西部南亚热带常绿阔叶林最集中的林区之一，也是东莞市西部的自然生态屏障，对维护东莞市自然环境的整体稳定具有重要意义。

10.5.2 保护水源涵养林

东莞市大岭山森林公园内有金鸡咀水库、大溪水库、怀德水库、灯心塘水库等 15 座水库，森林覆盖率在 96% 以上。据测定，在一次降雨过程中，树冠截留的雨水占雨量的 13%~40%，林地吸收 50%~80%，有林地的地表径流只为荒山的 1/20，1 亩林地可蓄水 20 m³。

公园濒临海洋，地处南亚热带，每年 5~10 月时有台风灾害发生，区内水源林对于保持水土、调节水资源、减轻台风引发的洪涝灾害具有重要价值。

10.5.3 保护珍稀、濒危野生生物资源及其栖息地

东莞市大岭山森林公园地处北回归线以南，区内环境复杂，为野生动植物提供了丰富的栖息地。由于当地经济的飞速发展，人类活动影响了动植物资源的栖息、生长环境，对当地生物资源的生存、繁衍构成了威胁。生物学家指出，在自然状态下，物种灭绝的种数与新物种出现的种数基本是平衡的。公园和保护区具有较丰富的森林资源和珍稀濒危野生动植物资源，是动植物栖息的天然场所，也是重要的自然基因库。其对保护珍稀、濒危野生动植物资源具有重要的意义。

10.5.4 保育土壤

森林通过林冠、地表植被和枯枝落叶层对降水进行逐层截留，保护土壤免遭雨滴对土壤表土的冲击以及降低地表径流的侵蚀作用；通过植物根系固持土壤，减少土壤流失，保持土壤肥力。

参考文献

毕志树，郑国扬，李泰辉，1991. 广东山区研究：广东山区大型真菌资源 [M]. 广州：广东科技出版社 .

毕志树，郑国扬，李泰辉，1994. 广东大型真菌志 [M]. 广州：广东科技出版社 .

毕志树，郑国扬，李泰辉，等，1990. 粤北山区大型真菌志 [M]. 广州：广东科技出版社 .

蔡爱群，方白玉，宋斌，等，2008. 广东南岭国家级自然保护区抗肿瘤的大型真菌 [J]. 吉林农业大学学报，30(1): 14-18.

陈惠君，莫雅芳，封红梅，等，2021. 喀斯特峰丛洼地不同森林类型土壤真菌群落结构及影响因素 [J]. 农业现代化研究，42(6): 1146-1157.

陈灵芝，马克平，2001. 生物多样性科学：原理与实践 [M]. 上海：上海科学技术出版社：15.

陈作红，杨祝良，图力古尔，等，2016. 毒蘑菇识别与中毒防治 [M]. 北京：科学出版社 .

陈振耀，梁铬球，贾凤龙，等，2002. 广东南岭国家级自然保护区大东山昆虫名录（Ⅴ）[J]. 昆虫天敌 (4):159-169.

戴玉成，杨祝良，2008. 中国药用真菌名录及部分名称的修订 [J]. 菌物学报，27(6): 801-824.

戴玉成，周丽伟，杨祝良，等，2010. 中国食用菌名录 [J]. 菌物学报，29(1): 1-21.

段辉良，曹福祥，2012. 中国亚热带南岭山地气候变化特点及趋势 [J]. 中南林业科技大学学报，32(9): 110-113.

范宗骥，欧阳学军，黄忠良，等，2021. 鼎湖山的鸟类与考察研究历史 [J]. 动物学杂志，56(3): 449-458.

方震东，1999. 云南迪庆州蕨类植物区系地理研究 [M] // 张宪春，邢公侠 . 纪念秦仁昌论文集 . 北京：中国林业出版社，133-178.

费梁，叶昌媛，江建平，2012. 中国两栖动物及其分布彩色图鉴 [M]. 成都：四川科学技术出版社 .

傅英祺，杨季楷，1987. 地史学简明教程 [M]. 北京：地质出版社 .

高士平，李东明，高英杰，等，2012. 河北省生物多样性动态监测指标设计——以脊椎动物多样性分布的丰富度评价为例 [J]. 河北省科学院学报，29(3): 62-64.

广东省林业厅，华南濒危动物研究所，1987. 广东野生动物彩色图谱 [M]. 广州：广东科技出版社 .

韩锡君，钟锡均，周毅，等，2005. 东莞市大岭山森林公园小气候效应调查 [J]. 广东林业科技，3: 14-18.

郭盛才，陈盼，曾焕忱，2011. 森林公园建设成就与效益研究——以东莞市为例 [J]. 林业建设，5: 9-13.

洪丹琳，2011. 东莞大岭山森林公园林分改造对策建议 [J]. 林业建设，3: 22-23.

胡慧建，2008. 广州陆生野生动物资源 [M]. 广州：广东科技出版社 .

蒋道松，陈德懋，周朴华，2006. 神农架蕨类植物科的区系地理分析 [J]. 湖南农业大学学报，26(3): 171-716.

蒋志刚，2015. 中国哺乳动物多样性及地理分布 [M]. 北京：科学出版社 .

蒋志刚，2001. 野生动物的价值与生态服务功能 [J]. 生态学报，21(11): 1909-1917.

蒋志刚，江建平，王跃招，等，2016. 中国脊椎动物红色名录 [J]. 生物多样性，24(5): 500-551.

蒋志刚，马克平，韩兴国，1997. 保护生物学 [M]. 杭州：浙江科学技术出版社 .

孔宪需，1984. 四川蕨类植物地理特点兼论"耳蕨 - 鳞毛蕨植物区系" [J]. 云南植物研究，6(1): 27.

李俊洁，刘欢欢，吴杨雪，等，2021. 中国半翅目昆虫多样性和地理分布数据集 [J]. 生物多样性，9(9): 1154.

李泰辉，宋相金，宋斌，等，2017. 车八岭大型真菌图志 [M]. 广州：广东科技出版社.

李泰辉，章卫民，宋斌，等，2003. 广东南岭国家级自然保护区的真菌资源调查研究 [M]. 广州：广东科技出版社.

李玉，李泰辉，杨祝良，等，2015. 中国大型菌物资源图鉴 [M]. 郑州：中原农民出版社.

黎振昌，肖智，刘少蓉，2011. 广东省两栖动物和爬行动物 [M]. 广州：广东科技出版社.

廖文波，1992. 广东亚热带植物区系研究 [D]. 广州：中山大学：1-78.

廖文波，张宏达，1994. 广东蕨类植物区系的特点 [J]. 热带亚热带植物学报，2(3): 1-11.

刘开明，龚大洁，赵海斌，等，2017. 马鬃山陆生野生脊椎动物多样性及地理区系 [J]. 干旱区资源与环境，31(8): 187-191.

刘颂颂，叶永昌，张柱森，等，2005. 东莞大岭山村边自然次生林群落物种组成特征及其对区域物种库的贡献 [J]. 广东林业科技，21(4): 18-22.

柳春林，左伟英，赵增阳，等，2012. 鼎湖山不同演替阶段森林土壤细菌多样性 [J]. 微生物学报，52(12): 1489-1496.

陆树刚，2004. 中国蕨类植物区系概论 [M] // 李承森. 植物科学进展（第六卷）. 北京：高等教育出版社：29-42.

罗键，高红英，刘颖梅，等，2010. 中国蛇类名录订正及其分布 [M] // 计翔. 两栖爬行动物学研究（第十二辑）. 南京：东南大学出版社.

罗正明，刘晋仙，暴家兵，等，2020，五台山亚高山土壤真菌海拔分布格局与构建机制 [J]. 生态学报，40(19): 7009-7017.

马建章，戎可，程鲲，2012. 中国生物多样性就地保护的研究与实践 [J]. 生物多样性，20(5): 551-558.

马克平，1994. 生物多样性的测度方法 [M]. 北京：中国科学技术出版社：1-50.

马世来，石文英，马晓峰，2001. 中国兽类踪迹指南 [M]. 北京：中国林业出版社.

麦智翔，2017. 东莞大岭山森林公园南部区域植物多样性与植被恢复研究 [D]. 广州：仲恺农业工程学院：1-48.

满百腾，向兴，罗洋，等，2021. 黄山典型植被类型土壤真菌群落特征及其影响因素 [J]. 菌物学报，40(10): 2735-2751.

潘清华，王应祥，岩崑，2007. 中国哺乳动物彩色图鉴 [M]. 北京：中国林业出版社.

秦礼晶，2015. 东莞市降水特性分析 [J]. 广东水利水电，6: 46-48, 57.

秦仁昌，1978. 中国蕨类植物科属德系统排列和历史来源 [J]. 植物分类学报，16(3): 1-19; 16(4): 16-37（续）.

任海，黄平，张倩媚，等，2002. 广东森林资源及其生态系统服务功能 [M]. 北京：中国环境科学出版社.

沙林华，陈琳，孙秀东，等，2017. 海南省文昌市森林昆虫多样性调查研究 [J]. 热带林业，45(4):41-42.

Smith, 解焱，2009. 中国兽类野外手册 [M]. 长沙：湖南教育出版社.

宋斌，李泰辉，章卫民，等，2001. 广东南岭大型真菌区系地理成分特征初步分析 [J]. 生态科学，20(4): 37-41.

宋斌，邓旺秋，张明，等，2018. 南岭大型真菌多样性 [J]. 热带地理，38(3): 312-320.

宋敬洁，2022. 森林培育中森林抚育间伐措施分析 [J]. 热带农业工程，46(4): 16-18.

图力古尔，包海鹰，李玉，2014. 中国毒蘑菇名录 [J]. 菌物学报，33(3): 517-548.

王登峰，曹洪麟，1999. 东莞市主要植被类型与生态公益林建设 [J]. 广东林业科技，15(2): 22-27.

王发国，陈坚，邢福武，等，2010. 东莞珍稀植物 [M]. 武汉：华中科技大学出版社.

王芳，图力古尔，2014. 土壤真菌多样性研究进展 [J]. 菌物研究，12(3): 178-186.

王荷生，1992. 植物区系地理 [M]. 北京：科学出版社.

王剀，任金龙，陈宏满，等，2020. 中国两栖爬行动物更新名录 [J]. 生物多样性，28(2): 87-116.

汪松，解焱，2009. 中国物种红色名录（上、下册)[M]. 北京：高等教育出版社.

吴世福，1993. 中国蕨类植物属的分布区类型及区系特征 [J]. 考察与研究，13: 63-78.

吴兆洪，秦仁昌，1991. 中国蕨类植物科属志 [M]. 北京：科学技术出版社 .

吴征镒，1991. 中国种子植物属的分布区类型 [J]. 云南植物研究 (增刊 IV, 中国种子植物属的分布区类型专辑)，1-139.

吴征镒，路安民，汤彦承，等，2003. 中国被子植物科属论 [M]. 北京：科学出版社 .

吴征镒，周浙昆，孙航，等，2006. 种子植物分布区类型及其起源和分化 [M]. 昆明：云南科技出版社 .

吴兴帮，郭秀兰，1987. 利用食菌瓢虫防治植物白粉病研究初报 [J]. 东北林业大学学报 (2): 13-17.

徐庆华，郑映妆，古腾清，2012. 东莞市大岭山森林公园珍稀濒危植物园建设成效初步分析 [J]. 广东林业科技，28(4): 31-35.

薛大勇，2000. 中国动物志：昆虫纲 • 第十五卷，鳞翅目 尺蛾科 花尺蛾亚科 [M]. 北京：科学出版社 .

邢福武，陈坚，曾庆文，等，2010. 东莞植物志 [M]. 武汉：华中科技大学出版社 .

姚一建，魏江春，庄文颖，等，2020. 中国大型真菌红色名录评估研究进展 [J]. 生物多样性，28: 4-10.

易绮斐，张荣京，王发国，等，2006. 广东潮州凤凰山的蕨类植物 [J]. 热带亚热带植物学报，14(1): 38-44.

余斯绵，徐龙辉，1985. 广东省保护动物的种类及数量分布 [J]. 野生动物，6: 39-42.

袁德成，2001. 昆虫濒危等级和保护级别 [J]. 昆虫知识，38(1): 4-7.

张浩淼，2018. 中国蜻蜓大图鉴 [M]. 重庆：重庆出版社 .

张巍巍，2011. 中国昆虫生态大图鉴 [M]. 重庆：重庆大学出版社 .

张荣祖，2011. 中国动物地理 [M]. 北京：科学出版社 .

张永夏，2001. 深圳市大鹏半岛植物区系与物种多样性研究 [D]. 广州：中国科学院华南植物园 : 1-58.

张永夏，陈红锋，胡学强，等，2007. 海南铜铁岭低地雨林蕨类植物区系及其特点 [J]. 西北植物学报，27(4): 0805-0812.

赵尔宓，黄美华，宗愉，等，1998. 中国动物志 • 爬行纲 • 第三卷：有鳞目 • 蛇亚目 [M]. 北京：科学出版社 .

赵尔宓，赵肯堂，周开亚，等，1999. 中国动物志 • 爬行纲 • 第二卷：有鳞目 • 蜥蜴亚目 [M]. 北京：科学出版社 .

赵尔宓，2006. 中国蛇类 (上、下卷)[M]. 合肥：安徽科学技术出版社 .

赵智颖，张鲜姣，谭志远，等，2013. 药用植物根系土壤可培养粘细菌的分离鉴定 [J]. 微生物学报，53(7): 657-668.

郑光美，2017. 中国鸟类分类与分布名录 [M]. 3 版 . 北京：科学出版社 .

朱建青，2018. 中国蝴蝶生活史图鉴 [M]. 重庆：重庆大学出版社

中国科学院华南植物研究所，1995. 广东植物志 (第三卷)[M]. 广州：广东科技出版社 .

中国植被编辑委员会，1980. 中国植被 [M]. 北京：科学出版社 .

邹发生，叶冠锋，2016. 广东陆生脊椎动物分布名录 [M]. 广州：广东科技出版社 .

Fierer N, Bradford M A, Jackson R B, 2007. Toward an ecological classification of soil bacteria[J]. Ecology, 88: 1354-1364.

Giandomenico A R, Cerniglia G E, Biaglow J E, et al., 1997. The importance of sodium pyruvate in assessing damage produced by hydrogen peroxide[J]. Free Radical Biology and Medicine, 23(3): 426-434.

Kim M, Oh H S, Park S C, et al., 2014. Towards a taxonomic coherence between average nucleotide identity and 16S rRNA gene sequence similarity for species demarcation of prokaryotes[J]. International Journal of Systematic and Evolutionary Microbiology, 64(2): 346-351.

Kimura M, 1980. A simple method for estimating evolutionary rates of base substitutions through comparative studies of nucleotide sequences[J]. Journal of Molecular Evolution, 16(2): 111-120.

Kumar S, Stecher G, Li M, et al., 2018. MEGA X: molecular evolutionary genetics analysis across computing platforms[J]. Molecular Biology and Evolution, 35(6): 1547-1549.

Kung H S, 1989. Classification and geographical distribution of the fern family Dryopteridaceae[M]. Proceed. ISSP(1988, BeiJing). BeiJing: China Sci Tech Press: 171.

Liu X B, Zhang S L, Zhang X Y, et al., 2011. Cruse, soil erosion control practices in Northeast China: a mini-review[J]. Soil and Tillage Research, 117: 44-48.

Liu J J, Cui X, Liu Z X, et al., 2019. The diversity and geographic distribution of cultivable Bacillus-like bacteria across black soils of northeast China[J]. Frontier Microbiology, 10: 1424.

Lladó S, López-Mondéjar R, Baldrian P, 2017. Forest soil bacteria: diversity, involvement in ecosystem processes, and response to global change[J]. Microbiology And Molecular Biology Reviews, 81(2): e00063-16.

Lynch A H, Curry J A, Brunner R D, et al., 2004. Toward an integrated assessment of the impacts of extreme wind events on Barrow, Alaska[J]. Bulletin of the American Meteorological Society, 85(2): 209-221.

Mittal V, Patankar N, et al. 2010. Bionomics of mycophagous Coccinellid, Psyllobora bisoctonotata (Mulsant) (Coleoptera:Coccinellidae)[J]. Munis Entomology and Zoology, (5):652-657.

Romanowicz K J, Freedman Z B, Upchurch R A, et al., 2016. Active microorganisms in forest soils differ from the total community yet are shaped by the same environmental factors: the influence of pH and soil moisture[J]. FEMS Microbiology Ecology, 92(10): 1-20.

Saitou N, Nei M, 1987. The neighbor-joining method: a new method for reconstructing phylogenetic trees[J]. Molecular Biology and Evolution, 4(4): 406-425.

Saxena A K, Kumar M, Chakdar H, et al., 2020. Bacillus species in soil as a natural resource for plant health and nutrition[J]. Journal of Applied Microbiology, 128(6): 1583-1594.

Schloter M, Nannipieri P, Sorensen S J, et al., 2018. Microbial indicators for soil quality[J]. Biology and Fertility of Soils, 54: 1-10.

Sutherland A M, Parrella M P. 2009. Biology and Co-Occurrence of *Psyllobora vigintimaculata taedata*(Coleoptera:Coccinellidae) and Powdery Mildews in an Urban Landscape of California[J]. Annals of the Entomological Society of America, 102(3):484-491

Tedersoo L, Bahram B, Põlme S, et al., 2014. Global diversity and geography of soil fungi[J]. Science, 346(6213): 1256688.

Weisburg W G, Barns S M, Pelletier D A, et al., 1991. 16S ribosomal DNA amplification for hylogenetic study[J]. Journal of Bacteriology, 173(2): 697-703.

Wu F, Zhou L W, Yang Z L, et al., 2019. Resource diversity of Chinese macrofungi: edible, medicinal and poisonous species[J]. Fungal Diversity, 98: 1-76.

Xia Z W, Bai E, Wang Q K, et al., 2016. Biogeographic distribution patterns of bacteria in typical Chinese forest soils[J]. Frontier Microbiology, 7: 1106.

Yoon S H, Ha S M, Kwon S, et al., 2017. Introducing EzBioCloud: a taxonomically united database of 16S rRNA gene sequences and whole-genome assemblies[J]. International Journal of Systematic and Evolutionary Microbiology, 67(5): 1613-1617.

Zang D K, 1998. A preliminary study on the ferns flora in China[J]. Acta Bot. Boreal. Occident. Sin., 18(3): 459-465.

附录1 东莞市大岭山森林公园植物名录

物种名称	形态类型	栽培种	保护级别
I. 蕨类植物门 PTERIDOPHYTA			
（一）石松科 Lycopodiaceae			
1. 垂穗石松（铺地蜈蚣）*Palhinhaea cernua*	H		
（二）卷柏科 Selaginellaceae			
2. 深绿卷柏 *Selaginella doederleinii*	H		
（三）紫萁科 Osmundaceae			
3. 华南紫萁 *Osmunda vachellii*	H		
（四）里白科 Gleicheniaceae			
4. 芒萁 *Dicranopteris pedata*	H		
5. 中华里白 *Diplopterygium chinensis*	H		
（五）海金沙科 Lygodiaceae			
6. 曲轴海金沙 *Lygodium flexuosum*	H		
7. 海金沙 *Lygodium japonicum*	H		
8. 小叶海金沙 *Lygodium microphyllum*	H		
（六）蚌壳蕨科 Dicksoniaceae			
9. 金毛狗 *Cibotium barometz*	H		二级
（七）桫椤科 Cyatheaceae			
10. 桫椤 *Alsophila spinulosa*	T		二级
（八）碗蕨科 Dennstaedtiaceae			
11. 华南鳞盖蕨 *Microlepia hancei*	H		
12. 虎克鳞盖蕨 *Microlepia hookeriana*	H		
13. 边缘鳞盖蕨 *Microlepia marginata*	H		
（九）鳞始蕨科 Lindsaeaceae			
14. 剑叶鳞始蕨 *Lindsaea ensifolia*	H		
15. 异叶鳞始蕨 *Lindsaea heterophylla*	H		
16. 团叶鳞始蕨 *Lindsaea orbiculata*	H		
17. 乌蕨 *Sphenomeris chinensis*	H		
（十）蕨科 Pteridiaceae			
18. 蕨 *Pteridium aquilinum* var. *latiusculum*	H		

（续）

物种名称	形态类型	栽培种	保护级别
（十一）凤尾蕨科 **Pteridaceae**			
19. 剑叶凤尾蕨 *Pteris ensiformis*	H		
20. 傅氏凤尾蕨 *Pteris fauriei*	H		
21. 线羽凤尾蕨 *Pteris linearis*	H		
22. 井栏边草（井栏凤尾蕨）*Pteris multifida*	H		
23. 半边旗 *Pteris semipinnata*	H		
24. 蜈蚣草 *Pteris vittata*	H		
（十二）中国蕨科 **Sinopteridaceae**			
25. 薄叶碎米蕨 *Cheilosoria tenuifolia*	H		
（十三）铁线蕨科 **Adiantaceae**			
26. 扇叶铁线蕨 *Adiantum flabellulatum*	H		
（十四）蹄盖蕨科 **Athyriaceae**			
27. 毛柄短肠蕨（毛柄双盖蕨）*Diplazium dilatatum*	H		
（十五）金星蕨科 **Thelypteridaceae**			
28. 华南毛蕨 *Cyclosorus parasiticus*	H		
29. 普通针毛蕨 *Macrothelypteris torresiana*	H		
30. 单叶新月蕨 *Pronephrium simplex*	H		
31. 三羽新月蕨 *Pronephrium triphyllum*	H		
32. 溪边假毛蕨 *Pseudocyclosorus ciliatus*	H		
（十六）铁角蕨科 **Aspleniaceae**			
33. 巢蕨 *Asplenium nidus*	H		
（十七）乌毛蕨科 **Blechnaceae**			
34. 乌毛蕨 *Blechnum orientale*	H		
35. 苏铁蕨 *Brainea insignis*	H		二级
36. 狗脊蕨 *Woodwardia japonica*	H		
（十八）鳞毛蕨科 **Dryopteridaceae**			
37. 中华复叶耳蕨 *Arachniodes chinensis*	H		
38. 阔鳞鳞毛蕨 *Dryopteris championii*	H		
39. 稀羽鳞毛蕨 *Dryopteris sparsa*	H		
（十九）叉蕨科 **Tectariaceae**			
40. 沙皮蕨 *Hemigramma decurrens*	H		
41. 三叉蕨 *Tectaria subtriphylla*	H		
（二十）肾蕨科 **Nephrolepidaceae**			
42. 肾蕨 *Nephrolepis auriculata*	H		
（二十一）骨碎补科 **Davalliaceae**			
43. 圆盖阴石蕨 *Humata tyermanni*	H		
（二十二）水龙骨科 **Polypodiaceae**			
44. 线蕨 *Colysis elliptica*	H		

（续）

物种名称	形态类型	栽培种	保护级别
45. 伏石蕨 *Lemmaphyllum microphyllum*	H		
46. 星蕨 *Microsorium punctatum*	H		
47. 贴生石韦 *Pyrrosia adnascens*	H		
48. 石韦 *Pyrrosia lingua*	H		
（二十三）槲蕨科 Drynariaceae			
49. 崖姜 *Pseudodrynaria coronans*	H		
II. 种子植物门 SPERMATOPHYTA			
II-1. 裸子植物亚门 GYMNOSPERMAE			
（二十四）苏铁科 Cycadaceae			
50. 苏铁 *Cycas revoluta*	T	*	
（二十五）银杏科 Ginkgoaceae			
51. 银杏 *Ginkgo biloba*	T	*	一级
（二十六）南洋杉科 Araucariaceae			
52. 贝壳杉 *Agathis dammara*	T	*	
53. 异叶南洋杉 *Araucaria heterophylla*	T	*	
（二十七）松科 Pinaceae			
54. 湿地松 *Pinus elliottii*	T	*	
55. 马尾松 *Pinus massoniana*	T		
（二十八）杉科 Taxodiaceae			
56. 柳杉 *Cryptomeria japonica* var. *sinensis*	T	*	
57. 杉木 *Cunninghamia lanceolata*	T		
58. 落羽杉 *Taxodium distichum*	T	*	
59. 池杉 *Taxodium distichum* var. *imbricatum*	T	*	
（二十九）柏科 Cupressaceae			
60. 台湾翠柏 *Calocedrus formosana*	T	*	
61. 福建柏 *Fokienia hodginsii*	T	*	
62. 侧柏 *Platycladus orientalis*	T	*	
（三十）罗汉松科 Podocarpaceae			
63. 长叶竹柏 *Nageia fleuryi*	T	*	G
64. 竹柏 *Nageia nagi*	T	*	
65. 罗汉松 *Podocarpus macrophyllus*	T	*	
（三十一）红豆杉科 Taxaceae			
66. 穗花杉 *Amentotaxus argotaenia*	T	*	
67. 南方红豆杉 *Taxus wallichiana* var. *mairei*	T	*	
（三十二）买麻藤科 Gnetaceae			
68. 罗浮买麻藤 *Gnetum luofuense*	L		
69. 小叶买麻藤 *Gnetum parvifolium*	L		

（续）

物种名称	形态类型	栽培种	保护级别
II-2. 被子植物亚门 ANGIOSPERMAE			
A. 双子叶植物纲 Dicotyledoneae			
（三十三）木兰科 **Magnoliaceae**			
70. 鹅掌楸 *Liriodendron chinense*	T	*	二级
71. 荷花玉兰 *Magnolia grandiflora*	T	*	
72. 大叶木兰 *Magnolia henryi*	T	*	
73. 大叶木莲 *Manglietia dandyi*	T	*	二级
74. 灰木莲 *Manglietia glauca*	T	*	
75. 红花木莲 *Manglietia insignis*	T	*	
76. 亮叶木莲 *Manglietia lucida*	T	*	
77. 毛桃木莲 *Manglietia moto*	T	*	
78. 白兰 *Michelia × alba*	T	*	
79. 苦梓含笑 *Michelia balansae*	T	*	
80. 阔瓣含笑 *Michelia cavaleriei* var. *platypetala*	T	*	
81. 黄缅桂（黄兰）*Michelia champaca*	T	*	
82. 乐昌含笑 *Michelia chapensis*	T	*	
83. 含笑花 *Michelia figo*	S	*	
84. 灰毛含笑 *Michelia foveolata* var. *cinerascens*	T	*	
85. 广东含笑 *Michelia guangdongensis*	T	*	二级
86. 醉香含笑 *Michelia macclurei*	T	*	
87. 深山含笑 *Michelia maudiae*	T	*	
88. 观光木 *Michelia odora*	T	*	G
89. 焕镛木 *Woonyoungia septentrionalis*	T	*	
90. 乐东拟单性木兰 *Parakmeria lotungensis*	T	*	G
91. 二乔玉兰 *Yulania × soulangeana*	T	*	
（三十四）番荔枝科 **Annonaceae**			
92. 鹰爪花 *Artabotrys hexapetalus*	S	*	
93. 依兰 *Cananga odorata*	T	*	
94. 蕉木 *Chieniodendron hainanense*	T	*	
95. 假鹰爪 *Desmos chinensis*	S		
96. 垂枝暗罗 *Polyalthia longifolia* 'Pendula'	T	*	
97. 紫玉盘 *Uvaria macrophylla*	S		
（三十五）樟科 **Lauraceae**			
98. 毛黄肉楠 *Actinodaphne pilosa*	T	*	
99. 北油丹 *Alseodaphnopsis hainanensis*	T	*	二级
100. 无根藤 *Cassytha filiformis*	L		
101. 阴香 *Cinnamomum burmannii*	T		
102. 樟 *Cinnamomum camphora*	T		二级
103. 肉桂 *Cinnamomum cassia*	T	*	

（续）

物种名称	形态类型	栽培种	保护级别
104. 黄樟 *Cinnamomum parthenoxylon*	T		
105. 黄果厚壳桂（生虫树）*Cryptocarya concinna*	T		
106. 香叶树 *Lindera communis*	T		
107. 黑壳楠 *Lindera megaphylla*	T	*	
108. 绒毛山胡椒 *Lindera nacusua*	T		
109. 山鸡椒（山苍子）*Litsea cubeba*	T		
110. 潺槁木姜子（潺槁树、胶樟）*Litsea glutinosa*	T		
111. 假柿木姜子 *Litsea monopetala*	T		
112. 豺皮樟 *Litsea rotundifolia* var. *oblongifolia*	T		
113. 浙江润楠 *Machilus chekiangensis*	T		
114. 华润楠 *Machilus chinensis*	T		
115. 刨花润楠 *Machilus pauhoi*	T	*	
116. 柳叶润楠 *Machilus salicina*	T	*	
117. 绒毛润楠 *Machilus velutina*	T		
118. 闽楠 *Phoebe bournei*	T	*	二级
（三十六）青藤科 Illigeraceae			
119. 红花青藤 *Illigera rhodantha*	L		
（三十七）毛茛科 Ranunculaceae			
120. 单叶铁线莲 *Clematis henryi*	L		
121. 丝铁线莲（甘木通）*Clematis loureiroana*	L		
（三十八）防己科 Menispermaceae			
122. 木防己 *Cocculus orbiculatus*	L		
123. 毛叶轮环藤 *Cyclea barbata*	L		
124. 粉叶轮环藤 *Cyclea hypoglauca*	L		
125. 苍白秤钩风 *Diploclisia glaucescens*	L		
126. 夜花藤 *Hypserpa nitida*	L		
127. 细圆藤 *Pericampylus glaucus*	L		
128. 粪箕笃 *Stephania longa*	L		
（三十九）胡椒科 Piperaceae			
129. 草胡椒 *Peperomia pellucida*	H		
130. 山蒟 *Piper hancei*	H		
131. 假蒟 *Piper sarmentosum*	H		
（四十）金粟兰科 Chloranthaceae			
132. 及己 *Chloranthus serratus*	H		
133. 草珊瑚 *Sarcandra glabra*	H		
（四十一）白花菜科 Capparidaceae			
134. 醉蝶花 *Tarenaya hassleriana*	H	*	

（续）

物种名称	形态类型	栽培种	保护级别
（四十二）十字花科 Brassicaceae			
135. 碎米荠 *Cardamine hirsuta*	H		
136. 无瓣蔊菜 *Rorippa dubia*	H		
137. 蔊菜（塘葛菜）*Rorippa indica*	H		
（四十三）堇菜科 Violaceae			
138. 如意草（堇菜）*Viola arcuata*	H		
139. 长萼堇菜（湖南堇菜）*Viola inconspicua*	H		
（四十四）远志科 Polygalaceae			
140. 华南远志 *Polygala chinensis*	H		
141. 齿果草（沙罗莽）*Salomonia cantoniensis*	H		
（四十五）茅膏菜科 Droseraceae			
142. 锦地罗 *Drosera burmanii*	H		
（四十六）石竹科 Caryophyllaceae			
143. 荷莲豆 *Drymaria cordata*	H		
144. 牛繁缕（鹅肠菜）*Myosoton aquaticum*	H		
（四十七）马齿苋科 Portulacaceae			
145. 马齿苋 *Portulaca oleracea*	H		
146. 土人参 *Talinum paniculatum*	H		
（四十八）蓼科 Polygonaceae			
147. 毛蓼 *Polygonum barbatum*	H		
148. 火炭母 *Polygonum chinense*	H		
149. 水蓼 *Polygonum hydropiper*	H		
150. 酸模叶蓼 *Polygonum lapathifolium*	H		
151. 杠板归 *Polygonum perfoliatum*	H		
152. 腋花蓼（习见蓼）*Polygonum plebeium*	H		
153. 刺酸模 *Rumex maritimus*	H		
（四十九）苋科 Amaranthaceae			
154. 土牛膝 *Achyranthes aspera*	H		
155. 锦绣苋 *Alternanthera bettzickiana*	H	*	
156. 红龙草 *Alternanthera brasiliana* 'Rubiginosa'	H	*	
157. 莲子草（虾钳菜）*Alternanthera sessilis*	H		
158. 皱果苋 *Amaranthus viridis*	H		
159. 青葙 *Celosia argentea*	H		
160. 杯苋 *Cyathula prostrata*	H		
（五十）落葵科 Basellaceae			
161. 落葵薯 *Anredera cordifolia*	H		
（五十一）酢浆草科 Oxalidaceae			
162. 阳桃 *Averrhoa carambola*	H		
163. 酢浆草 *Oxalis corniculata*	H		

（续）

物种名称	形态类型	栽培种	保护级别
164. 红花酢浆草 *Oxalis corymbosa*	H		
（五十二）千屈菜科 Lythraceae			
165. 香膏萼距花 *Cuphea balsamona*	H		
166. 细叶萼距花 *Cuphea hyssopifolia*	H	*	
167. 八宝树 *Duabanga grandiflora*	T	*	
168. 紫薇 *Lagerstroemia indica*	S	*	
169. 大花紫薇 *Lagerstroemia speciosa*	T	*	
（五十三）柳叶菜科 Onagraceae			
170. 水龙 *Ludwigia adscendens*	H		
171. 草龙 *Ludwigia hyssopifolia*	H		
172. 毛草龙 *Ludwigia octovalvis*	H		
（五十四）小二仙草科 Haloragaceae			
173. 黄花小二仙草 *Gonocarpus chinensis*	H		
（五十五）瑞香科 Thymelaeaceae			
174. 土沉香 *Aquilaria sinensis*	T		二级
175. 长柱瑞香（毛瑞香）*Daphne championii*	S		
176. 了哥王 *Wikstroemia indica*	S		
177. 细轴荛花 *Wikstroemia nutans*	S		
（五十六）紫茉莉科 Nyctaginaceae			
178. 叶子花 *Bougainvillea spectabilis*	S	*	
（五十七）山龙眼科 Proteaceae			
179. 红花银桦 *Grevillea banksii*	T	*	
（五十八）五桠果科 Dilleniaceae			
180. 大花五桠果 *Dillenia turbinata*	T	*	
181. 锡叶藤 *Tetracera asiatica*	L		
（五十九）红木科 Bixaceae			
182. 红木（胭脂木）*Bixa orellana*	T	*	
（六十）大风子科 Flacourtiaceae			
183. 柞木 *Xylosma congesta*	T		
（六十一）天料木科 Samydaceae			
184. 毛叶嘉赐树 *Casearia villilimba*	T		
185. 天料木 *Homalium cochinchinense*	T		
186. 红花天料木 *Homalium hainanense*	T	*	
（六十二）西番莲科 Passifloraceae			
187. 龙珠果 *Passiflora foetida*	L		
（六十三）葫芦科 Cucurbitaceae			
188. 金瓜 *Gymnopetalum chinense*	L		
189. 茅瓜 *Solena amplexicaulis*	L		

（续）

物种名称	形态类型	栽培种	保护级别
190. 马㼎儿（马㜾儿）*Zehneria indica*	L		
（六十四）番木瓜科 Caricaceae			
191. 番木瓜 *Carica papaya*	T	*	
（六十五）仙人掌科 Cactaceae			
192. 量天尺 *Hylocereus undatus*	S		
（六十六）山茶科 Theaceae			
193. 杨桐 *Adinandra millettii*	T		
194. 杜鹃红山茶 *Camellia azalea*	T	*	一级
195. 长尾毛蕊茶 *Camellia caudata*	T		
196. 浙江红山茶（红花油茶）*Camellia chekiangoleosa*	T	*	
197. 红皮糙果茶 *Camellia crapnelliana*	T	*	
198. 大苞山茶（大苞白山茶）*Camellia granthamiana*	T		G
199. 油茶 *Camellia oleifera*	T	*	
200. 金花茶 *Camellia petelotii*	T	*	二级
201. 南山茶（广宁红花油茶）*Camellia semiserrata*	T	*	
202. 米碎花 *Eurya chinensis*	S		
203. 光枝米碎花 *Eurya chinensis* var. *glabra*	S		
204. 细齿叶柃（亮叶柃）*Eurya nitida*	S		
205. 大果核果茶（石笔木）*Pyrenaria spectabilis*	T		
206. 木荷（荷木）*Schima superba*	T		
207. 西南木荷 *Schima wallichii*	T	*	
（六十七）水东哥科 Saurauiaceae			
208. 水东哥 *Saurauia tristyla*	T		
（六十八）金莲木科 Ochnaceae			
209. 金莲木 *Ochna integerrima*	T	*	
（六十九）龙脑香科 Dipterocarpaceae			
210. 坡垒 *Hopea hainanensis*	T	*	二级
211. 青梅 *Vatica mangachapoi*	T	*	二级
（七十）桃金娘科 Myrtaceae			
212. 岗松 *Baeckea frutescens*	S		
213. 红千层 *Callistemon rigidus*	T	*	
214. 垂枝红千层（串钱柳）*Callistemon viminalis*	T	*	
215. 柠檬桉 *Eucalyptus citriodora*	T	*	
216. 窿缘桉 *Eucalyptus exserta*	T	*	
217. 尾叶桉 *Eucalyptus urophylla*	T	*	
218. 红果仔 *Eugenia uniflora*	S	*	
219. 白千层 *Melaleuca cajuputi* subsp. *cumingiana*	S	*	
220. 棱果谷木（子楝树）*Memecylon octocostatum*	S	*	

（续）

物种名称	形态类型	栽培种	保护级别
221. 番石榴 *Psidium guajava*	T	*	
222. 桃金娘 *Rhodomyrtus tomentosa*	S		
223. 肖蒲桃 *Syzygium acuminatissima*	T		
224. 黄杨叶蒲桃（赤楠）*Syzygium buxifolium*	S		
225. 乌墨 *Syzygium cumini*	T	*	
226. 红鳞蒲桃（红车、小花蒲桃）*Syzygium hancei*	T		
227. 蒲桃 *Syzygium jambos*	T		
228. 山蒲桃（白车）*Syzygium levinei*	T		
229. 水翁 *Syzygium nervosum*	T		
230. 香蒲桃 *Syzygium odoratum*	T		
231. 方枝蒲桃 *Syzygium tephrodes*	S	*	
232. 金蒲桃 *Xanthostemon chrysanthus*	T	*	
（七十一）玉蕊科 Lecythidaceae			
233. 红花玉蕊 *Barringtonia acutangula*	T	*	
（七十二）野牡丹科 Melastomataceae			
234. 多花野牡丹 *Melastoma affine*	S		
235. 野牡丹 *Melastoma candidum*	S		
236. 地稔 *Melastoma dodecandrum*	S		
237. 毛稔 *Melastoma sanguineum*	S		
238. 巴西野牡丹 *Tibouchina semidecandra*	S	*	
（七十三）使君子科 Combretaceae			
239. 使君子 *Quisqualis indica*	L	*	
240. 油榄仁（毗黎勒）*Terminalia bellirica*	T	*	
241. 卵果榄仁 *Terminalia muelleri*	T	*	二级
242. 千果榄仁 *Terminalia myriocarpa*	T	*	
243. 小叶榄仁 *Terminalia mantaly*	T	*	
（七十四）红树科 Rhizophoraceae			
244. 竹节树 *Carallia brachiata*	T		
（七十五）金丝桃科 Hypericaceae			
245. 黄牛木 *Cratoxylum cochinchinense*	T		
246. 地耳草 *Hypericum japonicum*	H		
（七十六）藤黄科 Clusiaceae			
247. 多花山竹子 *Garcinia multiflora*	T		
248. 岭南山竹子 *Garcinia oblongifolia*	T		
（七十七）椴树科 Tiliaceae			
249. 破布叶（布渣叶）*Microcos paniculata*	S		
250. 毛刺蒴麻 *Triumfetta cana*	S		
251. 刺蒴麻 *Triumfetta rhomboidea*	S		

（续）

物种名称	形态类型	栽培种	保护级别
（七十八）杜英科 Elaeocarpaceae			
252. 尖叶杜英（长芒杜英）*Elaeocarpus apiculatus*	T	*	
253. 水石榕 *Elaeocarpus hainanensis*	T	*	
254. 山杜英 *Elaeocarpus sylvestris*	T		
（七十九）梧桐科 Sterculiaceae			
255. 刺果藤 *Byttneria grandifolia*	L		
256. 广西火桐 *Firmiana kwangsiensis*	T	*	
257. 山芝麻 *Helicteres angustifolia*	T		
258. 蝴蝶树 *Heritiera parvifolia*	T	*	二级
259. 翻白叶树 *Pterospermum heterophyllum*	T		
260. 海南苹婆 *Sterculia hainanensis*	T	*	
261. 假苹婆 *Sterculia lanceolata*	H		
262. 苹婆 *Sterculia monosperma*	S		
263. 蛇婆子 *Waltheria indica*	H		
（八十）木棉科 Bombacaceae			
264. 木棉 *Bombax ceiba*	H	*	
265. 吉贝 *Ceiba pentandra*	T	*	
266. 美丽异木棉 *Ceiba speciosa*	T	*	
（八十一）锦葵科 Malvaceae			
267. 槭叶瓶干树（澳洲火焰木）*Brachychiton acerifolius*	T	*	
268. 朱槿（大红花）*Hibiscus rosa-sinensis*	S	*	
269. 黄槿 *Hibiscus tiliaceus*	T		
270. 黄花棯（黄花稔）*Sida acuta*	T		
271. 中华黄花棯（中华黄花稔）*Sida chinensis*	T		
272. 白背黄花棯 *Sida rhombifolia*	S		
273. 地桃花（肖梵天花）*Urena lobata*	S		
274. 梵天花 *Urena procumbens*	S		
（八十二）金虎尾科 Malpighiaceae			
275. 风车藤 *Hiptage benghalensis*	L		
（八十三）大戟科 Euphorbiaceae			
276. 铁苋菜 *Acalypha australis*	H		
277. 红背山麻秆 *Alchornea trewioides*	S		
278. 石栗 *Aleurites moluccana*	T		
279. 五月茶 *Antidesma bunius*	T		
280. 黄毛五月茶 *Antidesma fordii*	T		
281. 银柴 *Aporosa dioica*	T		
282. 秋枫 *Bischofia javanica*	T		
283. 二列黑面神（雪花木）*Breynia disticha*	S	*	

（续）

物种名称	形态类型	栽培种	保护级别
284. 黑面神 *Breynia fruticosa*	S		
285. 土蜜树 *Bridelia tomentosa*	T		
286. 白桐树 *Claoxylon indicum*	T		
287. 蝴蝶果 *Cleidiocarpon cavaleriei*	T	*	
288. 毛果巴豆 *Croton lachnocarpus*	S		
289. 飞扬草 *Euphorbia hirta*	H		
290. 通奶草 *Euphorbia hypericifolia*	H		
291. 匍匐大戟（铺地草）*Euphorbia prostrata*	H		
292. 千根草 *Euphorbia thymifolia*	H		
293. 红背桂 *Excoecaria cochinchinensis*	S	*	
294. 白饭树 *Flueggea virosa*	T		
295. 毛果算盘子（漆大姑）*Glochidion eriocarpum*	T		
296. 厚叶算盘子 *Glochidion hirsutum*	T		
297. 艾胶算盘子 *Glochidion lanceolarium*	T		
298. 白背算盘子 *Glochidion wrightii*	T		
299. 香港算盘子 *Glochidion zeylanicum*	T		
300. 变叶珊瑚花 *Jatropha integerrima*	S	*	
301. 白背叶 *Mallotus apelta*	T		
302. 白楸 *Mallotus paniculatus*	T		
303. 石岩枫 *Mallotus repandus*	T		
304. 越南叶下珠 *Phyllanthus cochinchinensis*	S		
305. 余甘子 *Phyllanthus emblica*	T		
306. 小果叶下珠（烂头钵）*Phyllanthus reticulatus*	S		
307. 叶下珠 *Phyllanthus urinaria*	S		
308. 山乌桕 *Sapium discolor*	T		
309. 乌桕 *Sapium sebiferum*	T		
310. 守宫木 *Sauropus androgynus*	T		
311. 木油桐（千年桐）*Vernicia montana*	T	*	
（八十四）虎皮楠科 **Daphniphyllaceae**			
312. 牛耳枫 *Daphniphyllum calycinum*	T		
（八十五）小盘木科 **Pandaceae**			
313. 小盘木 *Microdesmis caseariifolia*	T		
（八十六）鼠刺科 **Iteaceae**			
314. 鼠刺 *Itea chinensis*	T		
（八十七）蔷薇科 **Rosaceae**			
315. 蛇莓 *Duchesnea indica*	H		
316. 枇杷 *Eriobotrya japonica*	T		
317. 钟花樱桃 *Prunus campanulata*	T	*	

（续）

物种名称	形态类型	栽培种	保护级别
318. 紫叶李 *Prunus cerasifera* 'Atropurpurea'	T	*	
319. 山樱花 *Prunus serrulata*	T	*	
320. 臀果木 *Pygeum topengii*	T		
321. 豆梨 *Pyrus calleryana*	T		
322. 石斑木 *Rhaphiolepis indica*	S		
323. 柳叶石斑木 *Rhaphiolepis salicifolia*	S		
324. 光叶蔷薇 *Rosa luciae*	S		
325. 粗叶悬钩子 *Rubus alceaefolius*	S		
326. 白花悬钩子 *Rubus leucanthus*	S		
327. 茅莓 *Rubus parvifolius*	S		
328. 锈毛莓 *Rubus reflexus*	S		
（八十八）含羞草科 **Mimosaceae**			
329. 大叶相思 *Acacia auriculiformis*	T	*	
330. 台湾相思 *Acacia confusa*	T	*	
331. 马占相思 *Acacia mangium*	T	*	
332. 藤金合欢 *Acacia sinuata*	L		
333. 海红豆 *Adenanthera pavonina* var. *microsperma*	T		
334. 天香藤 *Albizia corniculata*	L		
335. 南洋楹 *Albizia falcataria*	T		
336. 猴耳环 *Archidendron clypearia*	T		
337. 亮叶猴耳环（雷公凿）*Archidendron lucidum*	T		
338. 薄叶猴耳环 *Archidendron utile*	T		
339. 朱缨花 *Calliandra haematocephala*	S	*	
340. 银合欢 *Leucaena leucocephala*	T		
341. 光荚含羞草 *Mimosa bimucronata*	T		
342. 巴西含羞草 *Mimosa invisa*	H		
343. 含羞草 *Mimosa pudica*	H		
（八十九）苏木科 **Caesalpiniaceae**			
344. 红花羊蹄甲 *Bauhinia* × *blakeana*	T	*	
345. 龙须藤 *Bauhinia championiia*	L		
346. 宫粉羊蹄甲 *Bauhinia variegata*	T	*	
347. 白花宫粉羊蹄甲 *Bauhinia variegata* var. *candida*	T	*	
348. 华南云实 *Caesalpinia crista*	T		
349. 铁架木 *Caesalpinia ferrea*	T	*	
350. 腊肠树 *Cassia fistula*	T	*	
351. 凤凰木 *Delonix regia*	T	*	
352. 格木 *Erythrophleum fordii*	T	*	二级
353. 短萼仪花 *Lysidice brevicalyx*	T	*	

（续）

物种名称	形态类型	栽培种	保护级别
354. 铁力木 *Mesua ferrea*	T	*	
355. 盾柱木 *Peltophorum pterocarpum*	T	*	
356. 中国无忧花 *Saraca dives*	T	*	
357. 翅荚决明 *Senna alata*	T		
358. 双荚决明 *Senna bicapsularis*	T	*	
359. 望江南 *Senna occidentalis*	S		
360. 铁刀木 *Senna siamea*	T	*	
（九十）蝶形花科 **Papilionaceae**			
361. 柴胡叶链荚豆 *Alysicarpus bupleurifolius*	H		
362. 链荚豆 *Alysicarpus vaginalis*	H		
363. 藤槐 *Bowringia callicarpa*	S		
364. 蔓草虫豆 *Cajanus scarabaeoides*	H		
365. 小刀豆 *Canavalia cathartica*	L		
366. 猪屎豆 *Crotalaria pallida*	H		
367. 南岭黄檀 *Dalbergia assamica*	T	*	
368. 藤黄檀 *Dalbergia hancei*	L		
369. 降香黄檀 *Dalbergia odorifera*	T	*	二级
370. 印度黄檀 *Dalbergia sissoo*	T	*	
371. 假地豆 *Desmodium heterocarpon*	H		
372. 显脉山绿豆 *Desmodium reticulatum*	H		
373. 三点金 *Desmodium triflorum*	H		
374. 鸡冠刺桐 *Erythrina crista-galli*	T	*	
375. 刺桐 *Erythrina variegata*	T	*	
376. 千斤拔 *Flemingia prostrata*	H		
377. 鸡眼草 *Kummerowia striata*	H		
378. 胡枝子 *Lespedeza bicolor*	H		
379. 香花崖豆藤（山鸡血藤）*Millettia dielsiana*	L		
380. 亮叶崖豆藤（亮叶鸡血藤）*Millettia nitida*	L		
381. 厚果崖豆藤 *Millettia pachycarpa*	L		
382. 印度崖豆藤（美花鸡血藤）*Millettia pulchra*	L		
383. 网络崖豆藤（网络鸡血藤）*Millettia reticulata*	L		
384. 美丽崖豆藤（牛大力）*Millettia speciosa*	L		
385. 白花油麻藤 *Mucuna birdwoodiana*	L		
386. 海南红豆 *Ormosia pinnata*	T	*	
387. 毛排钱树 *Phyllodium elegans*	S		
388. 紫檀 *Pterocarpus indicus*	T	*	
389. 葛麻姆 *Pueraria montana*	L		
390. 粉葛 *Pueraria montana* var. *thomsonii*	L		

（续）

物种名称	形态类型	栽培种	保护级别
391. 三裂叶野葛 *Pueraria phaseoloides*	L		
392. 田菁 *Sesbania cannabina*	S		
393. 葫芦茶 *Tadehagi triquetrum*	S		
394. 猫尾草 *Uraria crinita*	S		
395. 任豆 *Zenia insignis*	T	*	
（九十一）金缕梅科 **Hamamelidaceae**			
396. 蕈树 *Altingia chinensis*	T		
397. 枫香树 *Liquidambar formosana*	T		
398. 红花檵木 *Loropetalum chinense* var. *rubrum*	T	*	
399. 壳菜果（米老排）*Mytilaria laosensis*	S	*	
400. 红花荷 *Rhodoleia championi*	T	*	
401. 半枫荷 *Semiliquidambar cathayensis*	T	*	
（九十二）杨梅科 **Myricaceae**			
402. 杨梅 *Myrica rubra*	T		
（九十三）壳斗科 **Fagaceae**			
403. 米槠 *Castanopsis carlesii*	T		
404. 罗浮锥（罗浮栲）*Castanopsis fabri*	T		
405. 黧蒴 *Castanopsis fissa*	T		
406. 红锥 *Castanopsis hystrix*	T		
407. 青冈 *Quercus glauca*	T	*	
（九十四）木麻黄科 **Casuarinaceae**			
408. 木麻黄 *Casuarina equisetifolia*	T	*	
（九十五）榆科 **Ulmaceae**			
409. 朴树 *Celtis sinensis*	T		
410. 假玉桂 *Celtis timorensis*	T		
411. 狭叶山黄麻 *Trema angustifolia*	T		
412. 光叶山黄麻 *Trema canabina*	T		
413. 异色山黄麻 *Trema orientalis*	T		
414. 山黄麻 *Trema tomentosa*	T		
（九十六）桑科 **Moraceae**			
415. 见血封喉 *Antiaris toxicaria*	T	*	
416. 波罗蜜 *Artocarpus heterophyllus*	T		
417. 白桂木 *Artocarpus hypargyreus*	T		二级
418. 桂木 *Artocarpus nitidus* subsp. *lingnanensis*	T		
419. 构树 *Broussonetia papyrifera*	T		
420. 变叶木（洒金榕）*Codiaeum variegatum*	T	*	
421. 高山榕 *Ficus altissima*	T		
422. 垂叶榕 *Ficus benjamina*	T	*	

（续）

物种名称	形态类型	栽培种	保护级别
423. 黄毛榕 *Ficus esquiroliana*	T		
424. 水同木 *Ficus fistulosa*	T		
425. 台湾榕 *Ficus formosana*	S		
426. 粗叶榕 *Ficus hirta*	T		
427. 对叶榕 *Ficus hispida*	T		
428. 大琴叶榕 *Ficus lyrata*	T	*	
429. 榕树（细叶榕）*Ficus microcarpa*	T		
430. 九丁榕 *Ficus nervosa*	S		
431. 薜荔 *Ficus pumila*	S		
432. 舶梨榕 *Ficus pyriformis*	S		
433. 菩提树 *Ficus religiosa*	T		
434. 竹叶榕 *Ficus stenophylla*	T		
435. 笔管榕 *Ficus subpisocarpa*	T		
436. 斜叶榕 *Ficus tinctoria*	T		
437. 青果榕 *Ficus variegata* var. *chlorocarpa*	T		
438. 变叶榕 *Ficus variolosa*	T		
439. 大叶榕（黄葛榕）*Ficus virens*	T		
440. 桑 *Morus alba*	T		
（九十七）荨麻科 Urticaceae			
441. 苎麻 *Boehmeria nivea*	H		
442. 糯米团 *Gonostegia hirta*	H		
443. 紫麻 *Oreocnide frutescens*	H		
444. 花叶冷水花 *Pilea cadierei*	H	*	
445. 小叶冷水花 *Pilea microphylla*	H		
446. 雾水葛 *Pouzolzia zeylanica*	H		
（九十八）冬青科 Aquifoliaceae			
447. 梅叶冬青 *Ilex asprella*	S		
448. 榕叶冬青 *Ilex ficoidea*	S		
449. 毛冬青 *Ilex pubescens*	S		
450. 铁冬青 *Ilex rotunda*	S		
451. 三花冬青 *Ilex triflora*	S		
452. 绿冬青 *Ilex viridis*	T		
（九十九）卫矛科 Celastraceae			
453. 青江藤 *Celastrus hindsii*	L		
454. 疏花卫矛 *Euonymus laxiflorus*	T		
455. 中华卫矛 *Euonymus nitidus*	T		
（一百）桑寄生科 Loranthaceae			
456. 广寄生 *Taxillus chinensis*	S		

（续）

（续）

物种名称	形态类型	栽培种	保护级别
（一百零一）檀香科 Santalaceae			
457. 寄生藤 *Dendrotrophe varians*	L		
（一百零二）蛇菰科 Balanophoraceae			
458. 红冬蛇菰 *Balanophora harlandii*	H		
（一百零三）鼠李科 Rhamnaceae			
459. 多花勾儿茶 *Berchemia floribunda*	S		
460. 黄药（长叶冻绿）*Rhamnus crenata*	S		
461. 雀梅藤 *Sageretia thea*	S		
462. 翼核果 *Ventilago leiocarpa*	S		
（一百零四）胡颓子科 Elaeagnaceae			
463. 鸡柏紫藤 *Elaeagnus loureiroi*	L		
（一百零五）葡萄科 Vitaceae			
464. 广东蛇葡萄 *Ampelopsis cantoniensis*	L		
465. 显齿蛇葡萄 *Ampelopsis grossedentata*	L		
466. 牯岭蛇葡萄 *Ampelopsis glandulosa* var. *kulingensis*	L		
467. 角花乌蔹莓 *Cayratia corniculata*	L		
468. 乌蔹莓 *Cayratia japonica*	L		
469. 异叶地锦 *Parthenocissus dalzielii*	L		
470. 扁担藤 *Tetrastigma planicaule*	L		
471. 小果野葡萄 *Vitis balansana*	L		
（一百零六）芸香科 Rutaceae			
472. 山油柑（降真香）*Acronychia pedunculata*	T		
473. 柚 *Citrus maxima*	T		
474. 黄皮 *Clausena lansium*	S		
475. 三桠苦 *Melicope pteleifolia*	S		
476. 九里香 *Murraya exotica*	T		
477. 楝叶吴茱萸 *Tetradium glabrifolium*	T		
478. 簕欓花椒 *Zanthoxylum avicennae*	T		
479. 两面针 *Zanthoxylum nitidum*	T		
480. 花椒簕 *Zanthoxylum scandens*	T		
（一百零七）苦木科 Simaroubaceae			
481. 鸦胆子 *Brucea javanica*	T		
（一百零八）橄榄科 Burseraceae			
482. 橄榄 *Canarium album*	T		
（一百零九）楝科 Meliaceae			
483. 米仔兰 *Aglaia odorata*	T		
484. 山楝 *Aphanamixis polystachya*	T	*	
485. 麻楝 *Chukrasia tabularis*	T	*	

（续）

物种名称	形态类型	栽培种	保护级别
486. 非洲楝 *Khaya senegalensis*	T	*	
487. 楝（苦楝）*Melia azedarach*	T		
（一百一十）无患子科 Sapindaceae			
488. 龙眼 *Dimocarpus longan*	T		
489. 复羽叶栾树 *Koelreuteria bipinnata*	T		
490. 荔枝 *Litchi chinensis*	T		
（一百一十一）槭树科 Aceraceae			
491. 罗浮槭 *Acer fabri*	T		
492. 鸡爪槭 *Acer palmatum*	T	*	
493. 岭南槭 *Acer tutcheri*	T		
（一百一十二）清风藤科 Sabiaceae			
494. 尖叶清风藤 *Sabia swinhoei*	L		
（一百一十三）省沽油科 Staphyleaceae			
495. 山香圆 *Turpinia montana*	T		
（一百一十四）漆树科 Anacardiaceae			
496. 南酸枣 *Choerospondias axillaris*	T		
497. 人面子 *Dracontomelon duperreanum*	T	*	
498. 杧果 *Mangifera indica*	T		
499. 盐肤木（盐酸白、五倍子树）*Rhus chinensis*	T		
500. 岭南酸枣 *Spondias lakonensis*	T		
501. 野漆树 *Toxicodendron succedaneum*	T		
（一百一十五）牛栓藤科 Connaraceae			
502. 小叶红叶藤 *Rourea microphylla*	S		
（一百一十六）山茱萸科 Cornaceae			
503. 桃叶珊瑚 *Aucuba chinensis*	T		
504. 香港四照花 *Cornus hongkongensis*	T		
（一百一十七）八角枫科 Alangiaceae			
505. 八角枫 *Alangium chinensis*	T		
（一百一十八）蓝果树科 Nyssaceae			
506. 喜树 *Camptotheca acuminata*	T	*	
（一百一十九）五加科 Araliaceae			
507. 黄毛楤木 *Aralia chinensis*	T		
508. 虎刺楤木 *Aralia finlaysoniana*	T		
509. 变叶树参 *Dendropanax proteus*	S		
510. 鹅掌藤 *Heptapleurum arboricola*	T	*	
511. 鹅掌柴（鸭脚木）*Heptapleurum heptaphyllum*	S		
512. 幌伞枫 *Heteropanax fragrans*	T	*	

（续）

物种名称	形态类型	栽培种	保护级别
（一百二十）伞形科 Apiaceae			
513. 积雪草 *Centella asiatica*	H		
514. 天胡荽 *Hydrocotyle sibthorpioides*	H		
515. 水芹 *Oenanthe javanica*	H		
（一百二十一）杜鹃花科 Ericaceae			
516. 毛棉杜鹃 *Rhododendron moulmainense*	S		
517. 杜鹃 *Rhododendron simsii*	S		
（一百二十二）柿科 Ebenaceae			
518. 罗浮柿 *Diospyros morrisiana*	T		
（一百二十三）山榄科 Sapotaceae			
519. 海南紫荆木 *Madhuca hainanensis*	T	*	二级
520. 蛋黄果 *Pouteria campechiana*	T	*	
521. 革叶铁榄 *Sinosideroxylon wightianum*	T		
（一百二十四）紫金牛科 Myrsinaceae			
522. 朱砂根 *Ardisia crenata*	S		
523. 东方紫金牛 *Ardisia elliptica*	S	*	
524. 矮紫金牛 *Ardisia humilis*	S	*	
525. 腺点紫金牛（山血丹）*Ardisia lindleyana*	S		
526. 铜盆花 *Ardisia obtusa*	S	*	
527. 罗伞树 *Ardisia quinquegona*	S		
528. 酸藤子 *Embelia laeta*	L		
529. 多脉酸藤子 *Embelia oblongifolia*	L		
530. 白花酸藤果 *Embelia ribes*	L		
531. 网脉酸藤子 *Embelia rudis*	L		
532. 杜茎山（金砂根）*Maesa japonica*	S		
533. 鲫鱼胆 *Maesa perlarius*	S		
534. 密花树 *Rapanea neriifolia*	S		
（一百二十五）山矾科 Symplocaceae			
535. 华山矾 *Symplocos chinensis*	T		
536. 光叶山矾（剑叶灰木）*Symplocos lancifolia*	T		
537. 黄牛奶树 *Symplocos laurina*	T		
（一百二十六）马钱科 Loganiaceae			
538. 驳骨丹 *Buddleja asiatica*	S		
539. 灰莉 *Fagraea ceilanica*	S	*	
540. 钩吻（大茶药、胡蔓藤）*Gelsemium elegans*	L		
541. 牛眼马钱 *Strychnos angustiflora*	L		
（一百二十七）木樨科 Oleaceae			
542. 扭肚藤 *Jasminum elongatum*	L		
543. 清香藤 *Jasminum lanceolaria*	L		

（续）

物种名称	形态类型	栽培种	保护级别
544. 野迎春 *Jasminum mesnyi*	S	*	
545. 茉莉花 *Jasminum sambac*	S	*	
546. 小蜡（山指甲）*Ligustrum sinense*	S		
547. 锈鳞木樨榄 *Olea europaea* subsp. *cuspidata*	S	*	
548. 木樨（桂花）*Osmanthus fragrans*	T	*	
（一百二十八）夹竹桃科 Apocynaceae			
549. 软枝黄蝉 *Allamanda cathartica*	S	*	
550. 糖胶树 *Alstonia scholaris*	T	*	
551. 链珠藤 *Alyxia sinensis*	L		
552. 牛乳树 *Couma utilis*	T	*	
553. 蕊木 *Kopsia arborea*	T	*	
554. 尖山橙 *Melodinus fusiformis*	L		
555. 山橙 *Melodinus suaveolens*	L		
556. 夹竹桃 *Nerium oleander*	S	*	
557. 红鸡蛋花 *Plumeria rubra*	S	*	
558. 鸡蛋花 *Plumeria rubra* 'Acutifolia'	S	*	
559. 帘子藤（疏花薄柳藤）*Pottsia laxiflora*	L		
560. 羊角拗 *Strophanthus divaricatus*	L		
561. 狗牙花 *Tabernaemontana divaricata*	S	*	
562. 黄花夹竹桃 *Thevetia peruviana*	S	*	
563. 络石 *Trachelospermum jasminoides*	L		
564. 酸叶胶藤 *Urceola rosea*	L		
（一百二十九）萝藦科 Asclepiadaceae			
565. 匙羹藤 *Gymnema sylvestre*	L		
566. 弓果藤 *Toxocarpus wightianus*	L		
567. 娃儿藤 *Tylophora ovata*	L		
（一百三十）杠柳科 Periplocaceae			
568. 白叶藤 *Cryptolepis sinensis*	L		
（一百三十一）茜草科 Rubiaceae			
569. 水团花 *Adina pilulifera*	T		
570. 香楠 *Aidia canthioides*	T		
571. 毛茶 *Antirhea chinensis*	T		
572. 糙叶丰花草 *Borreria articularis*	H		
573. 阔叶丰花草 *Borreria latifolia*	H		
574. 丰花草 *Borreria stricta*	H		
575. 猪肚木 *Canthium horridum*	T		
576. 狗骨柴 *Diplospora dubia*	S		
577. 栀子 *Gardenia jasminoides*	S		

（续）

物种名称	形态类型	栽培种	保护级别
578. 长隔木（希茉莉）*Hamelia patens*	T	*	
579. 金草 *Hedyotis acutangula*	H		
580. 伞房花耳草 *Hedyotis corymbosa*	H		
581. 白花蛇舌草 *Hedyotis diffusa*	H		
582. 牛白藤 *Hedyotis hedyotidea*	L		
583. 纤花耳草 *Hedyotis tenelliflora*	H		
584. 粗叶耳草 *Hedyotis verticillata*	H		
585. 龙船花 *Ixora chinensis*	S		
586. 粗叶木 *Lasianthus chinensis*	T		
587. 盖裂果 *Mitracarpus villosus*	H		
588. 鸡眼藤 *Morinda parvifolia*	L		
589. 玉叶金花 *Mussaenda pubescens*	S		
590. 粉纸扇 *Mussaenda* 'Alicia'	S	*	
591. 广州蛇根草 *Ophiorrhiza cantonensis*	H		
592. 鸡矢藤 *Paederia scandens*	L		
593. 毛鸡矢藤 *Paederia scandens* var. *tomentosa*	L		
594. 香港大沙叶 *Pavetta hongkongensis*	S		
595. 九节 *Psychotria rubra*	S		
596. 蔓九节 *Psychotria serpens*	L		
597. 墨苜蓿 *Richardia scabra*	H		
598. 银叶郎德木 *Rondeletia leucophylla*	S	*	
（一百三十二）忍冬科 Caprifoliaceae			
599. 华南忍冬（山银花）*Lonicera confusa*	L		
600. 忍冬（金银花）*Lonicera japonica*	L		
601. 南方荚蒾 *Viburnum fordiae*	T		
602. 珊瑚树 *Viburnum odoratissimum*	T		
603. 常绿荚蒾（坚荚树）*Viburnum sempervirens*	T		
（一百三十三）菊科 Asteraceae			
604. 下田菊 *Adenostemma lavenia*	H		
605. 藿香蓟 *Ageratum conyzoides*	H		
606. 五月艾 *Artemisia indica*	H		
607. 白苞蒿 *Artemisia lactiflora*	H		
608. 白舌紫菀 *Aster baccharoides*	H		
609. 钻形紫菀 *Aster subulatus*	H		
610. 鬼针草 *Bidens pilosa*	H		
611. 大头艾纳香（东风草）*Blumea megacephala*	H		
612. 飞机草 *Chromolaena odorata*	H		
613. 香丝草 *Conyza bonariensis*	H		

（续）

物种名称	形态类型	栽培种	保护级别
614. 野茼蒿（革命菜）*Crassocephalum crepidioides*	H		
615. 鱼眼草 *Dichrocephala integrifolia*	H		
616. 鳢肠 *Eclipta prostrata*	H		
617. 白花地胆草 *Elephantopus tomentosus*	H		
618. 一点红 *Emilia sonchifolia*	H		
619. 菊芹 *Erechtites valerianaefolia*	H		
620. 一年蓬 *Erigeron annuus*	H		
621. 假臭草 *Eupatorium catarium*	H		
622. 鼠麴草 *Gnaphalium affine*	H		
623. 匙叶鼠麴草 *Gnaphalium pensylvanica*	H		
624. 田基黄 *Grangea maderaspatana*	H		
625. 白子菜 *Gynura divaricata*	H		
626. 白牛胆（羊耳菊）*Inula cappa*	H		
627. 微甘菊 *Mikania micrantha*	H		
628. 翼茎阔苞菊 *Pluchea sagittalis*	H		
629. 千里光 *Senecio scandens*	H		
630. 豨莶 *Siegesbeckia orientalis*	H		
631. 裸柱菊 *Soliva anthemifolia*	H		
632. 苣荬菜（野苦荬）*Sonchus arvensis*	H		
633. 金钮扣 *Spilanthes paniculata*	H		
634. 金腰箭 *Synedrella nodiflora*	H		
635. 羽芒菊 *Tridax procumbens*	H		
636. 夜香牛 *Vernonia cinerea*	H		
637. 毒根斑鸠菊 *Vernonia cumingiana*	H		
638. 咸虾花 *Vernonia patula*	H		
639. 茄叶斑鸠菊 *Vernonia solanifolia*	H		
640. 南美蟛蜞菊（三裂叶蟛蜞菊）*Wedelia trilobata*	H		
641. 黄鹌菜 *Youngia japonica*	H		
（一百三十四）车前科 Plantaginaceae			
642. 车前 *Plantago asiatica*	H		
（一百三十五）桔梗科 Campanulaceae			
643. 铜锤玉带草 *Lobelia nummularia*	H		
（一百三十六）紫草科 Boraginaceae			
644. 柔弱斑种草 *Bothriospermum zeylanicum*	H		
645. 基及树（福建茶）*Carmona microphylla*	T	*	
646. 长花厚壳树 *Ehretia longiflora*	S		
（一百三十七）茄科 Solanaceae			
647. 苦蘵 *Physalis angulata*	H		

（续）

物种名称	形态类型	栽培种	保护级别
648. 鸳鸯茉莉 *Brunfelsia brasiliensis*	S	*	
649. 辣椒 *Capsicum annuum*	H	*	
650. 夜香树 *Cestrum nocturnum*	S	*	
651. 少花龙葵 *Solanum americanum*	H		
652. 番茄 *Solanum lycopersicum*	H	*	
653. 水茄 *Solanum torvum*	S		
（一百三十八）旋花科 **Convolvulaceae**			
654. 菟丝子 *Cuscuta chinensis*	L		
655. 五爪金龙 *Ipomoea cairica*	L		
656. 牵牛 *Ipomoea nil*	L		
657. 紫花牵牛 *Ipomoea purpurea*	L		
658. 鱼黄草（篱栏网）*Merremia hederacea*	L		
659. 山猪菜 *Merremia umbellata* subsp. *orientalis*	L		
660. 地旋花 *Xenostegia tridentata*	L		
（一百三十九）玄参科 **Scrophulariaceae**			
661. 长蒴母草 *Lindernia anagallis*	H		
662. 母草 *Lindernia crustacea*	H		
663. 黄花过长沙舅 *Mecardonia procumbens*	H		
664. 爆仗竹 *Russelia equisetiformis*	S	*	
665. 野甘草（冰糖草）*Scoparia dulcis*	H		
666. 黄花蝴蝶草 *Torenia flava*	H		
（一百四十）紫葳科 **Bignoniaceae**			
667. 黄花风铃木 *Handroanthus chrysanthus*	T	*	
668. 蓝花楹 *Jacaranda mimosifolia*	T	*	
669. 猫尾木 *Markhamia stipulata*	T	*	
670. 木蝴蝶 *Oroxylum indicum*	T	*	
671. 炮仗花 *Pyrostegia venusta*	T	*	
672. 火焰树（火焰木）*Spathodea campanulata*	T	*	
673. 掌叶黄钟木（紫绣球）*Tabebuia rosea*	T	*	
674. 黄钟树（黄钟花）*Tecoma stans*	L	*	
（一百四十一）爵床科 **Acanthaceae**			
675. 小花十万错 *Asystasia gangetica* subsp. *micrantha*	S		
676. 狗肝菜 *Dicliptera chinensis*	S		
677. 可爱花（喜花草）*Eranthemum nervosum*	S	*	
678. 小驳骨 *Gendarussa vulgaris*	H		
679. 水蓑衣 *Hygrophila salicifolia*	H		
680. 赤苞花 *Megaskepasma erythrochlamys*	S	*	
681. 蓝花草（翠芦莉）*Ruellia simplex*	H	*	

（续）

物种名称	形态类型	栽培种	保护级别
682. 孩儿草 *Rungia pectinata*	H		
683. 金脉爵床 *Sanchezia speciosa*	S	*	
684. 四子马蓝 *Strobilanthes tetraspermus*	H		
685. 大花老鸦嘴 *Thunbergia grandiflora*	H		
（一百四十二）马鞭草科 **Verbenaceae**	H		
686. 短柄紫珠 *Callicarpa brevipes*	S		
687. 杜虹花（老蟹眼）*Callicarpa formosana*	S		
688. 枇杷叶紫珠（裂萼紫珠）*Callicarpa kochiana*	S		
689. 尖尾枫 *Callicarpa longissima*	S		
690. 大叶紫珠 *Callicarpa macrophylla*	S		
691. 裸花紫珠 *Callicarpa nudiflora*	S		
692. 毛赪桐（灰毛大青）*Clerodendrum canescens*	S		
693. 白花灯笼（鬼灯笼）*Clerodendrum fortunatum*	S		
694. 赪桐（荷包花）*Clerodendrum japonicum*	S	*	
695. 红花龙吐珠 *Clerodendrum × speciosum*	L	*	
696. 烟火树 *Clerodendrum quadriloculare*	S	*	
697. 假连翘 *Duranta erecta*	S	*	
698. 马缨丹 *Lantana camara*	S		
699. 蔓马缨丹 *Lantana montevidensis*	S		
700. 蓝蝴蝶 *Rotheca myricoides*	S	*	
701. 柚木 *Tectona grandis*	T	*	
702. 柳叶马鞭草 *Verbena bonariensis*	H	*	
703. 黄荆 *Vitex negundo*	S		
（一百四十三）唇形科 **Lamiaceae**			
704. 广防风（防风草）*Anisomeles indica*	H		
705. 细风轮菜（瘦风轮）*Clinopodium gracile*	H		
706. 云南石梓 *Gmelina arborea*	T	*	
707. 香茶菜 *Isodon amethystoides*	H		
708. 紫苏 *Perilla frutescens*	H		
709. 墨西哥鼠尾草 *Salvia leucantha*	H	*	
710. 荔枝草 *Salvia plebeia*	H		
711. 韩信草 *Scutellaria indica*	H		
B. 单子叶植物纲 **Monocotyledoneae**			
（一百四十四）花蔺科 **Butomaceae**			
712. 黄花蔺 *Limnocharis flava*	H	*	
（一百四十五）鸭跖草科 **Commelinaceae**			
713. 饭包草 *Commelina benghalensis*	H		
714. 大苞鸭跖草 *Commelina paludosa*	H		

（续）

物种名称	形态类型	栽培种	保护级别
715. 聚花草 *Floscopa scandens*	H		
716. 裸花水竹叶 *Murdannia nudiflora*	H		
717. 吊竹梅 *Tradescantia zebrina*	H		
（一百四十六）黄眼草科 **Xyridaceae**			
718. 黄眼草 *Xyris indica*	H		
（一百四十七）谷精草科 **Eriocaulaceae**			
719. 华南谷精草 *Eriocaulon sexangulare*	H		
（一百四十八）芭蕉科 **Musaceae**			
720. 野蕉（野芭蕉）*Musa balbisiana*	H		
721. 香蕉 *Musa nana*	H	*	
（一百四十九）姜科 **Zingiberaceae**			
722. 华山姜 *Alpinia chinensis*	H		
723. 红豆蔻 *Alpinia galanga*	H		
724. 艳山姜（月桃）*Alpinia zerumbet*	H		
725. 花叶艳山姜 *Alpinia zerumbet* 'Variegata'	H	*	
726. 砂仁（春砂仁）*Amomum villosum*	H	*	
727. 宝塔姜 *Costus barbatus*	H	*	
728. 闭鞘姜 *Costus speciosus*	H		
729. 姜花 *Hedychium coronarium*	H		
（一百五十）美人蕉科 **Cannaceae**			
730. 蕉芋 *Canna edulis*	H	*	
731. 金脉美人蕉 *Canna generalis* 'Striata'	H	*	
732. 美人蕉 *Canna indica*	H	*	
（一百五十一）竹芋科 **Marantaceae**			
733. 紫背竹芋 *Stromanthe sanguinea*	H	*	
734. 三色竹芋 *Stromanthe sanguinea* 'Tricolor'	H	*	
（一百五十二）百合科 **Liliaceae**			
735. 天门冬 *Asparagus cochinchinensis*	H		
736. 朱蕉 *Cordyline fruticosa*	H	*	
737. 山菅兰 *Dianella ensifolia*	H		
738. 花叶长果山菅（银边山菅兰）*Dianella tasmanica* 'Variegata'	H		
739. 土麦冬 *Liriope spicata*	H		
（一百五十三）菝葜科 **Smilacaceae**			
740. 合丝肖菝葜 *Heterosmilax gaudichaudiana*	L		
741. 肖菝葜 *Heterosmilax japonica*	L		
742. 菝葜 *Smilax china*	L		
743. 土茯苓 *Smilax glabra*	L		
744. 暗色菝葜 *Smilax lanceifolia*	L		

（续）

物种名称	形态类型	栽培种	保护级别
745. 牛尾菜 *Smilax riparia*	L		
（一百五十四）天南星科 Araceae			
746. 石菖蒲 *Acorus tatarinowii*	H		
747. 尖尾芋 *Alocasia cucullata*	H		
748. 海芋 *Alocasia macrorrhiza*	H		
749. 南蛇棒 *Amorphophallus dunnii*	H		
750. 芋 *Colocasia esculenta*	H		
751. 麒麟叶（麒麟尾）*Epipremnum pinnatum*	H	*	
752. 龟背竹 *Monstera deliciosa*	L	*	
753. 春羽 *Philodendron bipinnatifidum*	L	*	
754. 石柑子 *Pothos chinensis*	L		
755. 百足藤 *Pothos repens*	H		
756. 合果芋 *Syngonium podophyllum*	H		
757. 犁头尖 *Typhonium divaricatum*	H		
（一百五十五）石蒜科 Amaryllidaceae			
758. 水鬼蕉 *Hymenocallis littoralis*	H	*	
759. 紫娇花 *Tulbaghia violacea*	H	*	
（一百五十六）鸢尾科 Iridaceae			
760. 巴西鸢尾 *Neomarica gracilis*	H	*	
（一百五十七）薯蓣科 Dioscoreaceae			
761. 黄独 *Dioscorea bulbifera*	H		
762. 山薯 *Dioscorea fordii*	H		
763. 薯蓣 *Dioscorea polystachya*	H		
（一百五十八）棕榈科 Arecaceae			
764. 假槟榔 *Archontophoenix alexandrae*	H	*	
765. 三药槟榔 *Areca triandra*	H	*	
766. 砂糖椰子 *Arenga pinnata*	H	*	
767. 毛鳞省藤 *Calamus thysanolepis*	H		
768. 鱼尾葵 *Caryota ochlandra*	H		
769. 琼棕 *Chuniophoenix hainanensis*	H	*	二级
770. 散尾葵 *Dypsis lutescens*	H	*	
771. 蒲葵 *Livistona chinensis*	H	*	
772. 刺葵 *Phoenix hanceana*	H		
773. 棕竹 *Rhapis excelsa*	H	*	
774. 大王椰子 *Roystonea regia*	H	*	
（一百五十九）露兜树科 Pandanaceae			
775. 分叉露兜 *Pandanus furcatus*	H		

（续）

物种名称	形态类型	栽培种	保护级别
（一百六十）仙茅科 **Hypoxidaceae**			
776. 仙茅 *Curculigo orchioides*	H		
（一百六十一）田葱科 **Philydraceae**			
777. 田葱 *Philydrum lanugiosum*	H		
（一百六十二）兰科 **Orchidaceae**			
778. 钳唇兰 *Erythrodes blumei*	H		CITES
779. 香港带唇兰 *Tainia hongkongensis*	H		CITES
780. 宽叶线柱兰 *Zeuxine affinis*	H		CITES
（一百六十三）灯心草科 **Juncaceae**			
781. 笄石菖 *Juncus prismatocarpus*	H		
782. 圆柱叶灯心草 *Juncus prismatocarpus* subsp. *teretifolius*	H		
（一百六十四）莎草科 **Cyperaceae**			
783. 中华苔草 *Carex chinensis*	H		
784. 十字苔草 *Carex cruciata*	H		
785. 一本芒（克拉莎）*Cladium mariscus* subsp. *jamaicense*	H		
786. 碎米莎草 *Cyperus iria*	H		
787. 苏里南莎草 *Cyperus surinamensis*	H		
788. 裂颖茅 *Diplacrum caricinum*	H		
789. 黑果飘拂草 *Fimbristylis cymosa*	H		
790. 芙兰草 *Fuirena umbellata*	H		
791. 黑莎草 *Gahnia tristis*	H		
792. 割鸡芒 *Hypolytrum nemorum*	H		
793. 水蜈蚣 *Kyllinga brevifolia*	H		
794. 鳞籽莎 *Lepidosperma chinense*	H		
795. 华湖瓜草 *Lipocarpha chinensis*	H		
796. 三俭草（伞房刺子莞）*Rhynchospora corymbosa*	H		
797. 缘毛珍珠茅 *Scleria ciliaris*	H		
798. 圆秆珍珠茅 *Scleria harlandii*	H		
799. 断节莎 *Torulinium odoratum*	H		
（一百六十五）禾本科 **Gramineae**			
竹亚科 **Bambusoideae**			
800. 粉单竹 *Bambusa chungii*	H	*	

（续）

物种名称	形态类型	栽培种	保护级别
801. 白节簕竹 *Bambusa dissimulator* var. *albinodia*	H		
802. 青皮竹 *Bambusa textilis*	H	*	
803. 佛肚竹 *Bambusa ventricosa*	H	*	
804. 黄金间碧竹 *Bambusa vulgaris* f. *vittata*	H	*	
805. 箬竹 *Indocalamus tessellatus*	H		
806. 毛竹 *Phyllostachys edulis*	H		
807. 托竹 *Pseudosasa cantorii*	H		
808. 篲竹（笛竹、四季竹）*Pseudosasa hindsii*	H		
禾亚科 Agrostidoideae			
809. 地毯草 *Axonopus compressus*	H		
810. 狗牙根 *Cynodon dactylon*	H		
811. 弓果黍 *Cyrtococcum patens*	H		
812. 龙爪茅 *Dactyloctenium aegyptium*	H		
813. 马唐 *Digitaria sanguinalis*	H		
814. 牛筋草 *Eleusine indica*	H		
815. 鼠妇草 *Eragrostis atrovirens*	H		
816. 画眉草 *Eragrostis pilosa*	H		
817. 鹧鸪草 *Eriachne pallescens*	H		
818. 白茅 *Imperata cylindrica*	H		
819. 柳叶箬 *Isachne globosa*	H		
820. 淡竹叶 *Lophatherum gracile*	H		
821. 红毛草 *Melinis repens*	H		
822. 刚莠竹 *Microstegium ciliatum*	H		
823. 蔓生莠竹 *Microstegium fasciculatum*	H		
824. 五节芒 *Miscanthus floridulus*	H		
825. 芒 *Miscanthus sinensis*	H		
826. 类芦 *Neyraudia reynaudiana*	H		
827. 竹叶草 *Oplismenus compositus*	H		
828. 短叶黍 *Panicum brevifolium*	H		
829. 大黍 *Panicum maximum*	H		
830. 铺地黍 *Panicum repens*	H		
831. 两耳草 *Paspalum conjugatum*	H		

（续）

物种名称	形态类型	栽培种	保护级别
832. 圆果雀稗 *Paspalum scrobiculatum* var. *orbiculare*	H		
833. 多枝狼尾草 *Pennisetum polystachion*	H		
834. 象草 *Pennisetum purpureum*	H		
835. 金丝草 *Pogonatherum crinitum*	H		
836. 筒轴茅 *Rottboellia cochinchinensis*	H		
837. 囊颖草 *Sacciolepis indica*	H		
838. 棕叶狗尾草 *Setaria palmifolia*	H		
839. 狗尾草 *Setaria viridis*	H		
840. 稗荩 *Sphaerocaryum malaccense*	H		
841. 鼠尾粟 *Sporobolus fertilis*	H		
842. 棕叶芦 *Thysanolaena latifolia*	H		
843. 沟叶结缕草 *Zoysia matrella*	H		

注 1.本名录中科的排列：蕨类植物按秦仁昌系统（1978）排列，并参考《中国蕨类植物科属志》(吴兆洪等，1991）所作的修订；裸子植物按郑万钧系统（1979）排列；3.被子植物按哈钦松系统（Hutchison，1926—1934）排列。

2.形态类型：H—草本；S—灌木；T—乔木；L—藤本。

3.标注"*"的植物为栽培植物。

4.保护级别：一级—国家一级保护野生植物；二级—国家二级保护野生植物；CITES—《濒危野生动植物种国际贸易公约（CITES）》(附录Ⅱ)；G—《广东省重点保护野生植物名录》(第一批)。

附录2 东莞市大岭山森林公园野生动物名录

附录2-1 东莞市大岭山森林公园哺乳类名录

物种	区系	保护等级	收录依据
I.劳亚食虫目 EULIPOTYPHLA			
（一）鼩鼱科 Soricidae			
1. 大臭鼩 *Suncus murinus*	O	LC	Z
2. 灰麝鼩 *Crocidura attenuata* △	O	LC	C
II.翼手目 CHIROPTERA			
（二）狐蝠科 Pteropodidae			
3. 棕果蝠 *Rousettus leschenaultia*	O	LC	Z
（三）菊头蝠科 Rhinolophidae			
4. 中菊头蝠 *Rhinolophus affinis*	O	LC	Z
5. 中华菊头蝠 *Rhinolophus sinicus* △	O	LC	C
（四）蹄蝠科 Hipposideridae			
6. 小蹄蝠 *Hipposideros pomona* △	O	EN	C
（五）蝙蝠科 Vespertilionidae			
7. 霍氏鼠耳蝠 *Myotis horsfieldii* △	O	LC	C
8. 华南水鼠耳蝠 *Myotis laniger* △	O	LC	C
9. 鼠耳蝠 *Myotis sp.*			C
10. 灰伏翼 *Hypsugo pulveratus* △	O	LC	C
11. 卡氏伏翼 *Hypsugo cadornae* △	O	LC	C
12. 东亚伏翼 *Pipistrellus abramus* △	C	LC	C
13. 普通伏翼 *Pipistrellus pipistrellus*	C	LC	CZ
14. 侏伏翼 *Pipistrellus tenuis* △	O	LC	C
15. 华南扁颅蝠 *Tylonycteris fulvida* △	O	LC	C

（续）

物种	区系	保护等级	收录依据
16. 托京褐扁颅蝠 *Tylonycteris tonkinensis* △	O	LC	C
III. 鳞甲目 PHOLIDOTA			
（六）鲮鲤科 Manidae			
17. 中华穿山甲 *Manis pentadactyla*	O	二, CR, II	Z
IV. 食肉目 CARNIVORA			
（七）鼬科 Mustelidae			
18. 鼬獾 *Melogale moschata*	O	3, LC	CZ
（八）灵猫科 Viverridae			
19. 花面狸 *Paguma larvata*	C	3, LC, III	CZ
（九）猫科 Felidae			
20. 豹猫 *Prionailurus bengalensis* △	C	二, LC, II	CZ
V. 偶蹄目 ARTIODACTYLA			
（十）猪科 Suidae			
21. 野猪 *Sus scrofa*	C	3, LC	CZ
（十一）鹿科 Cervidae			
22. 赤麂 *Muntiacus vaginalis*	O	3, LC	Z
VI. 啮齿目 RODENTIA			
（十二）松鼠科 Sciuridae			
23. 倭花鼠 *Tamiops swinhoei*	O	3, LC	Z
24. 赤腹松鼠 *Callosciurus erythraeus* △	O	3, LC, III	CZ
25. 红腿长吻松鼠 *Dremomys pyrrhomerus* △	O	3, LC	C
26. 红背鼯鼠 *Petaurista petaurista* △	O	3, S, LC	C
（十三）鼠科 Muridae			
27. 黄胸鼠 *Rattus tanezumi*	O	LC	CZ
28. 黄毛鼠 *Rattus losea*	O	LC	Z
29. 褐家鼠 *Rattus norvegicus*	C	LC	Z
30. 华南针毛鼠 *Niviventer huang*	O	LC	CZ
31. 黑缘齿鼠 *Rattus andamanensis* △	O	LC	C

注　△：东莞市大岭山森林公园新记录种；动物区系：O—东洋界，C—广布种；保护级别：二—国家二级保护野生动物，3—国家保护的有益的或者有重要经济、科学研究价值的陆生野生动物，S—广东省重点保护陆生野生动物，III—《濒危野生动植物种国际贸易公约（CITES）》（附录III），CR（极危）、VU（易危）、NT（易危）—《IUCN濒危物种红色名录》评定的受胁等级；收录依据：C—实际观测到；Z—历史资料。

附录2-2 东莞市大岭山森林公园鸟类名录

物种名称	居留型	区系	保护级别	收录依据
I.鸡形目 GALLIFORMES				
（一）雉科 Phasianidae				
1. 中华鹧鸪 *Francolinus pintadeanus*	R	O	3, LC	Z
2. 灰胸竹鸡 *Bambusicola thoracicus* △	R	O	3, LC	CZ
3. 白鹇 *Lophura nycthemera*	R	O	二 , LC	Z
4. 环颈雉 *Phasianus colchicus*	R	C	3, LC	Z
II.䴙䴘目 PODICIPEDIFORMES				
（二）䴙䴘科 Podicipedidae				
5. 小䴙䴘 *Tachybaptus ruficollis* △	R	O	3, LC	C
III.鸽形目 COLUMBIFORMES				
（三）鸠鸽科 Columbidae				
6. 山斑鸠 *Streptopelia orientalis*	R	C	3, LC	CZ
7. 珠颈斑鸠 *Streptopelia chinensis*	R	O	3, LC	CZ
8. 绿翅金鸠 *Chalcophaps indica* △	R	O	3, LC	C
IV.鹃形目 CUCULIFORMES				
（四）杜鹃科 Cuculidae				
9. 鹰鹃 *Cuculus sparverioides*	S	O	3, LC	CZ
10. 噪鹃 *Eudynamys scolopacea*	R	O	3, LC	CZ
11. 乌鹃 *Surniculus dicruroides*	S	O	3, LC	Z
12. 八声杜鹃 *Cacomantis merulinus* △	S	O	3, LC	CZ
13. 褐翅鸦鹃 *Centropus sinensis*	R	O	二 , LC	CZ
14. 小鸦鹃 *Centropus bengalensis*	R	O	二 , LC	CZ
V.鹰形目 ACCIPITRIFORMES				
（五）鹰科 Accipitridae				
15. 黑鸢 *Milvus migrans*	W	C	二 , LC, II	Z
16. 黑冠鹃隼 *Aviceda leuphotes*	R	P	二 , LC, II	Z
17. 普通鵟 *Buteo japonicus*	W	P	二 , LC, II	CZ
18. 蛇雕 *Spilornis cheela*	R	O	二 , NT, II	CZ
19. 凤头蜂鹰 *Pernis ptilorhynchus* △	S	O	二 , LC	C

（续）

物种名称	居留型	区系	保护级别	收录依据
（六）隼科 Falconidae				
20. 红隼 *Falco tinnunculus*	R	C	二, LC, II	Z
VI.鸮形目 STRIGIFORMES				
（七）鸱鸮科 Strigidae				
21. 领角鸮 *Otus lettia*	R	O	二, LC, II	Z
22. 领鸺鹠 *Glaucidium brodiei* △	R	O	二, LC, II	C
23. 斑头鸺鹠 *Glaucidium cuculoides*	R	O	二, LC, II	Z
VII.夜鹰目 CAPRIMULGIFORMES				
（八）夜鹰科 Caprimulgidae				
24. 普通夜鹰 *Caprimulgus jotaka*	S	C	3, LC	Z
VIII.雨燕目 Apodiformes				
（九）雨燕科 Apodidae				
25. 小白腰雨燕 *Apus affinis*	S	C	3, LC	CZ
IX.佛法僧目 CORACIIFORMES				
（十）翠鸟科 Alcedinidae				
26. 白胸翡翠 *Halcyon smyrnensis* △	R	C	二, LC, II	C
27. 普通翠鸟 *Alcedo atthis*	R	O	3, LC	CZ
X.鹤形目 GRUIFORMES				
（十一）秧鸡科 Rallidae				
28. 白胸苦恶鸟 *Amaurornis phoenicurus*	R	O	3, LC	CZ
29. 黑水鸡 *Gallinula chloropus* △	R	O	S, 3, LC	C
30. 白喉斑秧鸡 *Rallina eurizonoides* △	R	O	S, 3, LC	C
XI.鸻形目 CHARADRIFORMES				
（十二）反嘴鹬科 Recurvirostridae				
31. 黑翅长脚鹬 *Himantopus himantopus* △	W	C	S, 3, LC	C
（十三）鹬科 Scolopacidae				
32. 丘鹬 *Scolopax rusticola* △	W	C	3, LC	C
XII.鹳形目 CICONOOFORMES				
（十四）鹭科 Ardeidae				
33. 苍鹭 *Ardea cinerea*	W	C	S, 3, LC	Z
34. 池鹭 *Ardeola bacchus*	S, R, W	O	S, 3, LC	CZ
35. 夜鹭 *Nycticorax nycticorax*	S, R	C	S, 3, LC	Z
36. 大白鹭 *Ardea alba*	W, P, R	C	S, 3, LC	CZ
37. 中白鹭 *Ardea intermedia*	W	O	S, 3, LC	CZ

（续）

物种名称	居留型	区系	保护级别	收录依据
38. 白鹭 *Egretta garzetta*	R, W	O	S, 3, LC	CZ
39. 黑冠鳽 *Gorsachius melanolophus* △	R	O	S, 3, LC	C
40. 栗苇鳽 *Ixobrychus cinnamomeus*	R, P	C	S, 3, LC	CZ
41. 黄斑苇鳽 *Ixobrychus sinensis*	S, R	C	S, 3, LC	Z
XIII. 䴕形目 PICIFORMES				
（十五）须䴕科 Capitonidae				
42. 大拟啄木鸟 *Megalaima virens*	R	O	3, LC	Z
43. 黑眉拟啄木鸟 *Megalaima oorti*	R	O	3, LC	Z
（十六）啄木鸟科 Picidae				
44. 黄嘴栗啄木鸟 *Blythipicus pyrrhotis*	R	C	3, LC	Z
45. 斑姬啄木鸟 *Picumnus innominatus*	R	O	3, LC	Z
46. 大斑啄木鸟 *Dendrocopos major*	R	O	3, LC	Z
XIV. 雀形目 PASSERIFORMES				
（十七）燕科 Hirundinidae				
47. 家燕 *Hirundo rustica*	S, P	C	3, LC	Z
48. 金腰燕 *Hirundo daurica*	S, R, P	C	3, LC	Z
（十八）鹡鸰科 Motacillidae				
49. 白鹡鸰 *Motacilla alba*	R, W, P	P	3, LC	CZ
50. 灰鹡鸰 *Motacilla cinerea*	W	C	3, LC	CZ
51. 树鹨 *Anthus hodgsoni*	W	C	3, LC	CZ
52. 黄腹鹨 *Anthus rubescens* △	R	C		C
（十九）山椒鸟科 Campephagidae				
53. 赤红山椒鸟 *Pericrocotus flammeus*	R	O	3, LC	CZ
54. 灰喉山椒鸟 *Pericrocotus solaris*	R	O	3, LC	Z
（二十）卷尾科 Dicruridae				
55. 黑卷尾 *Dicrurus macrocercus*	S	O	3, LC	CZ
（二十一）鹎科 Pycnonotidae				
56. 红耳鹎 *Pycnonotus jocosus*	R	O	3, LC	CZ
57. 白头鹎 *Pycnonotus sinensis*	R	O	3, LC	CZ
58. 白喉红臀鹎 *Pycnonotus aurigaster*	R	O	3, LC	CZ
59. 栗背短脚鹎 *Hemixos castanonotus*	R	O	3, LC	CZ
60. 领雀嘴鹎 *Spizixos semitorques*	R	O	3, LC	Z
61. 绿翅短脚鹎 *Hypsipetes mcclellandii*	R	O	3, LC	Z
62. 黑短脚鹎 *Hypsipetes madagascariensis*	R, S	O	3, LC	Z

（续）

物种名称	居留型	区系	保护级别	收录依据
（二十二）叶鹎科 Chloropseidae				
63. 橙腹叶鹎 *Chloropsis hardwickii*	R	O	3, LC	Z
（二十三）柳莺科 Phylloscopidae				
64. 黄眉柳莺 *Phylloscopus inornatus* △	W	P	3, LC	C
（二十四）伯劳科 Laniidae				
65. 棕背伯劳 *Lanius schach*	R	O	3, LC	CZ
66. 红尾伯劳 *Lanius cristatus*	W, S, P	C	3, LC	Z
（二十五）椋鸟科 Sturnidae				
67. 八哥 *Acridotheres cristatellus*	R	O	3, LC	CZ
68. 灰背椋鸟 *Sturnia sinensis*	R, S, W	O	3, LC	Z
69. 丝光椋鸟 *Sturnus sericeus*	R	O	3, LC	Z
70. 黑领椋鸟 *Gracupica nigricollis*	R	O	3, LC	CZ
（二十六）鸦科 Corvidae				
71. 松鸦 *Garrulus glandarius*	R	P	3, LC	CZ
72. 红嘴蓝鹊 *Urocissa erythrorhyncha*	R	O	3, LC	CZ
73. 灰树鹊 *Dendrocitta formosae*	R	O	3, LC	CZ
74. 大嘴乌鸦 *Corvus macrorhynchos*	R	C	3, LC	CZ
75. 喜鹊 *Pica pica*	R	C	3, LC	CZ
（二十七）鸫科 Turdidae				
76. 白喉短翅鸫 *Brachypteryx leucophrys*	R	O	3, LC	Z
77. 虎斑地鸫 *Zoothera dauma* △	W	P	3, LC	C
78. 灰背燕尾 *Enicurus schistaceus*	R	O	3, LC	Z
79. 灰背鸫 *Turdus hortulorum*	W	P	3, LC	C
80. 乌灰鸫 *Turdus cardis* △	W	C	3, LC	C
81. 乌鸫 *Turdus mandarinus*	R	C	3, LC	CZ
82. 橙头地鸫 *Geokichla citrina* △	P	O	3, LC	C
（二十八）八色鸫科 Pittidae				
83. 仙八色鸫 *Pitta nympha* △	S, P	O	二, VU, II	C
（二十九）鹟科 Muscicapidae				
84. 红喉歌鸲 *Luscinia calliope*	W	P	3, LC	Z
85. 红尾歌鸲 *Larvivora sibilans* △	P	C	3, LC	C
86. 红胁蓝尾鸲 *Tarsiger cyanurus*	W	P	3, LC	CZ
87. 鹊鸲 *Copsychus saularis*	R	O	3, LC	CZ
88. 北红尾鸲 *Phoenicurus auroreus*	W	P	3, LC	CZ

（续）

物种名称	居留型	区系	保护级别	收录依据
89. 红尾水鸲 *Rhyacornis fuliginosa*	R	O	3, LC	Z
90. 黑喉石䳭 *Saxicola torquata*	W	P	3, LC	Z
91. 紫啸鸫 *Myophonus caeruleus*	R	O	3, LC	CZ
（三十）噪鹛科 Leiothrichidae				
92. 画眉 *Garrulax canorus*	R	O	二, LC	CZ
93. 黑脸噪鹛 *Garrulax perspicillatus*	R	O	3, LC	CZ
94. 黑喉噪鹛 *Garrulax chinensis* △	R	O	二, LC	C
95. 白颊噪鹛 *Garrulax sannio*	R	O	3, LC	Z
96. 黑领噪鹛 *Pterorhinus pectoralis*	R	O	3, LC	CZ
97. 棕颈钩嘴鹛 *Pomatorhinus ruficollis*	R	O	3, LC	Z
98. 红嘴相思鸟 *Leiothrix lutea*	R	O	二, LC, II	Z
99. 红头穗鹛 *Stachyris ruficeps*	R	O	3, LC	Z
100. 白腹凤鹛 *Erpornis zantholeuca*	R	O	3, LC	Z
（三十一）幽鹛科 Pellorneidae				
101. 淡眉雀鹛 *Alcippe hueti*	W	O	3, LC	CZ
（三十二）莺鹛科 Sylviidae				
102. 棕头鸦雀 *Sinosuhora webbianus*	R	O	3, LC	Z
（三十三）扇尾莺科 Cisticolidae				
103. 黑喉山鹪莺 *Prinia atrogularis*	R	O	3, LC	Z
104. 黄腹山鹪莺 *Prinia flaviventris*	R	O	3, LC	CZ
105. 纯色山鹪莺 *Prinia inornata*	R	O	3, LC	CZ
106. 长尾缝叶莺 *Orthotomus sutorius*	R	O	3, LC	CZ
107. 褐柳莺 *Phylloscopus fuscatus*	W	P	3, LC	Z
108. 棕脸鹟莺 *Abroscopus albogularis*	R	O	3, LC	Z
（三十四）树莺科 Cettiidae				
109. 强脚树莺 *Cettia fortipes*	R	O	3, LC	Z
110. 鳞头树莺 *Urosphena squameiceps* △	W	O	3, LC	C
（三十五）绣眼鸟科 Zosteropidae				
111. 暗绿绣眼鸟 *Zosterops japonicus*	R	O	3, LC	CZ
112. 栗颈凤鹛 *Staphida torqueola* △	R	O	3, LC	C
（三十六）长尾山雀科 Aegithalidae				
113. 红头长尾山雀 *Aegithalos concinnus*	R	O	3, LC	Z
（三十七）山雀科 Paridae				
114. 远东山雀 *Parus minor*	R	O	3, LC	CZ

（续）

物种名称	居留型	区系	保护级别	收录依据
115. 黄颊山雀 *Machlolophus spilonotus*	R	O	3, LC	Z
（三十八）花蜜鸟科 Nectariniidae				
116. 叉尾太阳鸟 *Aethopyga christinae*	R	O	3, LC	CZ
（三十九）啄花鸟科 Dicaeidae				
117. 红胸啄花鸟 *Dicaeum ignipectus*	R	O	3, LC	CZ
（四十）梅花雀科 Estrildidae				
118. 白腰文鸟 *Lonchura striata*	R	O	3, LC	CZ
119. 斑文鸟 *Lonchura punctulata*	R	O	3, LC	CZ
（四十一）雀科 Passeridae				
120. 麻雀 *Passer montanus*	R	P	3, LC	CZ
（四十二）鹀科 Emberizidae				
121. 白眉鹀 *Emberiza tristrami* △	W	C	S, 3, LC	C
122. 栗鹀 *Emberiza rutila*	W, P	P	3, LC	Z
123. 黄胸鹀 *Emberiza aureola*	W, P	P	I, CR	Z
124. 三道眉草鹀 *Emberiza cioides* △	R, W	O	S, 3, LC	C

注 △：东莞市大岭山森林公园新记录种；居留型：W—冬候鸟或旅鸟；S—夏候鸟；R—留鸟；区系：P—古北型，O—东洋型，C—广布种；保护级别：二—国家二级保护野生动物，LC（低度关注）、VU（易危）、CR（极危）—《IUCN濒危物种红色名录》评定的受胁等级；II—《濒危野生动植物种国际贸易公约（CITES）》（附录II），S—广东省重点保护鸟类；收录依据：C—实际观测到；Z—历史资料。

附录2-3 东莞市大岭山森林公园爬行类名录

物种名称	动物区系	生态类型	保护级别	收录依据
I.龟鳖目 TESTUDOFORMES				
（一）龟科 Emydidae				
1. 三线闭壳龟 *Cuora trifasciata*	S	TQ	二, CR	Z
II.有鳞目 SQUAMATA				
（二）蜥蜴科 Lacertian				
2. 南草蜥 *Takydromus sexlineatus*	C-S	T	3, LC	Z
（三）鬣蜥科 Agamidae				
3. 变色树蜥 *Calotes versicolor*	S	TA	3, LC	CZ
4. 丽棘蜥 *Acanthosaura lepidogaster*	C-S	TA	3, LC	Z
（四）壁虎科 Gekkonidae				
5. 中国壁虎 *Gekko chinensis*	C-S	T	3, LC	CZ
6. 大壁虎 *Gekko gecko*	S	T	二, LC	Z
7. 原尾蜥虎 *Hemidactylus bowringii*	S	T	3, LC	CZ
8. 蹼趾壁虎 *Gekko subpalmatus*	C-S	T	3, LC	Z
（五）石龙子科 Scincidae				
9. 中国石龙了 *Plestiodon chinensis*	C S	T	3, LC	CZ
10. 蓝尾石龙子 *Plestiodon elegans*	C-S	T	3, LC	Z
11. 南滑蜥 *Scincella reevesii*	S	T	3, LC	CZ
12. 铜蜓蜥 *Lygosoma indicum*	C-S	T	3, LC	CZ
13. 股鳞蜓蜥 *Sphenomorphus incognitus* △	C-S	T	3, LC	CZ
14. 中国棱蜥 *Tropidophorus sinicus* △	S	T	3, LC	C
（六）盲蛇科 Varanidae				
15. 钩盲蛇 *Ramphotyphlops braminus*	C-S	T	3, LC	CZ
（七）钝头蛇科 Pareatidae				
16. 横纹钝头蛇 *Pareas margaritophorus* △	S	T	3, LC	C
（八）蟒科 Boidae				
17. 蟒蛇 *Python molurus*	C-S	T	二, VU, II	Z

（续）

物种名称	动物区系	生态类型	保护级别	收录依据
（九）屋蛇科 Lamprophiidae				
21. 紫沙蛇 *Psammodynastes pulverulentus*	OW	T	3, LC	CZ
22. 黄斑渔游蛇 *Xenochrophis flavipunctatus*	C-S	T	3, LC, III	CZ
23. 台湾小头蛇 *Oligodon formosanus*	C-S	T	3, LC	Z
24. 红脖颈槽蛇 *Rhabdophis subminiata*	OW	T	3, LC	Z
25. 繁花林蛇 *Boiga multomaculata*	C-S	T	3, LC	Z
26. 福建后棱蛇 *Opisthotropis maxwelli*	C- △	T	3, LC	Z
27. 黑头剑蛇 *Sibynophis chinensis*	OW	T	3, LC	Z
28. 草腹链蛇 *Amphiesma stolata*	C-S	T	3, LC	Z
29. 翠青蛇 *Eurypholis major*	OW	TA	3, LC	Z
30. 灰鼠蛇 *Ptyas korros*	C-S	T	3, LC	Z
31. 滑鼠蛇 *Ptyas mucosus*	OW	T	3, LC, II	Z
（十）水蛇科 Homalopsidae				
19. 铅色水蛇 *Enhydris plumbea*	C-S	TQ	3, LC	Z
20. 中国水蛇 *Myrrophis chinensis* △	C-S	TQ	3, LC	C
（十一）游蛇科 Coluburidae				
18. 乌梢蛇 *Zoacys dhumnades*	W	TA	3, LC	Z
（十二）闪皮蛇科 Xenodermidae				
32. 棕脊蛇 *Achalinus rufescens* △	C-S	T	3, LC	C
33. 三索锦蛇 *Coelognathus radiatus* △	C-S	T	二, LC	C
（十三）眼镜蛇科 Elapidae				
34. 金环蛇 *Bungarus fasciatus*	S	T	3, LC	Z
35. 银环蛇 *Bungarus multicinctus*	C-S	T	3, LC	CZ
36. 舟山眼镜蛇 *Naja atra*	OW	T	3, VU, II	CZ
37. 眼镜王蛇 *Ophiophagus hannah*	OW	T	二, VU, II	Z
（十四）蝰科 Viperidae				
38. 白唇竹叶青蛇 *Trimeresurus albolabris*	C-S	TA	3, LC	CZ

注　△：东莞市大岭山森林公园新记录种；动物区系：S—东洋界华南区物种，C—东洋界华中区物种，SW—东洋界西南区，OW—东洋界广布种（华中、华南、西南三区共有），W—广布种；生态类型：T—陆栖型，TQ—陆栖-静水型，TA—陆栖-树栖型；保护级别：一、二—国家一级、二级保护野生动物，3—国家保护的有益的或者有重要经济、科学研究价值的陆生野生动物，EN（濒危）、VU（易危）—《IUCN濒危物种红色名录》评定的受胁等级，II、III—《濒危野生动植物种国际贸易公约(CITES)》（附录II、III）；收录依据：C—实际观测到；Z—历史资料。

附录2-4　东莞市大岭山森林公园两栖类名录

物种名称	动物区系	生态类型	保护级别	收录依据
I.无尾目 ANURA				
（一）角蟾科 Megophryidae				
1. 小角蟾短肢亚种 *Megophrys minor brachykolos*	C	TQ	3, EN	Z
2. 东莞角蟾 *Panophrys dongguanensis* △	S	TQ	S, NA	C
（二）蟾蜍科 Bufonidae				
3. 黑眶蟾蜍 *Bufo melanostictus*	OW	TQ	3, LC	CZ
（三）蛙科 Ranidae				
4. 棱皮泽蛙 *Fejervarya multistriata*	C-S	TQ	3, LC	Z
5. 阔褶蛙 *Rana latouchii*	C-S	TQ	3, LC	Z
6. 沼水蛙 *Hylarana guentheri*	C-S	TQ	3, LC	CZ
7. 大绿臭蛙 *Odorrana livida*	C-S	TR	3, LC	CZ
（四）叉舌蛙科 Dicroglossidae				
8. 泽陆蛙 *Rana limnocharis*	OW	TQ	3, LC	CZ
9. 虎纹蛙 *Rana tigrina*	C-S	TQ	二, LC, Ⅱ	Z
10. 棘胸蛙 *Quasipaa spinosa*	C-S	TQ	3, VU	Z
11. 小棘蛙 *Quasipaa exilispinosa* △	C-S	TQ	3, LC	C
（五）树蛙科 Rhacophoridae				
12. 大树蛙 *Rhacophorus dennysi*	C-S	A	3, LC	Z
13. 斑腿泛树蛙 *Polypedates megacephalus*	OW	A	3, LC	CZ
（六）姬蛙科 Microhylidae				
14. 粗皮姬蛙 *Microhyla butleri*	S	TQ	3, LC	CZ
15. 小弧斑姬蛙 *Microhyla heymonsi*	OW	TQ	3, LC	Z
16. 饰纹姬蛙 *Microhyla ornata*	OW	TQ	3, LC	Z
17. 花姬蛙 *Microhyla puichra*	C-S	TQ	3, LC	Z

（续）

物种名称	动物区系	生态类型	保护级别	收录依据
18. 花狭口蛙指名亚种 *Kaloula pulchra pulchra*	S	TQ	3, LC	CZ
19. 花细狭口蛙 *Kalophrynus interlineatus* △	S	TQ	3, LC	C

注　△：东莞市大岭山森林公园新记录种；*代表中国特有种；动物区系：C—东洋界华中区物种，S—东洋界华南区物种，C-S—东洋界华中-华南区物种，O-W—东洋界广布种（华中，华南，西南三区共有），W—广布种；生态类型：TQ—陆栖-静水型，TR—陆栖-流水型；保护级别：二—国家二级保护野生动物，S—广东省重点保护动物，附录Ⅱ—列入《濒危野生动植物种国际贸易公约》(附录Ⅱ) 的物种；3—国家"三有"保护动物（有益的或者有重要经济、科学研究价值的陆生野生动物）；EN（濒危）、VU（易危）、NT（近危）—《IUCN濒危物种红色名录》评定的受胁等级；收录依据：C—实际观测到；Z—历史资料。

附录2-5 东莞市大岭山森林公园鱼类名录

物种名称	采集区域	原生或入侵
I. 鲤形目 CYPRINIFORMES		
（一）鲤科 Cyprindae		
1. 长鳍马口鱲 *Opsariichthys evolans*	核心区主溪流	原生
2. 鲩鱼 *Ctenopharyngodon idella*	保护区水库	原生
3. 翘嘴鲌 *Siniperca chuatsi*	保护区水库	原生
4. 高体鳑鲏 *Rhodeus ocellatus*	保护区水库	原生
5. 鲮 *Cirrhimus molitorella*	保护区水库	原生
6. 麦穗鱼 *Pseudorasbora parva*	保护区水库	原生
7. 草金鱼 *Garassius auratus*	核心区主溪流	人为放生
8. 锦鲤 *Cyprinus carpio haematopterus*	核心区主溪流	人为放生
9. 鲤 *Cyprinus carpio haematopterus*	保护区水库	原生
10. 鲫 *Carassius auratus auratus*	保护区水库	原生
11. 鳙 *Hypophthalmichthys nobilis*	保护区水库、核心区主溪流	原生、人为放生
12. 鲢 *Hypophthalmiecthys molitrir*	保护区水库、核心区主溪流	原生、人为放生
（二）鳅科 Cobitidae		
13. 泥鳅 *Misgurmus anguillicaudatu*	保护区水库、核心区主溪流	原生、人为放生
14. 大鳞副泥鳅 *Paramisgurnus dabryanus*	保护区水库、核心区主溪流	原生、人为放生
（三）平鳍鳅科 Gastromyzondae		
15. 拟平鳅 *Liniparhomaloptera disparis*	核心区主溪流	原生
II. 鲇形目 SILURIFORMES		
（四）鲇科 Siluridae		
16. 越南隐鳍鲇 *Pterocryptis cochinchinensis*	核心区主溪流	原生
17. 鲇 *Silurus asotus*	保护区水库	原生
（五）胡鲇科 Claridae		
18. 胡子鲇 *Clarias fuscus*	保护区水库	原生

（续）

物种名称	采集区域	原生或入侵
III. 鳉形目 CYPRINODONTIFORMES		
（六）鳉科 Cyprinodontidae		
19. 食蚊鱼 *Gambusia affinis*	保护区水库、核心区主溪流	入侵
IV. 鲈形目 PERCIFORMES		
（七）丽鱼科 Cichlaidae		
20. 吉利慈鲷 *Tilapia zillii*	保护区水库、核心区主溪流	入侵
21. 尼罗罗非鱼 *Oreochromis niloticus*	保护区水库、核心区主溪流	入侵
（八）虾虎科 Gobiidae		
22. 粘皮鲻虾虎 *Mugilogobius myxodermus*	保护区水库	原生
23. 子陵吻虾虎 *Rhinogobius giurinus*	保护区水库	原生
24. 溪吻虾虎 *Rhinogobius duospilus*	核心区主溪流	原生
（九）丝足鲈科 Belontidae		
25. 叉尾斗鱼 *Macropodus opercularis*	保护区水库	原生
（十）鳢科 Channidae		
26. 斑鳢 *Channa maculata*	保护区水库	原生

附录3　东莞市大岭山森林公园大型真菌名录

物种名称	保护等级	中国特有物种
I. 盘菌目 PEZIZALES		
（一）火丝菌科 Pyronemataceae		
1. 小孢盘菌 *Acervus epispartius*		
2. 假小疣盾盘菌 *Scutellinia pseudovitreola*		
3. 窄孢胶陀盘菌 *Trichaleurina tenuispora*		
II. 肉座菌目 HYPOCREALES		
（二）虫草科 Cordycipitaceae		
4. 柱形虫草 *Cordyceps cylindrica*		
5. 蛾蛹虫草（无性型）（细柄棒束孢） *Cordyceps polyarthra*		
（三）线虫草科 Ophiocordycipitaceae		
6. 江西线虫草 *Ophiocordyceps jiangxiensis*	DD	√
III. 炭角菌目 XYLARIALES		
（四）炭团菌科 Hypoxylaceae		
7. 黑轮层炭壳（炭球菌） *Daldinia concentrica*	LC	
8. 古巴炭角菌 *Xylaria cubensis*	LC	
9. 黑柄炭角菌 *Xylaria nigripes*		
IV. 柔膜菌目 HELOTIALES		
（五）柔膜菌科 Helotiaceae		
10. 橙红二头孢盘菌 *Dicephalospora rufocornea*		
V. 木耳目 AURICULARIALES		
（六）木耳科 Auriculariaceae		
11. 毛木耳 *Auricularia cornea*	LC	
VI. 花耳目 DACRYMYCETALES		
（七）花耳科 Dacrymycetaceae		
12. 中国胶角耳 *Calocera sinensis*	LC	√

（续）

物种名称	保护等级	中国特有物种
VII 银耳目 TREMELLALES		
（八）银耳科 Tremellaceae		
13. 银耳 *Tremella fuciformis*	LC	
VIII 蘑菇目 AGARICALES		
（九）珊瑚菌科 Clavariaceae		
14. 脆珊瑚菌 *Clavaria fragilis*	LC	
（十）蘑菇科 Agariaceae		
15. 白脐凸蘑菇 *Agaricus alboumbonatus*		
16. 宾加蘑菇 *Agaricus bingensis*	DD	
17. 番红花蘑菇 *Agaricus crocopeplus*	LC	
18. 长柄蘑菇 *Agaricus dolichocaulis*		
19. 肉褐色环柄菇（褐鳞小伞）*Lepiota brunneoincarnata*		
20. 冠状环柄菇（小环柄菇）*Lepiota cristata*	LC	
21. 毒环柄菇 *Lepiota venenata*		
22. 滴泪白环蘑 *Leucoagaricus lacrymans*		
23. 白环蘑 *Leucoagaricus tangerinus*		
24. 白垩白鬼伞 *Leucocoprinus cretaceus*		
25. 易碎白鬼伞 *Leucocoprinus fragilissimus*	LC	
26. 白丝小蘑菇 *Micropsalliota albosericea*		
27. 球囊小蘑菇 *Micropsalliota globocystis*		
28. 大变红小蘑菇 *Micropsalliota megarubescens*		
29. 极小小蘑菇 *Micropsalliota pusillissima*		
30. 变黄红小蘑菇 *Micropsalliota xanthorubescens*		
31. 紫色黄蘑菇 *Xanthagaricus caeruleus*		
（十一）鹅膏科 Amanitaceae		
32. 致命鹅膏 *Amanita exitialis*	LC	√
33. 糠鳞杵柄鹅膏 *Amanita franzii*		
34. 格纹鹅膏 *Amanita fritillaria*	LC	
35. 欧氏鹅膏 *Amanita oberwinkleriana*	LC	
36. 假褐云斑鹅膏 *Amanita pseudoporphyria*		
37. 亚球基鹅膏 *Amanita subglobosa*	LC	√
38. 残托鹅膏有环变型 *Amanita sychnopyramis* f. *subannulata*		
39. 绒毡鹅膏 *Amanita vestita*	LC	

（续）

物种名称	保护等级	中国特有物种
（十二）粪锈伞科 Bolbitiaceae		
40. 阿帕锥盖伞 *Conocybe apala*		
（十三）色孢菌科 Callistosporiaceae		
41. 洛巴伊大口蘑 *Macrocybe lobayensis*	LC	
（十四）粉褶菌科 Entolomataceae		
42. 皱波斜盖伞 *Clitopilus crispus*	LC	
43. 蓝鳞粉褶蕈 *Entoloma azureosquamulosum*	DD	√
44. 丛生粉褶蕈 *Entoloma caespitosum*	DD	√
45. 浅黄绒皮粉褶蕈 *Entoloma flavovelutinum*		
46. 漏斗粉褶菌 *Entoloma infundibuliforme*		
47. 近江粉褶蕈 *Entoloma omiense*	LC	
48. 佩奇粉褶蕈 *Entoloma petchii*		
49. 沟纹粉褶蕈 *Entoloma sulcatum*	DD	
（十五）轴腹菌科 Hydnangiaceae		
50. 沟纹蜡蘑 *Laccaria canaliculata*		
51. 光柄蜡蘑 *Laccaria glabripes*		
（十六）蜡伞科 Hygrophoraceae		
52. 黄色湿伞 *Hygrocybe* sp.		
（十七）层腹菌科 Hymenogastraceae		
53. 热带紫褐裸伞 *Gymnopilus dilepis*	DD	
（十八）丝盖伞科 Inocybaceae		
54. 毒蝇歧盖伞 *Inosperma muscarium*		
（十九）马勃科 Lycoperdaceae		
55. 变紫马勃 *Lycoperdon purpurascens*	DD	
（二十）离褶伞科 Lyophyllaceae		
56. 间型鸡𡊃 *Termitomyces intermedius*		
57. 小果鸡𡊃 *Termitomyces microcarpus*	LC	
（二十一）小皮伞科 Marasmiaceae		
58. 陀螺老伞 *Gerronema strombodes*		
59. 伯特路小皮伞 *Marasmius berteroi*	LC	
60. 红盖小皮伞 *Marasmius haematocephalus*		
61. 茉莉香小皮伞 *Marasmius jasminodorus*		
62. 棕榈小皮伞 *Marasmius palmivorus*		

（续）

物种名称	保护等级	中国特有物种
（二十二）小菇科 **Mycenaceae**		
63. 皮氏小菇 *Mycena pearsoniana*		
（二十三）类脐菇科 **Omphalotaceae**		
64. 绒柄裸脚伞 *Gymnopus confluens*		
65. 臭裸脚伞 *Gymnopus foetidus*	LC	
66. 树生微皮伞 *Marasmiellus dendroegrus*	LC	
67. 半焦微皮伞 *Marasmiellus epochnous*		
（二十四）膨瑚菌科 **Physalacriaceae**		
68. 长根小奥德蘑 *Hymenopellis radicata*	LC	
（二十五）侧耳科 **Pleurotaceae**		
69. 花脸香蘑 *Lepista sordida*		
70. 巨大侧耳 *Pleurotus giganteus*	LC	
71. 淡柠黄侧耳 *Pleurotus* sp.		
72. 毛伏褶菌 *Resupinatus trichotis*	LC	
（二十六）光柄菇科 **Pluteaceae**		
73. 狮黄光柄菇 *Pluteus leoninus*		
74. 光柄菇 *Pluteus* sp.		
75. 雪白草菇 *Volvariella nivea*	DD	√
（二十七）鬼伞科 **Psathyrellaceae**		
76. 白小鬼伞 *Coprinellus disseminatus*	LC	
77. 晶粒小鬼伞（晶粒鬼伞）*Coprinellus micaceus*		
78. 拟鬼伞（参照种）*Coprinopsis* cf. *urticicola*		
79. 薄肉近地伞 *Parasola plicatilis*	LC	
（二十八）裂褶菌科 **Schizophyllaceae**		
80. 裂褶菌 *Schizophyllum commune*	LC	
（二十九）球盖菇科 **Strophariaceae**		
81. 平田头菇 *Agrocybe pediades*	LC	
82. 田头菇 *Agrocybe praecox*	LC	
83. 簇生垂幕菇（参照种）*Hypholoma* cf. *fasciculare*		

IX. 莲叶衣目 LEPIDOSTROMATALES

（三十）莲叶衣科 **Lepidostromataceae**

84. 中华丽柱衣 *Sulzbacheromyces sinensis*

（续）

物种名称	保护等级	中国特有物种
X．红菇目 RUSSULALES		
（三十一）红菇科 Russulaceae		
85. 日本红菇 *Russula japonica*	LC	
86. 点柄黄红菇 *Russula senecis*	LC	
XI. 牛肝菌目 BOLETALES		
（三十二）牛肝菌科 Boletaceae		
87. 中华暗褐金牛肝菌 *Aureoboletus sinobadius*		
88. 青木氏小绒盖牛肝菌 *Parvixerocomus aokii*		
89. 黑紫红孢牛肝菌 *Porphyrellus nigropurpureus*	LC	
90. 玫红红孢牛肝菌 *Porphyrellus* sp.		
91. 美丽褶孔牛肝菌 *Phylloporus bellus*	LC	
92. 淡紫粉孢牛肝菌 *Tylopilus griseipurpureus*	DD	
（三十三）硬皮马勃科 Sclerodermataceae		
93. 彩色豆马勃 *Pisolithus arhizus*	LC	
94. 黄硬皮马勃 *Scleroderma flavidum*	DD	
95. 光硬皮马勃 *Scleroderma cepa* Pers.		
96. 云南硬皮马勃 *Scleroderma yunnanense*	LC	
（三十四）干腐菌科 Serpulaceae		
97. 竹生干腐菌 *Serpula dendrocalami*		
XII.鸡油菌目 CANTHARELLALES		
（三十五）齿菌科 Hydnaceae		
98. 栗柄锁瑚菌（参照种） *Clavulina* cf. *castaneipes*		
99. 大白齿菌 *Hydnum albomagnum*		
XIII. 地星目 GEASTRALES		
（三十六）地星科 Geastraceae		
100. 爪哇地星 *Geastrum javanicum*	LC	
XIV. 多孔菌目 POLYPORALES		
（三十七）拟层孔菌科 Fomitopsidaceae		
101. 谦逊迷孔菌 *Daedalea modesta*		
（三十八）Irpicaceae		
102. 白囊耙齿菌 *Irpex lacteus*	LC	
（三十九）革耳科 Panaceae		
103. 纤毛革耳 *Panus ciliatus*	LC	

（续）

物种名称	保护等级	中国特有物种
（四十）柄杯菌科 Podoscyphaceae		
104. 柄杯菌 *Podoscypha* sp.		
（四十一）多孔菌科 Polyporaceae		
105. 假芝 *Sanguinoderma rugosum*	LC	
106. 红贝俄氏孔菌 *Earliella scabrosa*		
107. 分隔棱孔菌 *Favolus septatus*		
108. 南方灵芝 *Ganoderma australe*	LC	
109. 灵芝 *Ganoderma lingzhi*		
110. 热带灵芝 *Ganoderma tropicum*	LC	
111. 糖圆齿菌 *Gyrodontium sacchari*		
112. 光盖蜂窝孔菌 *Hexagonia glabra*	DD	
113. 薄蜂窝孔菌 *Hexagonia tenuis*	DD	
114. 翘鳞香菇 *Lentinus squarrosulus*	LC	
115. 黄褐小孔菌 *Microporus xanthopus*	LC	
116. 白赭多年卧孔菌 *Perenniporia ochroleuca*	LC	
117. 短小多孔菌 *Picipes pumilus*		
118. 漏斗多孔菌 *Polyporus arcularius*		
119. 三河多孔菌 *Polyporus mikawai*		
120. 菌核多孔菌 *Polyporus tuberaster*	LC	
121. 血红密孔菌 *Pycnoporus sanguineus*	LC	
122. 白栓菌 *Trametes albida*	DD	
123. 云芝 *Trametes versicolor*	LC	
XV. 团毛菌目 TRICHIIDA		
（四十二）团毛菌科 Trichiidae		
124. 暗红团网菌 *Arcyria denudata*		
XVI. 发网菌目 STEMONITIDA		
（四十三）发网菌科 Stemonitidae		
125. 锈发网菌 *Stemonitis axifera*		

注　LC（无危）、DD（数据缺乏）—《中国生物多样性红色名录——大型真菌》评定的受胁等级。

附录4　东莞市大岭山森林公园大型真菌标本采集信息

编号	标本号	照片编号	采集地点	采集时间	采集人
1	87298	9199-9203	大岭山	2021.11.03	李泰辉、黄浩、黄晓晴
2	87296	9330-9334	大岭山	2021.11.03	李泰辉、黄浩、黄晓晴
3	87291	9260-9286	大岭山	2021.11.03	李泰辉、黄浩、黄晓晴
4	87293	9307-9322	大岭山	2021.11.03	李泰辉、黄浩、黄晓晴
5	87310	9398-9407	大岭山	2021.11.03	李泰辉、黄浩、黄晓晴
6	87294	9323-9329	大岭山	2021.11.03	李泰辉、黄浩、黄晓晴
7	87284	9183-9192	大岭山	2021.11.03	李泰辉、黄浩、黄晓晴
8	87311	9389-9393	大岭山	2021.11.03	李泰辉、黄浩、黄晓晴
9	87288	9227-9235	大岭山	2021.11.03	李泰辉、黄浩、黄晓晴
10	87281	9138-9155	大岭山	2021.11.03	李泰辉、黄浩、黄晓晴
11	87290	9252-9255	大岭山	2021.11.03	李泰辉、黄浩、黄晓晴
12	87285	9193-9198	大岭山	2021.11.03	李泰辉、黄浩、黄晓晴
13	87295	9335-9343	大岭山	2021.11.03	李泰辉、黄浩、黄晓晴
14	87292	9287-9298	大岭山	2021.11.03	李泰辉、黄浩、黄晓晴
15	87282	9156-9167	大岭山	2021.11.03	李泰辉、黄浩、黄晓晴
16	87283	9176-9182	大岭山	2021.11.03	李泰辉、黄浩、黄晓晴
17	87286	9204-9213	大岭山	2021.11.03	李泰辉、黄浩、黄晓晴
18	87287	9214-9224	大岭山	2021.11.03	李泰辉、黄浩、黄晓晴
19	87289	9236-9248	大岭山	2021.11.03	李泰辉、黄浩、黄晓晴
20	87297	9350-9360	大岭山	2021.11.03	李泰辉、黄浩、黄晓晴
21	87300	9422-9430	大岭山	2021.11.03	李泰辉、黄浩、黄晓晴
22	87299	9361-9373	大岭山	2021.11.03	李泰辉、黄浩、黄晓晴
23	87324	9668-9711	大岭山	2021.11.04	李泰辉、黄浩、黄晓晴
24	87331	9866-9876	大岭山	2021.11.04	李泰辉、黄浩、黄晓晴
25	87322	9656-9667	大岭山	2021.11.04	李泰辉、黄浩、黄晓晴
26	87327	9813-9821	大岭山	2021.11.04	李泰辉、黄浩、黄晓晴
27	87314	9574-9577	大岭山	2021.11.04	李泰辉、黄浩、黄晓晴
28	87317	9605-9613	大岭山	2021.11.04	李泰辉、黄浩、黄晓晴
29	87316	9588-9604	大岭山	2021.11.04	李泰辉、黄浩、黄晓晴

（续）

编号	标本号	照片编号	采集地点	采集时间	采集人
30	87335	0018-0023	大岭山	2021.11.04	李泰辉、黄浩、黄晓晴
31	87323	9761-9808	大岭山	2021.11.04	李泰辉、黄浩、黄晓晴
32	87304	9474-9497	大岭山	2021.11.04	李泰辉、黄浩、黄晓晴
33	87320	9645-9655	大岭山	2021.11.04	李泰辉、黄浩、黄晓晴
34	87313	9567-9573	大岭山	2021.11.04	李泰辉、黄浩、黄晓晴
35	87330	9861-9865	大岭山	2021.11.04	李泰辉、黄浩、黄晓晴
36	87308	9516-9536	大岭山	2021.11.04	李泰辉、黄浩、黄晓晴
37	87332	9902-9917	大岭山	2021.11.04	李泰辉、黄浩、黄晓晴
38	87307	9505-9515	大岭山	2021.11.04	李泰辉、黄浩、黄晓晴
39	87318	9618-9629	大岭山	2021.11.04	李泰辉、黄浩、黄晓晴
40	87303	9451-9468	大岭山	2021.11.04	李泰辉、黄浩、黄晓晴
41	87336	9877-9887	大岭山	2021.11.04	李泰辉、黄浩、黄晓晴
42	87305	9498-9504	大岭山	2021.11.04	李泰辉、黄浩、黄晓晴
43	87302	9469-9473	大岭山	2021.11.04	李泰辉、黄浩、黄晓晴
44	87312	9548-9561	大岭山	2021.11.04	李泰辉、黄浩、黄晓晴
45	87309	9537-9547	大岭山	2021.11.04	李泰辉、黄浩、黄晓晴
46	87315	9579-9587	大岭山	2021.11.04	李泰辉、黄浩、黄晓晴
47	87337	9888-9891	大岭山	2021.11.04	李泰辉、黄浩、黄晓晴
48	87325	9724-9760	大岭山	2021.11.04	李泰辉、黄浩、黄晓晴
49	87301	9435-9441	大岭山	2021.11.04	李泰辉、黄浩、黄晓晴
50	87321	9712-9720	大岭山	2021.11.04	李泰辉、黄浩、黄晓晴
51	87334	9931-9938 9962-9982	大岭山	2021.11.04	李泰辉、黄浩、黄晓晴
52	87319	9630-9644	大岭山	2021.11.04	李泰辉、黄浩、黄晓晴
53	87329	9824-9854	大岭山	2021.11.04	李泰辉、黄浩、黄晓晴
54	87326	9806-9812	大岭山	2021.11.04	李泰辉、黄浩、黄晓晴
55	87306	9512-9515	大岭山	2021.11.04	李泰辉、黄浩、黄晓晴
56	87338	9892-9895	大岭山	2021.11.04	李泰辉、黄浩、黄晓晴
57	87333	9918-9926	大岭山	2021.11.04	李泰辉、黄浩、黄晓晴
58	87328	9823-9831	大岭山	2021.11.04	李泰辉、黄浩、黄晓晴
59	87347	0168-0173	大岭山林科园	2021.11.05	李泰辉、黄浩、黄晓晴
60	87339	0042-0056	大岭山	2021.11.05	李泰辉、黄浩、黄晓晴
61	87342	0086-0090	大岭山	2021.11.05	李泰辉、黄浩、黄晓晴
62	87343	0102-0112	大岭山林科园	2021.11.05	李泰辉、黄浩、黄晓晴
63	87341	0076-0085	大岭山	2021.11.05	李泰辉、黄浩、黄晓晴
64	87340	0068-0075	大岭山	2021.11.05	李泰辉、黄浩、黄晓晴
65	87345	0136-0143	大岭山林科园	2021.11.05	李泰辉、黄浩、黄晓晴

（续）

编号	标本号	照片编号	采集地点	采集时间	采集人
66	87344	0116-0133	大岭山林科园	2021.11.05	李泰辉、黄浩、黄晓晴
67	87346	0144-0167	大岭山林科园	2021.11.05	李泰辉、黄浩、黄晓晴
68	87349	0202-0211	大岭山林科园	2021.11.05	李泰辉、黄浩、黄晓晴
69	87348	0174-0201	大岭山林科园	2021.11.05	李泰辉、黄浩、黄晓晴
70	87840	0491-0495 0503-0515 8307-8311 8326-8331 3968-3972 3998-4002 4048-4053	大岭山林科园入口对面	2022.02.25	李泰辉、黄浩、黄晓晴、钟国瑞
71	87888	0496-0500	大岭山林科园入口对面	2022.02.25	李泰辉、黄浩、黄晓晴、钟国瑞
72	87889	0501-0502	大岭山林科园入口对面	2022.02.25	李泰辉、黄浩、黄晓晴、钟国瑞
73	87843	0516-0518	大岭山林科园入口对面	2022.02.25	李泰辉、黄浩、黄晓晴、钟国瑞
74	87844	0521-0526	大岭山林科园入口对面	2022.02.25	李泰辉、黄浩、黄晓晴、钟国瑞
75	87871	0536-0540 8357-8360 4042-4047	大岭山林科园入口对面	2022.02.25	李泰辉、黄浩、黄晓晴、钟国瑞
76	87846	0540-0544	大岭山林科园入口对面	2022.02.25	李泰辉、黄浩、黄晓晴、钟国瑞
77	87841	8313-8317	大岭山林科园入口对面	2022.02.25	李泰辉、黄浩、黄晓晴、钟国瑞
78	87842	8318-8325	大岭山林科园入口对面	2022.02.25	李泰辉、黄浩、黄晓晴、钟国瑞
79	87890	8332-8338	大岭山林科园入口对面	2022.02.25	李泰辉、黄浩、黄晓晴、钟国瑞
80	87891	8349-8356	大岭山林科园入口对面	2022.02.25	李泰辉、黄浩、黄晓晴、钟国瑞
81	87866	3973-3989	大岭山林科园入口对面	2022.02.25	李泰辉、黄浩、黄晓晴、钟国瑞
82	87868	3990-3996 4003-4017	大岭山林科园入口对面	2022.02.25	李泰辉、黄浩、黄晓晴、钟国瑞
83	87869	4018-4032	大岭山林科园入口对面	2022.02.25	李泰辉、黄浩、黄晓晴、钟国瑞
84	87870	4037-4040	大岭山林科园入口对面	2022.02.25	李泰辉、黄浩、黄晓晴、钟国瑞
85	87872	4055-4059	大岭山林科园入口对面	2022.02.25	李泰辉、黄浩、黄晓晴、钟国瑞
86	87847	4060-4067	大岭山林科园入口对面	2022.02.25	李泰辉、黄浩、黄晓晴、钟国瑞
87	87848	4068-4073	大岭山林科园入口对面	2022.02.25	李泰辉、黄浩、黄晓晴、钟国瑞
88	87849	4075-4077	大岭山林科园入口对面	2022.02.25	李泰辉、黄浩、黄晓晴、钟国瑞
89	87850	4078-4081	大岭山林科园入口对面	2022.02.25	李泰辉、黄浩、黄晓晴、钟国瑞
90	87845	4103-4108	大岭山林科园入口对面	2022.02.26	李泰辉、黄浩、黄晓晴、钟国瑞
91	87851	0551-0565 4082-4090 8361-8372	大岭山林科园入口对面	2022.02.26	李泰辉、黄浩、黄晓晴、钟国瑞
92	87852	4091-4092	大岭山林科园入口对面	2022.02.26	李泰辉、黄浩、黄晓晴、钟国瑞
93	87853	4093-4094	大岭山林科园入口对面	2022.02.26	李泰辉、黄浩、黄晓晴、钟国瑞
94	87854	4095-4097	大岭山林科园入口对面	2022.02.26	李泰辉、黄浩、黄晓晴、钟国瑞

（续）

编号	标本号	照片编号	采集地点	采集时间	采集人
95	87855	4098-4100	大岭山林科园入口对面	2022.02.26	李泰辉、黄浩、黄晓晴、钟国瑞
96	87856	4110-4114	大岭山林科园入口对面	2022.02.26	李泰辉、黄浩、黄晓晴、钟国瑞
97	87857	4168-4170	大岭山林科园入口对面	2022.02.26	李泰辉、黄浩、黄晓晴、钟国瑞
98	87858	4171-4175	大岭山林科园入口对面	2022.02.26	李泰辉、黄浩、黄晓晴、钟国瑞
99	87861	4158-4162	大岭山林科园入口对面	2022.02.26	李泰辉、黄浩、黄晓晴、钟国瑞
100	87862	0630-0652 4164-4183	大岭山林科园入口对面	2022.02.26	李泰辉、黄浩、黄晓晴、钟国瑞
101	87863	4149-4154	大岭山林科园入口对面	2022.02.26	李泰辉、黄浩、黄晓晴、钟国瑞
102	87864	4122-4130	大岭山林科园入口对面	2022.02.26	李泰辉、黄浩、黄晓晴、钟国瑞
103	87865	4118-4121	大岭山林科园入口对面	2022.02.26	李泰辉、黄浩、黄晓晴、钟国瑞
104	87867	4211-4217	大岭山林科园入口对面	2022.02.26	李泰辉、黄浩、黄晓晴、钟国瑞
105	87873	0571-0600	大岭山林科园入口对面	2022.02.26	李泰辉、黄浩、黄晓晴、钟国瑞
106	87874	0602-0606	大岭山林科园入口对面	2022.02.26	李泰辉、黄浩、黄晓晴、钟国瑞
107	87875	4131-4134	大岭山林科园入口对面	2022.02.26	李泰辉、黄浩、黄晓晴、钟国瑞
108	87876	4135-4148	大岭山林科园入口对面	2022.02.26	李泰辉、黄浩、黄晓晴、钟国瑞
109	87892	4185-4208	大岭山林科园入口对面	2022.02.26	李泰辉、黄浩、黄晓晴、钟国瑞
110	87859	4234-4238	大岭山林科园入口对面	2022.02.27	李泰辉、黄浩、黄晓晴、钟国瑞
111	87860	0659-0669 4219-4233	大岭山林科园入口对面	2022.02.27	李泰辉、黄浩、黄晓晴、钟国瑞
112	87877	0653-0657	大岭山林科园入口对面	2022.02.27	李泰辉、黄浩、黄晓晴、钟国瑞
113	87878	4239-4245	大岭山林科园入口对面	2022.02.27	李泰辉、黄浩、黄晓晴、钟国瑞
114	87879	4252-4260	大岭山林科园入口对面	2022.02.27	李泰辉、黄浩、黄晓晴、钟国瑞
115	87880	4268-4271	大岭山林科园入口对面	2022.02.27	李泰辉、黄浩、黄晓晴、钟国瑞
116	87881	4273-4278	大岭山林科园入口对面	2022.02.27	李泰辉、黄浩、黄晓晴、钟国瑞
117	87882	4304-4309	大岭山林科园入口对面	2022.02.27	李泰辉、黄浩、黄晓晴、钟国瑞
118	87883	0689-0695 4310-4315	大岭山林科园入口对面	2022.02.27	李泰辉、黄浩、黄晓晴、钟国瑞
119	87884	4316-4323	大岭山林科园入口对面	2022.02.27	李泰辉、黄浩、黄晓晴、钟国瑞
120	87885	4325-4331	大岭山林科园入口对面	2022.02.27	李泰辉、黄浩、黄晓晴、钟国瑞
121	87886	4246-4251	大岭山林科园入口对面	2022.02.27	李泰辉、黄浩、黄晓晴、钟国瑞
122	87887	0673-0687 4261-4267	大岭山林科园入口对面	2022.02.27	李泰辉、黄浩、黄晓晴、钟国瑞
123	87893	4332-4335	大岭山林科园入口对面	2022.02.27	李泰辉、黄浩、黄晓晴、钟国瑞
124	87894	4284-4292	大岭山林科园入口对面	2022.02.27	李泰辉、黄浩、黄晓晴、钟国瑞
125	87896	4293-4298	大岭山林科园入口对面	2022.02.27	李泰辉、黄浩、黄晓晴、钟国瑞
126	87897	4299-4303	大岭山林科园入口对面	2022.02.27	李泰辉、黄浩、黄晓晴、钟国瑞
127	87906	4279-4283	大岭山林科园入口对面	2022.02.27	李泰辉、黄浩、黄晓晴、钟国瑞

（续）

编号	标本号	照片编号	采集地点	采集时间	采集人
128	87895	4336-4342	大岭山林科园入口对面	2022.02.28	李泰辉、黄浩、黄晓晴、钟国瑞
129	87898	4343-4351	大岭山林科园入口对面	2022.02.28	李泰辉、黄浩、黄晓晴、钟国瑞
130	87899	4352-4356	大岭山林科园入口对面	2022.02.28	李泰辉、黄浩、黄晓晴、钟国瑞
131	87904	4372-4375	大岭山林科园入口对面	2022.02.28	李泰辉、黄浩、黄晓晴、钟国瑞
132	87905	4366-4371	大岭山林科园入口对面	2022.02.28	李泰辉、黄浩、黄晓晴、钟国瑞
133	87907	0696-0742 4357-4365	大岭山林科园入口对面	2022.02.28	李泰辉、黄浩、黄晓晴、钟国瑞
134	88299	4705-4710	大岭山环湖绿道东段	2022.05.16	黄浩、汪士政、钟国瑞、黄晓晴
135	88301	4567-4569	大岭山环湖绿道东段	2022.05.16	黄浩、汪士政、钟国瑞、黄晓晴
136	88288	4556-4635	大岭山环湖绿道东段	2022.05.16	黄浩、汪士政、钟国瑞、黄晓晴
137	88289	8459-8465	大岭山环湖绿道东段	2022.05.16	黄浩、汪士政、钟国瑞、黄晓晴
138	88291	4560-4566	大岭山环湖绿道东段	2022.05.16	黄浩、汪士政、钟国瑞、黄晓晴
139	88302	8392-8396	大岭山环湖绿道东段	2022.05.16	黄浩、汪士政、钟国瑞、黄晓晴
140	88292	4570-4576	大岭山环湖绿道东段	2022.05.16	黄浩、汪士政、钟国瑞、黄晓晴
141	88293	4636-4642	大岭山环湖绿道东段	2022.05.16	黄浩、汪士政、钟国瑞、黄晓晴
142	88294	4571-4581	大岭山环湖绿道东段	2022.05.16	黄浩、汪士政、钟国瑞、黄晓晴
143	88303	8397-8403	大岭山环湖绿道东段	2022.05.16	黄浩、汪士政、钟国瑞、黄晓晴
144	88297	4582-4588	大岭山环湖绿道东段	2022.05.16	黄浩、汪士政、钟国瑞、黄晓晴
145	88304	8404-8408	大岭山环湖绿道东段	2022.05.16	黄浩、汪士政、钟国瑞、黄晓晴
146	88298	4589-4594	大岭山环湖绿道东段	2022.05.16	黄浩、汪士政、钟国瑞、黄晓晴
147	88305	4595-4600	大岭山环湖绿道东段	2022.05.16	黄浩、汪士政、钟国瑞、黄晓晴
148	88296	4601-4604	大岭山环湖绿道东段	2022.05.16	黄浩、汪士政、钟国瑞、黄晓晴
149	88295	4605-4744	大岭山环湖绿道东段	2022.05.16	黄浩、汪士政、钟国瑞、黄晓晴
150	88290	4701-4704	大岭山环湖绿道东段	2022.05.16	黄浩、汪士政、钟国瑞、黄晓晴
151	88306	4613-4650 8410-8415	大岭山环湖绿道东段	2022.05.16	黄浩、汪士政、钟国瑞、黄晓晴
152	88307	8416-8419	大岭山环湖绿道东段	2022.05.16	黄浩、汪士政、钟国瑞、黄晓晴
153	88308	8420-8429	大岭山环湖绿道东段	2022.05.16	黄浩、汪士政、钟国瑞、黄晓晴
154	88309	8430-8435	大岭山环湖绿道东段	2022.05.16	黄浩、汪士政、钟国瑞、黄晓晴
155	88310	4626-4631	大岭山环湖绿道东段	2022.05.16	黄浩、汪士政、钟国瑞、黄晓晴
156	88311	8436-8440	大岭山环湖绿道东段	2022.05.16	黄浩、汪士政、钟国瑞、黄晓晴
157	88312	4674-4680	大岭山环湖绿道东段	2022.05.16	黄浩、汪士政、钟国瑞、黄晓晴
158	88313	8414-8444	大岭山环湖绿道东段	2022.05.16	黄浩、汪士政、钟国瑞、黄晓晴
159	88307	4619-4625	大岭山环湖绿道东段	2022.05.16	黄浩、汪士政、钟国瑞、黄晓晴
160	88317	8445-8454	大岭山环湖绿道东段	2022.05.16	黄浩、汪士政、钟国瑞、黄晓晴
161	88300	4651-4685	大岭山环湖绿道东段	2022.05.16	黄浩、汪士政、钟国瑞、黄晓晴

（续）

编号	标本号	照片编号	采集地点	采集时间	采集人
162	88316	4670-4673	大岭山环湖绿道东段	2022.05.16	黄浩、汪士政、钟国瑞、黄晓晴
163	88315	4664-4669	大岭山环湖绿道东段	2022.05.16	黄浩、汪士政、钟国瑞、黄晓晴
164	88314	4657-4663	大岭山环湖绿道东段	2022.05.16	黄浩、汪士政、钟国瑞、黄晓晴
165	88318	4686-4689	大岭山环湖绿道东段	2022.05.16	黄浩、汪士政、钟国瑞、黄晓晴
166	88334	8471-8475	大岭山环湖绿道东段	2022.05.16	黄浩、汪士政、钟国瑞、黄晓晴
167	88321	8455-8458	大岭山环湖绿道东段	2022.05.16	黄浩、汪士政、钟国瑞、黄晓晴
168	88322	8466-8470	大岭山环湖绿道东段	2022.05.16	黄浩、汪士政、钟国瑞、黄晓晴
169	88323	8483-8489	大岭山环湖绿道东段	2022.05.16	黄浩、汪士政、钟国瑞、黄晓晴
170	88319	4695-4700	大岭山环湖绿道东段	2022.05.16	黄浩、汪士政、钟国瑞、黄晓晴
171	88328	4711-4714	大岭山环湖绿道东段	2022.05.16	黄浩、汪士政、钟国瑞、黄晓晴
172	88320	4690-4694	大岭山环湖绿道东段	2022.05.16	黄浩、汪士政、钟国瑞、黄晓晴
173	88324	8476-8482	大岭山环湖绿道东段	2022.05.16	黄浩、汪士政、钟国瑞、黄晓晴
174	88329	4719-4722	大岭山环湖绿道东段	2022.05.16	黄浩、汪士政、钟国瑞、黄晓晴
175	88325	4723-4730 8490-8495	大岭山环湖绿道东段	2022.05.16	黄浩、汪士政、钟国瑞、黄晓晴
176	88326	8496-8499	大岭山环湖绿道东段	2022.05.16	黄浩、汪士政、钟国瑞、黄晓晴
177	88327	8500-8504	大岭山环湖绿道东段	2022.05.16	黄浩、汪士政、钟国瑞、黄晓晴
178	88330	4731-4735	大岭山环湖绿道东段	2022.05.16	黄浩、汪士政、钟国瑞、黄晓晴
179	88331	4736-4739	大岭山环湖绿道东段	2022.05.16	黄浩、汪士政、钟国瑞、黄晓晴
180	88341	8505-8513	大岭山环湖绿道东段	2022.05.16	黄浩、汪士政、钟国瑞、黄晓晴
181	88332	4773-4777	大岭山环湖绿道东段	2022.05.16	黄浩、汪士政、钟国瑞、黄晓晴
182	88333	4786-4796	大岭山环湖绿道东段	2022.05.16	黄浩、汪士政、钟国瑞、黄晓晴
183	88335	4715-4718	大岭山环湖绿道东段	2022.05.16	黄浩、汪士政、钟国瑞、黄晓晴
184	88336	4751-4757	大岭山环湖绿道东段	2022.05.16	黄浩、汪士政、钟国瑞、黄晓晴
185	88337	4758-4762	大岭山环湖绿道东段	2022.05.16	黄浩、汪士政、钟国瑞、黄晓晴
186	88338	4763-4772	大岭山环湖绿道东段	2022.05.16	黄浩、汪士政、钟国瑞、黄晓晴
187	88342	8514-8517	大岭山环湖绿道东段	2022.05.16	黄浩、汪士政、钟国瑞、黄晓晴
188	88339	4778-4785	大岭山环湖绿道东段	2022.05.16	黄浩、汪士政、钟国瑞、黄晓晴
189	88340	4745-4750	大岭山环湖绿道东段	2022.05.16	黄浩、汪士政、钟国瑞、黄晓晴
190	88343	4797-4802	大岭山环湖绿道东段	2022.05.16	黄浩、汪士政、钟国瑞、黄晓晴
191	88344	4803-4806	大岭山白石山景区	2022.05.17	黄浩、汪士政、钟国瑞、黄晓晴
192	88345	4824-4829	大岭山白石山景区	2022.05.17	黄浩、汪士政、钟国瑞、黄晓晴
193	88346	4830-4834	大岭山白石山景区	2022.05.17	黄浩、汪士政、钟国瑞、黄晓晴
194	88347	4819-4823	大岭山白石山景区	2022.05.17	黄浩、汪士政、钟国瑞、黄晓晴
195	88348	4814-4818	大岭山白石山景区	2022.05.17	黄浩、汪士政、钟国瑞、黄晓晴
196	88349	4807-4813	大岭山白石山景区	2022.05.17	黄浩、汪士政、钟国瑞、黄晓晴
197	88367	4840-4845	大岭山白石山景区	2022.05.17	黄浩、汪士政、钟国瑞、黄晓晴

（续）

编号	标本号	照片编号	采集地点	采集时间	采集人
198	88366	4835-4839	大岭山白石山景区	2022.05.17	黄浩、汪士政、钟国瑞、黄晓晴
199	88365	4846-4854	大岭山白石山景区	2022.05.17	黄浩、汪士政、钟国瑞、黄晓晴
200	88364	4856-4862	大岭山白石山景区	2022.05.17	黄浩、汪士政、钟国瑞、黄晓晴
201	88363	4914-4918	大岭山白石山景区	2022.05.17	黄浩、汪士政、钟国瑞、黄晓晴
202	88362	4870-4876	大岭山白石山景区	2022.05.17	黄浩、汪士政、钟国瑞、黄晓晴
203	88361	4893-4897	大岭山白石山景区	2022.05.17	黄浩、汪士政、钟国瑞、黄晓晴
204	88360	4903-4913	大岭山白石山景区	2022.05.17	黄浩、汪士政、钟国瑞、黄晓晴
205	88359	4951-4955 4967-4970	大岭山白石山景区	2022.05.17	黄浩、汪士政、钟国瑞、黄晓晴
206	88358	4898-4902	大岭山白石山景区	2022.05.17	黄浩、汪士政、钟国瑞、黄晓晴
207	88357	8524-8528	大岭山白石山景区	2022.05.17	黄浩、汪士政、钟国瑞、黄晓晴
208	88350	8518-8531	大岭山白石山景区	2022.05.17	黄浩、汪士政、钟国瑞、黄晓晴
209	88351	8532-8535	大岭山白石山景区	2022.05.17	黄浩、汪士政、钟国瑞、黄晓晴
210	88352	8536-8541	大岭山白石山景区	2022.05.17	黄浩、汪士政、钟国瑞、黄晓晴
211	88353	8601-8606	大岭山白石山景区	2022.05.17	黄浩、汪士政、钟国瑞、黄晓晴
212	88355	8596-8600	大岭山白石山景区	2022.05.17	黄浩、汪士政、钟国瑞、黄晓晴
213	88356	8542-8548	大岭山白石山景区	2022.05.17	黄浩、汪士政、钟国瑞、黄晓晴
214	88354	8552-8559	大岭山白石山景区	2022.05.17	黄浩、汪士政、钟国瑞、黄晓晴
215	88368	8592-8595	大岭山白石山景区	2022.05.17	黄浩、汪士政、钟国瑞、黄晓晴
216	88370	8581-8584	大岭山白石山景区	2022.05.17	黄浩、汪士政、钟国瑞、黄晓晴
217	88374	8560-8563	大岭山白石山景区	2022.05.17	黄浩、汪士政、钟国瑞、黄晓晴
218	88373	8564-8569	大岭山白石山景区	2022.05.17	黄浩、汪士政、钟国瑞、黄晓晴
219	88371	4863-4869 8570-8580	大岭山白石山景区	2022.05.17	黄浩、汪士政、钟国瑞、黄晓晴
220	88372	8585-8591	大岭山白石山景区	2022.05.17	黄浩、汪士政、钟国瑞、黄晓晴
221	88369	4877-4886	大岭山白石山景区	2022.05.17	黄浩、汪士政、钟国瑞、黄晓晴
222	88375	4855-4892	大岭山白石山景区	2022.05.17	黄浩、汪士政、钟国瑞、黄晓晴
223	88383	8607-8616	大岭山白石山景区	2022.05.17	黄浩、汪士政、钟国瑞、黄晓晴
224	88382	8617-8622	大岭山白石山景区	2022.05.17	黄浩、汪士政、钟国瑞、黄晓晴
225	88381	4927-4931	大岭山白石山景区	2022.05.17	黄浩、汪士政、钟国瑞、黄晓晴
226	88380	4946-4950	大岭山白石山景区	2022.05.17	黄浩、汪士政、钟国瑞、黄晓晴
227	88376	4919-4926	大岭山白石山景区	2022.05.17	黄浩、汪士政、钟国瑞、黄晓晴
228	88377	4932-4934	大岭山白石山景区	2022.05.17	黄浩、汪士政、钟国瑞、黄晓晴
229	88384	4935-4945	大岭山白石山景区	2022.05.17	黄浩、汪士政、钟国瑞、黄晓晴
230	88378	8623-8627	大岭山白石山景区	2022.05.17	黄浩、汪士政、钟国瑞、黄晓晴
231	88379	8629-8633	大岭山白石山景区	2022.05.17	黄浩、汪士政、钟国瑞、黄晓晴
232	88386	4961-4966 8644-8650	大岭山白石山景区	2022.05.17	黄浩、汪士政、钟国瑞、黄晓晴

（续）

编号	标本号	照片编号	采集地点	采集时间	采集人
233	88387	8628-8638	大岭山白石山景区	2022.05.17	黄浩、汪士政、钟国瑞、黄晓晴
234	88388	8639-8643	大岭山厚街广场	2022.05.17	黄浩、汪士政、钟国瑞、黄晓晴
235	88395	8676-8680	大岭山厚街广场	2022.05.17	黄浩、汪士政、钟国瑞、黄晓晴
236	88396	8657-8662	大岭山厚街广场	2022.05.17	黄浩、汪士政、钟国瑞、黄晓晴
237	88398	8651-8656	大岭山厚街广场	2022.05.17	黄浩、汪士政、钟国瑞、黄晓晴
238	88399	4971-4976	大岭山厚街广场	2022.05.17	黄浩、汪士政、钟国瑞、黄晓晴
239	88389	4956-4960	大岭山厚街广场	2022.05.17	黄浩、汪士政、钟国瑞、黄晓晴
240	88391	4988-4993	大岭山厚街广场	2022.05.17	黄浩、汪士政、钟国瑞、黄晓晴
241	88393	4994-5002	大岭山厚街广场	2022.05.17	黄浩、汪士政、钟国瑞、黄晓晴
242	88400	5003-5006	大岭山厚街广场	2022.05.17	黄浩、汪士政、钟国瑞、黄晓晴
243	88401	5007-5008	大岭山厚街广场	2022.05.17	黄浩、汪士政、钟国瑞、黄晓晴
244	88390	4977-4982	大岭山厚街广场	2022.05.17	黄浩、汪士政、钟国瑞、黄晓晴
245	88392	4983-4987	大岭山厚街广场	2022.05.17	黄浩、汪士政、钟国瑞、黄晓晴
246	88394	8663-8670	大岭山厚街广场	2022.05.17	黄浩、汪士政、钟国瑞、黄晓晴
247	88397	8671-8675	大岭山厚街广场	2022.05.17	黄浩、汪士政、钟国瑞、黄晓晴
248	88385	5009-5017	大岭山翠绿步径	2022.05.18	汪士政、钟国瑞、黄晓晴
249	88409	8681-8685	大岭山翠绿步径	2022.05.18	汪士政、钟国瑞、黄晓晴
250	88411	8686-8691	大岭山翠绿步径	2022.05.18	汪士政、钟国瑞、黄晓晴
251	88408	5044-5048	大岭山翠绿步径	2022.05.18	汪士政、钟国瑞、黄晓晴
252	88410	5023-5032	大岭山翠绿步径	2022.05.18	汪士政、钟国瑞、黄晓晴
253	88412	8692-8696	大岭山翠绿步径	2022.05.18	汪士政、钟国瑞、黄晓晴
254	88413	5033-5038	大岭山翠绿步径	2022.05.18	汪士政、钟国瑞、黄晓晴
255	88415	8697-8702	大岭山翠绿步径	2022.05.18	汪士政、钟国瑞、黄晓晴
256	88414	8703-8708	大岭山翠绿步径	2022.05.18	汪士政、钟国瑞、黄晓晴
257	88421	8709-8712	大岭山翠绿步径	2022.05.18	汪士政、钟国瑞、黄晓晴
258	88416	8713-8718	大岭山翠绿步径	2022.05.18	汪士政、钟国瑞、黄晓晴
259	88404	5049-5056	大岭山翠绿步径	2022.05.18	汪士政、钟国瑞、黄晓晴
260	88405	5073-5077	大岭山翠绿步径	2022.05.18	汪士政、钟国瑞、黄晓晴
261	88406	5057-5064	大岭山翠绿步径	2022.05.18	汪士政、钟国瑞、黄晓晴
262	88407	5018-5022	大岭山翠绿步径	2022.05.18	汪士政、钟国瑞、黄晓晴
263	88403	5039-5043	大岭山翠绿步径	2022.05.18	汪士政、钟国瑞、黄晓晴
264	88402	5065-5072	大岭山翠绿步径	2022.05.18	汪士政、钟国瑞、黄晓晴
265	88417	8719-8722	大岭山翠绿步径	2022.05.18	汪士政、钟国瑞、黄晓晴
266	88418	8723-8727	大岭山翠绿步径	2022.05.18	汪士政、钟国瑞、黄晓晴
267	88419	8728-8735	大岭山翠绿步径	2022.05.18	汪士政、钟国瑞、黄晓晴
268	88420	5078-5080 8736-8742	大岭山翠绿步径	2022.05.18	汪士政、钟国瑞、黄晓晴

编号	标本号	照片编号	采集地点	采集时间	采集人
269	88430	8743-8749	大岭山翠绿步径	2022.05.18	汪士政、钟国瑞、黄晓晴
270	88422	5111-5117	大岭山翠绿步径	2022.05.18	汪士政、钟国瑞、黄晓晴
271	88431	8750-8755	大岭山翠绿步径	2022.05.18	汪士政、钟国瑞、黄晓晴
272	88432	8756-8760	大岭山翠绿步径	2022.05.18	汪士政、钟国瑞、黄晓晴
273	88433	8775-8780	大岭山翠绿步径	2022.05.18	汪士政、钟国瑞、黄晓晴
274	88434	8781-8788	大岭山翠绿步径	2022.05.18	汪士政、钟国瑞、黄晓晴
275	88429	5081-5086	大岭山翠绿步径	2022.05.18	汪士政、钟国瑞、黄晓晴
276	88428	5095-5100	大岭山翠绿步径	2022.05.18	汪士政、钟国瑞、黄晓晴
277	88427	5101-5110	大岭山翠绿步径	2022.05.18	汪士政、钟国瑞、黄晓晴
278	88426	5132-5137	大岭山翠绿步径	2022.05.18	汪士政、钟国瑞、黄晓晴
279	88425	5118-5122	大岭山翠绿步径	2022.05.18	汪士政、钟国瑞、黄晓晴
280	88424	5087-5094	大岭山翠绿步径	2022.05.18	汪士政、钟国瑞、黄晓晴
281	88423	5123-5131	大岭山翠绿步径	2022.05.18	汪士政、钟国瑞、黄晓晴
282	88444	5189-5193	大岭山翠绿步径	2022.05.18	汪士政、钟国瑞、黄晓晴
283	88443	5183-5188	大岭山翠绿步径	2022.05.18	汪士政、钟国瑞、黄晓晴
284	88442	5170-5176	大岭山翠绿步径	2022.05.18	汪士政、钟国瑞、黄晓晴
285	88441	5177-5182	大岭山翠绿步径	2022.05.18	汪士政、钟国瑞、黄晓晴
286	88440	5160-5169	大岭山翠绿步径	2022.05.18	汪士政、钟国瑞、黄晓晴
287	88439	5153-5159	大岭山翠绿步径	2022.05.18	汪士政、钟国瑞、黄晓晴
288	88438	5146-5152	大岭山翠绿步径	2022.05.18	汪士政、钟国瑞、黄晓晴
289	88437	5138-5145	大岭山翠绿步径	2022.05.18	汪士政、钟国瑞、黄晓晴
290	88435	8770-8774	大岭山翠绿步径	2022.05.18	汪士政、钟国瑞、黄晓晴
291	88436	8761-8769	大岭山翠绿步径	2022.05.18	汪士政、钟国瑞、黄晓晴
292	88445	8789-8794	大岭山翠绿步径	2022.05.18	汪士政、钟国瑞、黄晓晴
293	88446	8795-8805	大岭山翠绿步径	2022.05.18	汪士政、钟国瑞、黄晓晴
294	88449	5210-5221	大岭山翠绿步径	2022.05.18	汪士政、钟国瑞、黄晓晴
295	88448	5203-5209	大岭山翠绿步径	2022.05.18	汪士政、钟国瑞、黄晓晴
296	88447	5222-5227 8806-8808	大岭山翠绿步径	2022.05.18	汪士政、钟国瑞、黄晓晴
297	88450	5194-5199	大岭山翠绿步径	2022.05.18	汪士政、钟国瑞、黄晓晴
298	88451	5228-5233	大岭山长安广场	2022.05.19	汪士政、钟国瑞、黄晓晴
299	88464	8809-8813	大岭山长安广场	2022.05.19	汪士政、钟国瑞、黄晓晴
300	88453	5234-5241	大岭山长安广场	2022.05.19	汪士政、钟国瑞、黄晓晴
301	88458	8814-8820	大岭山长安广场	2022.05.19	汪士政、钟国瑞、黄晓晴
302	88459	8821-8828	大岭山长安广场	2022.05.19	汪士政、钟国瑞、黄晓晴
303	88460	8829-8835	大岭山长安广场	2022.05.19	汪士政、钟国瑞、黄晓晴
304	88457	5255-5264	大岭山长安广场	2022.05.19	汪士政、钟国瑞、黄晓晴

（续）

编号	标本号	照片编号	采集地点	采集时间	采集人
305	88452	5265-5271	大岭山长安广场	2022.05.19	汪士政、钟国瑞、黄晓晴
306	88461	8836-8842	大岭山长安广场	2022.05.19	汪士政、钟国瑞、黄晓晴
307	88454	5272-5276	大岭山长安广场	2022.05.19	汪士政、钟国瑞、黄晓晴
308	88455	5249-5254	大岭山长安广场	2022.05.19	汪士政、钟国瑞、黄晓晴
309	88456	5242-5248	大岭山长安广场	2022.05.19	汪士政、钟国瑞、黄晓晴
310	88462	8843-8850	大岭山林科园	2022.05.19	汪士政、钟国瑞、黄晓晴
311	88463	5285-5290	大岭山长安广场	2022.05.19	汪士政、钟国瑞、黄晓晴
312	88465	5310-5315	大岭山林科园	2022.05.19	汪士政、钟国瑞、黄晓晴
313	88466	5305-5309	大岭山林科园	2022.05.19	汪士政、钟国瑞、黄晓晴
314	88468	5291-5295	大岭山林科园	2022.05.19	汪士政、钟国瑞、黄晓晴
315	88471	8851-8855	大岭山林科园	2022.05.19	汪士政、钟国瑞、黄晓晴
316	88472	8856-8861	大岭山林科园	2022.05.19	汪士政、钟国瑞、黄晓晴
317	88473	8862-8868	大岭山林科园	2022.05.19	汪士政、钟国瑞、黄晓晴
318	88479	8893-8897	大岭山林科园	2022.05.19	汪士政、钟国瑞、黄晓晴
319	88477	8869-8872	大岭山林科园	2022.05.19	汪士政、钟国瑞、黄晓晴
320	88476	5316-5322 8873-8875	大岭山林科园	2022.05.19	汪士政、钟国瑞、黄晓晴
321	88469	5297-5304	大岭山林科园	2022.05.19	汪士政、钟国瑞、黄晓晴
322	88470	5277-5284	大岭山林科园	2022.05.19	汪士政、钟国瑞、黄晓晴
323	88488	5333-5337	大岭山林科园	2022.05.19	汪士政、钟国瑞、黄晓晴
324	88489	5338-5345	大岭山林科园	2022.05.19	汪士政、钟国瑞、黄晓晴
325	88490	5328-5332	大岭山林科园	2022.05.19	汪士政、钟国瑞、黄晓晴
326	88474	8876-8881	大岭山林科园	2022.05.19	汪士政、钟国瑞、黄晓晴
327	88475	8882-8887	大岭山林科园	2022.05.19	汪士政、钟国瑞、黄晓晴
328	88478	8888-8892	大岭山林科园	2022.05.19	汪士政、钟国瑞、黄晓晴
329	88467	5323-5327	大岭山林科园	2022.05.19	汪士政、钟国瑞、黄晓晴
330	88480	8898-8903	大岭山林科园	2022.05.19	汪士政、钟国瑞、黄晓晴
331	88482	8904-8909	大岭山林科园	2022.05.19	汪士政、钟国瑞、黄晓晴
332	88484	8910-8918	大岭山林科园	2022.05.19	汪士政、钟国瑞、黄晓晴
333	88491	8919-8923	杨屋马鞍山生态公园	2022.05.20	汪士政、钟国瑞、黄晓晴
334	88487	5351-5366	杨屋马鞍山生态公园	2022.05.20	汪士政、钟国瑞、黄晓晴
335	88492	8924-8928	杨屋马鞍山生态公园	2022.05.20	汪士政、钟国瑞、黄晓晴
336	88493	8929-8933	杨屋马鞍山生态公园	2022.05.20	汪士政、钟国瑞、黄晓晴
337	88485	8934-8942	杨屋马鞍山生态公园	2022.05.20	汪士政、钟国瑞、黄晓晴
338	88494	8943-8949	杨屋马鞍山生态公园	2022.05.20	汪士政、钟国瑞、黄晓晴
339	88495	8950-8955	杨屋马鞍山生态公园	2022.05.20	汪士政、钟国瑞、黄晓晴
340	88483	5370-5376	杨屋马鞍山生态公园	2022.05.20	汪士政、钟国瑞、黄晓晴

（续）

编号	标本号	照片编号	采集地点	采集时间	采集人
341	88496	5377-5384	杨屋马鞍山生态公园	2022.05.20	汪士政、钟国瑞、黄晓晴
342	88497	5417-5241	杨屋马鞍山生态公园	2022.05.20	汪士政、钟国瑞、黄晓晴
343	88498	5405-5410	杨屋马鞍山生态公园	2022.05.20	汪士政、钟国瑞、黄晓晴
344	88499	5392-5397	杨屋马鞍山生态公园	2022.05.20	汪士政、钟国瑞、黄晓晴
345	88500	5385-5391	杨屋马鞍山生态公园	2022.05.20	汪士政、钟国瑞、黄晓晴
346	88486	5347-5350	杨屋马鞍山生态公园	2022.05.20	汪士政、钟国瑞、黄晓晴
347	88502	8956-8962	杨屋马鞍山生态公园	2022.05.20	汪士政、钟国瑞、黄晓晴
348	88503	8969-8972	杨屋马鞍山生态公园	2022.05.20	汪士政、钟国瑞、黄晓晴
349	88504	8973-8984	杨屋马鞍山生态公园	2022.05.20	汪士政、钟国瑞、黄晓晴
350	88481	5367-5369	杨屋马鞍山生态公园	2022.05.20	汪士政、钟国瑞、黄晓晴
351	88505	8978-8981	杨屋马鞍山生态公园	2022.05.20	汪士政、钟国瑞、黄晓晴
352	88506	5398-5416	杨屋马鞍山生态公园	2022.05.20	汪士政、钟国瑞、黄晓晴
353	88507	8985-8990	杨屋马鞍山生态公园	2022.05.20	汪士政、钟国瑞、黄晓晴
354	88508	8991-8993	杨屋马鞍山生态公园	2022.05.20	汪士政、钟国瑞、黄晓晴
355	88509	8994-8997	杨屋马鞍山生态公园	2022.05.20	汪士政、钟国瑞、黄晓晴
356	88510	5422-5427	杨屋马鞍山生态公园	2022.05.20	汪士政、钟国瑞、黄晓晴
357	89791	2732-2744	大岭山	2022.06.22	张明、汪士政、黄晓晴
358	89783	0083-0087	大岭山观音寺	2022.06.22	张明、汪士政、黄晓晴
359	89772	0075-0082	大岭山环湖步道南段	2022.06.22	张明、汪士政、黄晓晴
360	89771	0070-0074	大岭山环湖步道南段	2022.06.22	张明、汪士政、黄晓晴
361	89779	2721-2726	大岭山环湖步道南段	2022.06.22	张明、汪士政、黄晓晴
362	89770	0065-0069	大岭山环湖步道南段	2022.06.22	张明、汪士政、黄晓晴
363	89780	2705-2707	大岭山樱园	2022.06.22	张明、汪士政、黄晓晴
364	89778	2698-2703	大岭山樱园	2022.06.22	张明、汪士政、黄晓晴
365	89777	2681-2689	大岭山	2022.06.22	张明、汪士政、黄晓晴
366	89765	0026-0030	大岭山珍稀植物园	2022.06.22	张明、汪士政、黄晓晴
367	89764	0020-0025	大岭山珍稀植物园	2022.06.22	张明、汪士政、黄晓晴
368	89763	0016-0019	大岭山珍稀植物园	2022.06.22	张明、汪士政、黄晓晴
369	89754	2675-2680	大岭山	2022.06.22	张明、汪士政、黄晓晴
370	89756	2663-2669	大岭山	2022.06.22	张明、汪士政、黄晓晴
371	89782	2690-2697	大岭山	2022.06.22	张明、汪士政、黄晓晴
372	89755	2659-2662	大岭山	2022.06.22	张明、汪士政、黄晓晴
373	89753	2639-2644	大岭山	2022.06.22	张明、汪士政、黄晓晴
374	89757	2648-2658	大岭山	2022.06.22	张明、汪士政、黄晓晴
375	89768	0052-0056	大岭山珍稀植物园	2022.06.22	张明、汪士政、黄晓晴
376	89752	0049-0051	大岭山珍稀植物园	2022.06.22	张明、汪士政、黄晓晴
377	89767	0042-0046	大岭山珍稀植物园	2022.06.22	张明、汪士政、黄晓晴

（续）

编号	标本号	照片编号	采集地点	采集时间	采集人
378	89769	0057-0061	大岭山环湖步道南段	2022.06.22	张明、汪士政、黄晓晴
379	89751	2585-2589	大岭山珍稀植物园	2022.06.22	张明、汪士政、黄晓晴
380	89750	2627-2631	大岭山	2022.06.22	张明、汪士政、黄晓晴
381	89748	2615-2620	大岭山	2022.06.22	张明、汪士政、黄晓晴
382	89749	2621-2626	大岭山	2022.06.22	张明、汪士政、黄晓晴
383	89766	0035-0041	大岭山珍稀植物园	2022.06.22	张明、汪士政、黄晓晴
384	89747	2608-2614	大岭山樱园	2022.06.22	张明、汪士政、黄晓晴
385	89746	2579-2584	大岭山珍稀植物园	2022.06.22	张明、汪士政、黄晓晴
386	89745	2575-2578	大岭山珍稀植物园	2022.06.22	张明、汪士政、黄晓晴
387	89758	2561-2574	大岭山珍稀植物园	2022.06.22	张明、汪士政、黄晓晴
388	89759	0553-2560	大岭山珍稀植物园	2022.06.22	张明、汪士政、黄晓晴
389	89762	0013-0015 2541-2547	大岭山珍稀植物园	2022.06.22	张明、汪士政、黄晓晴
390	89760	2536-2540	大岭山	2022.06.22	张明、汪士政、黄晓晴
391	89761	2529-2535	大岭山	2022.06.22	张明、汪士政、黄晓晴
392	89744	2522-2528 0008-0012	大岭山珍稀植物园	2022.06.22	张明、汪士政、黄晓晴
393	89786	0122-0126	大岭山大溪步道	2022.06.23	张明、汪士政、黄晓晴
394	89806	2804-2809	大岭山大溪步道	2022.06.23	张明、汪士政、黄晓晴
395	89803	2820-2833	大岭山大溪步道	2022.06.23	张明、汪士政、黄晓晴
396	89795	2799-2803	大岭山大溪步道	2022.06.23	张明、汪士政、黄晓晴
397	89785	0118-0121 2810-2819	大岭山大溪步道	2022.06.23	张明、汪士政、黄晓晴
398	89784	0113-0117	大岭山大溪步道	2022.06.23	张明、汪士政、黄晓晴
399	89781	2769-2772	大岭山灯心塘	2022.06.23	张明、汪士政、黄晓晴
400	89799	2787-2791	大岭山大溪步道	2022.06.23	张明、汪士政、黄晓晴
401	89800	2792-2798 2836-2842	大岭山大溪步道	2022.06.23	张明、汪士政、黄晓晴
402	89798	2777-2786	大岭山灯心塘	2022.06.23	张明、汪士政、黄晓晴
403	89775	0108-0112	大岭山灯心塘	2022.06.23	张明、汪士政、黄晓晴
404	89797	0104-0107	大岭山灯心塘	2022.06.23	张明、汪士政、黄晓晴
405	89796	2773-2776	大岭山灯心塘	2022.06.23	张明、汪士政、黄晓晴
406	89794	2757-2768	大岭山灯心塘	2022.06.23	张明、汪士政、黄晓晴
407	89776	0098-0102	大岭山灯心塘	2022.06.23	张明、汪士政、黄晓晴
408	89774	0094-0097	大岭山灯心塘	2022.06.23	张明、汪士政、黄晓晴
409	89773	0091-0093	大岭山灯心塘	2022.06.23	张明、汪士政、黄晓晴
410	89793	2753-2756	大岭山灯心塘	2022.06.23	张明、汪士政、黄晓晴

（续）

编号	标本号	照片编号	采集地点	采集时间	采集人
411	89792	2745-2752	大岭山灯心塘	2022.06.23	张明、汪士政、黄晓晴
412	89822	2944-2956	大岭山	2022.06.24	张明、汪士政、黄晓晴
413	89823	2934-2943	大岭山	2022.06.24	张明、汪士政、黄晓晴
414	89819	2924-2933	大岭山	2022.06.24	张明、汪士政、黄晓晴
415	89818	2916-2923	大岭山	2022.06.24	张明、汪士政、黄晓晴
416	89816	2910-2915	大岭山	2022.06.24	张明、汪士政、黄晓晴
417	89815	2903-2909	大岭山	2022.06.24	张明、汪士政、黄晓晴
418	89814	2894-2902	大岭山	2022.06.24	张明、汪士政、黄晓晴
419	89817	2886-2893	大岭山	2022.06.24	张明、汪士政、黄晓晴
420	89808	0157-0161	大岭山	2022.06.24	张明、汪士政、黄晓晴
421	89807	0149-0153	大岭山	2022.06.24	张明、汪士政、黄晓晴
422	89790	0141-0145	大岭山	2022.06.24	张明、汪士政、黄晓晴
423	89789	0136-0140	大岭山	2022.06.24	张明、汪士政、黄晓晴
424	89788	0131-0135	大岭山	2022.06.24	张明、汪士政、黄晓晴
425	89813	2883-2885	大岭山	2022.06.24	张明、汪士政、黄晓晴
426	89804	2876-2882	大岭山	2022.06.24	张明、汪士政、黄晓晴
427	89801	2859-2865	大岭山	2022.06.24	张明、汪士政、黄晓晴
428	89802	2866-2875	大岭山	2022.06.24	张明、汪士政、黄晓晴
429	89787	0127-0130	大岭山	2022.06.24	张明、汪士政、黄晓晴
430	89805	2851-2859	大岭山	2022.06.24	张明、汪士政、黄晓晴
431	89669	6836-6844	大岭山碧幽谷	2022.7.20	钟国瑞、杨心宇
432	89671	6818-6835	大岭山碧幽谷	2022.7.20	钟国瑞、杨心宇
433	89672	6752-6769	大岭山碧幽谷	2022.7.20	钟国瑞、杨心宇
434	89673	6782-6802	大岭山碧幽谷	2022.7.20	钟国瑞、杨心宇
435	89674	6803-6817	大岭山碧幽谷	2022.7.20	钟国瑞、杨心宇
436	89675	6726-6737	大岭山碧幽谷	2022.7.20	钟国瑞、杨心宇
437	89677	6710-6714	大岭山碧幽谷	2022.7.20	钟国瑞、杨心宇
438	89678	6715-6720	大岭山碧幽谷	2022.7.20	钟国瑞、杨心宇
439	89679	6721-6725	大岭山碧幽谷	2022.7.20	钟国瑞、杨心宇
440	89724	6738-6750	大岭山碧幽谷	2022.7.20	钟国瑞、杨心宇
441	89725	6770-6781	大岭山碧幽谷	2022.7.20	钟国瑞、杨心宇
442	89661	6952-5956	大岭山茶山顶	2022.7.21	钟国瑞、杨心宇
443	89662	6947-6958	大岭山茶山顶	2022.7.21	钟国瑞、杨心宇
444	89664	6931-6939	大岭山茶山顶	2022.7.21	钟国瑞、杨心宇
445	89665	6940-6944	大岭山茶山顶	2022.7.21	钟国瑞、杨心宇
446	89667	6910-6918	大岭山茶山顶	2022.7.21	钟国瑞、杨心宇
447	89668	6923-6930	大岭山茶山顶	2022.7.21	钟国瑞、杨心宇

（续）

编号	标本号	照片编号	采集地点	采集时间	采集人
448	89666	6898-6909	大岭山茶山顶	2022.7.21	钟国瑞、杨心宇
449	89670	6848-6895	大岭山茶山顶	2022.7.21	钟国瑞、杨心宇
450	89660	6980-6991	大岭山大板水库	2022.7.22	钟国瑞、杨心宇
451	89655	7006-7014	大岭山大板水库	2022.7.22	钟国瑞、杨心宇
452	89663	6959-6961	大岭山大板水库	2022.7.22	钟国瑞、杨心宇
453	89656	6997-7005	大岭山大板水库	2022.7.22	钟国瑞、杨心宇
454	89657	6993-6996	大岭山大板水库	2022.7.22	钟国瑞、杨心宇
455	89658	6962-6969	大岭山大板水库	2022.7.22	钟国瑞、杨心宇
456	89659	6970-6979	大岭山大板水库	2022.7.22	钟国瑞、杨心宇

附录5 东莞市大岭山森林公园昆虫名录

序号	中文名	学名
鳞翅目 LEPIDOPTERA		
蛱蝶科 Nymphalidae		
1	蛇眼蛱蝶	*Junonia lemonias*
2	窄斑凤尾蛱蝶	*Polyura athamas*
3	波蛱蝶	*Nymphalidae*
4	螯蛱蝶	*Charaxinae* sp.
5	网丝蛱蝶	*Cyrestis thyodamas*
6	斐豹蛱蝶	*Argynnis hyperbius*
7	黄钩蛱蝶	*Polygonia c-aureum*
8	散纹盛蛱蝶	*Symbrenthia lilaea*
9	大二尾蛱蝶	*Polyura eudamippus*
10	尖翅翠蛱蝶	*Euthalia phemius*
11	黑脉蛱蝶	*Hestina assimilis*
12	穆蛱蝶	*Moduza procris*
13	金斑蛱蝶	*Hypolimnas misippus*
14	幻紫斑蛱蝶	*Hypolimnas bolina*
15	大红蛱蝶	*Vanessa indica*
16	琉璃蛱蝶	*Kaniska canace*
17	美眼蛱蝶	*Junonia almana*
18	白带螯蛱蝶	*Charaxes bernardus*
环蝶科 Amathusiidae		
19	串珠环蝶	*Faunis eumeus*
20	凤眼方环蝶	*Discophora sondaica*
斑蝶科 Danaidae		
21	幻紫斑蝶	*Euploea core*
22	虎斑蝶	*Danaus genutia*
23	金斑蝶	*Danaus chrysippus*
24	青斑蝶	*Tirumala limniace*
25	黑绢斑蝶	*Parantica melaneus*
26	蓝点紫斑蝶	*Euploea midamus*
灰蝶科 Lycaenidae		
27	棕灰蝶	*Euchrysops cnejus*
28	德拉彩灰蝶	*Heliophorus delacouri*
29	酢浆灰蝶	*Pseudozizeeria maha*
30	霓纱燕灰蝶	*Rapala nissa*
31	亮灰蝶	*Lampides boeticus*
32	曲纹紫灰蝶	*Chilades pandava*
33	雅灰蝶	*Jamides bochus*
粉蝶科 Pieridae		
34	报喜斑粉蝶	*Delias pasithoe*
35	菜粉蝶	*Pieris rapae*
36	迁粉蝶	*Catopsilia pomona*
37	宽边黄粉蝶	*Eurema hecabe*
38	鹤顶粉蝶	*Hebomoia glaucippe*
39	檗黄粉蝶	*Terias blanda*
40	黑脉园粉蝶	*Cepora nerissa*
41	飞龙粉蝶	*Talbotia naganum*
42	青园粉蝶	*Cepora nadina*
43	橙粉蝶	*Ixias pyrene*

（续）

序号	中文名	学名	序号	中文名	学名
蚬蝶科 Riodinidae			72	鹰三角尺蛾	*Zanclopera falcata*
44	蛇目褐蚬蝶	*Abisara echerius*	73	丽斑尺蛾	*Berta chrysolineata*
45	波蚬蝶	*Zemeros flegyas*	74	岩尺蛾	*Scopula benitaria*
天蚕蛾科 Saturniidae			75	皮鹿尺蛾	*Psilalcis galsworthyi*
46	宁波尾天蚕蛾	*Actias ningpoana*	76	大钩翅尺蛾	*Hyposidra talaca*
47	眉纹天蚕蛾（王氏樗蚕）	*Samia cynthia*	77	黄褐尖尾尺蛾	*Zanclopera falcata*
斑蛾科 Zygaenidae			**天蛾科 Sphingidae**		
48	茶斑蛾	*Eterusia aedea Linnaeus*	78	赭斜纹天蛾	*Theretra pallicosta*
49	华庆锦斑蛾	*Erasmia pulchella*	79	双斑天蛾	*Enpinanga assamensis*
50	蓝宝烂斑蛾	*Clelea sapphirina*	80	黄点缺角天蛾	*Acosmeryx shervillii*
尺蛾科 Geometridae			81	绒绿天蛾	*Angonyx testacea*
51	虎纹长翅尺蛾	*Obeidia tigrata*	82	湖南长喙天蛾	*Macroglossum fritzei*
52	豹尺蛾	*Dysphania militaris Linnaeus*	83	黑长喙天蛾	*Macroglossum pyrrhosticta*
53	雪尾尺蛾	*Ourapteryx nivea*	84	长喙天蛾	*Macroglossum* sp.
54	海绿尺蛾	*Pelagodes antiquadraia*	**舟蛾科 Notodontidae**		
55	白星绿尺蛾	*Berta chrysolineata*	85	黄钩翅舟蛾	*Gangarides flavescens*
56	金星尺蛾	*Abraxas* sp.	**螟蛾科 Pyralidae**		
57	黄缘丸尺蛾	*Plutodes costatus*	86	黄野螟	*Heortia vitessoides*
58	丸尺蛾	*Plutodes flaverscens*	87	蓝灰光野螟	*Lamprophaia ablactalis*
59	暗绿尺蛾	*Comibaena fuscidorsata*	88	小绢须野螟	*Palpita parvifraterna*
60	灵亚四目绿尺蛾	*Comibaena meritaria*	89	赤巢蛾	*Hypsopygia pelasgalis*
61	丰艳青尺蛾	*Agathia quinaria*	90	蜂巢螟蛾	*Hypsopygia postflava*
62	黄缘丸尺蛾	*Plutodes warren*	**毒蛾科 Lymantriidae**		
63	三角璃尺蛾	*Kranandra latimarginaria*	91	奥毒蛾	*Orvasca* subnotata
64	柑橘尺蛾	*Hyposidra talaca*	92	蓖麻黄毒蛾	*Euproctis cryptosticta*
65	姬尺蛾属某种	*Idaea cervantaria*	**灯蛾科 Arctiidae**		
66	索管尺蛾	*Lophophelma funebrosa*	93	伊贝鹿蛾	*Ceozv imaon*
67	双斑钩尺蛾	*Luxiaria mitorrhaphes*	94	土苔蛾	*Eilema* sp.
68	泛尺蛾	*Orthonama obstipata*	95	丽美苔蛾	*Miltochrista* sp.
69	狭斑丸尺蛾	*Plutodes flavescens*	96	八点灰灯蛾	*Creatonotos transiens*
70	尕拟霜尺蛾	*Psilalcis galsworthyi*	97	粉蝶灯蛾	*Nyctemera adversata*
71	岩尺蛾	*Scopula benitaria*			

207

（续）

序号	中文名	学名	序号	中文名	学名
菜蛾科 Plutellidae			125	长斑幻夜蛾	*Sasunaga longiplaga*
98	小菜蛾	*Plutella xylostella*	126	旋皮夜蛾	*Eligma narcissus*
弄蝶科 Hesperiidae			127	线委夜蛾	*Athetis lineosa*
99	雅弄蝶	*Iambrix salsala*	128	客散纹夜蛾	*Callopistria exotica*
100	旖弄蝶	*Isoteinon lamprospilus*	129	南方锞纹夜蛾	*Chrysodeixis eriosoma*
101	绿弄蝶	*Choaspes benjaminii*	130	赭肾厚角夜蛾	*Hadennia mysalis*
102	直纹稻弄蝶	*Parnara guttata*	131	实毛胫夜蛾	*Mocis frugalis*
凤蝶科 Papilionidae			132	白斑修虎蛾	*Sarbanissa albifascia*
103	巴黎翠凤蝶	*Papilio paris*	133	甜菜夜蛾	*Spodoptera exigua*
104	蓝凤蝶	*Menelaides protenor*	134	窄弧夜蛾	*Strotihypera macroplaga*
105	玉带凤蝶	*Papilio polytes*	135	犹镰须夜蛾	*Zanclognatha incerta*
106	宽带凤蝶	*Papilio nephelus*	136	斑艳叶裳蛾	*Eudocima hypermnestra*
107	玉斑凤蝶	*Papilio helenus*	**眼蝶科 Satyridae**		
108	统帅青凤蝶	*Graphium agamemnon*	137	睇暮眼蝶	*Melanitis phedima*
109	碧凤蝶	*Papilio bianor*	138	曲纹黛眼蝶	*Lethe chandica Moore*
110	青凤蝶	*Graphium sarpedon*	139	翠袖锯眼蝶	*Elymnias hypermnestra*
111	美凤蝶	*Papilio memnon*	140	曲纹黛眼蝶	*Lethe chandica*
112	穹翠凤蝶	*Papilio dialis*	**潜叶潜蛾科 Phyllocnistis**		
113	宽带青凤蝶	*Graphium cloanthus*	141	柑橘潜叶蛾	*Phyllocnistis citrella*
114	碎斑青凤蝶	*Graphium chironides*	**细蛾科 Gracilariidae**		
夜蛾科 Noctuidae			142	爻纹细蛾	*Conopomorpha sinensis*
115	斜纹夜蛾	*Spodoptera litura*	**刺蛾科 Limacodidae**		
116	合夜蛾	*Sympis rufibasis*	143	壮双线刺蛾	*Cania robusta*
117	肖毛翅夜蛾	*Thyas honesta*	144	赭刺蛾	*Oxyplax pallivitta*
118	目夜蛾	*Erebus* sp.	**鹿蛾科 Ctenuchidae**		
119	红衣夜蛾	*Clethrophora distincta*	145	伊拟辛鹿蛾	*Syntomoides imaon*
120	掌夜蛾	*Tiracola plagiata*	**木蠹蛾科 Cossidae**		
121	南方银辉夜蛾	*Chrysodeixis eriosoma*	146	石榴豹纹木蠹蛾	*Zeuzera coffeae*
122	瘤斑飒夜蛾	*Saroba pustulifera*	**竹节虫目（䗛目）PHASMATODEA**		
123	黄桥夜蛾	*Anomis flava*	**䗛科 Phasmatidae**		
124	阳优夜蛾	*Ugia sundana*	147	圆粒短角棒䗛	*Ramulus rotundus*

（续）

序号	中文名	学名
异䗛科 Heteropterygidae		
148	广西瘤䗛	*Dares guangxiensis*
149	香港新棘䗛	*Neohirasea hongkongensis*
	膜翅目 HYMENOPTERA	
蜜蜂科 Apidae		
150	意大利蜜蜂	*Apis mellifera*
151	中华蜜蜂	*Apis cerana*
胡蜂科 Vespidae		
152	黑盾胡蜂	*Black shield wa*sp
153	边侧异腹胡峰	*Parapolybia varia*
154	细黄胡峰	*Vespula flaviceps*
155	约马峰	*Polistes jokahamae*
156	小黑泥壶蜂	*Allorhynchium argentatum*
157	黄裙马蜂	*Polistes sagittarius*
姬蜂科 Ichneumonidae		
158	斑翅恶姬蜂	*Echthromorpha agrestoria notulatori*
159	稻切叶螟细柄姬蜂	*Leptobatopsis indica*
160	缘斑脊额姬蜂	*Gotra marginata*
161	密纹末姬蜂	*Ateleute densistriata*
162	白口顶姬蜂	*Acropimpla leucostoma*
163	凹额三瘤姬蜂	*Chablisea concava*
164	稻纵卷叶螟钝唇姬蜂	*Eriborus vulgaris*
165	润巨嗜蛛姬蜂	*Megaetaira madida*
166	等距姬蜂	*Hypsicera* sp.
167	凸脸姬蜂	*Exochus* sp.
土蜂科 Scoliidae		
168	白毛长腹土蜂	*Campsomeris annulata*
蚁科 Formicidae		
169	东方植食行军蚁	*Dorylus orientalis*
170	黄猄蚁	*Oecophylla smaragdina*
171	红火蚁	*Solenopsis invicta*

序号	中文名	学名
172	小家蚁	*Monamorium pharaonis*
173	黑头酸臭蚁	*Tapinoma melanocephalum*
174	黑蚂蚁	*Polyrhachis vicina*
175	梅氏多刺蚁	*Polyrhachis illaudata*
176	尼科巴弓背蚁	*Camponotus nicobarensis*
177	黑褐举腹蚁	*Ctematogaster rogenhoferi*
178	克氏铺道蚁	*Tetramorium kraepelini*
蜾蠃科 Eumenidae		
179	镶黄蜾蠃	*Eumenes（Oreumenes）decoratus*
跳小蜂科 Encyrtidae		
180	竹囊蚧长索跳小蜂	*Anagyrus antoninae*
181	花痴跳小蜂	*Microterys* sp.
锤角细蜂科 Diaprioidea		
182	褶翅锤角细蜂	*Coptera* sp.
183	基脉锤角细蜂	*Basalys* sp.
184	镰颚锤角细蜂	*Aclista* sp.
姬小蜂科 EuloPhidae		
185	扁股小蜂	*Elamus* sp.
茧蜂科 Braconidae		
186	中华茧蜂	*Amyosoma chinensis*
187	黄愈腹茧蜂	*Phanerotoma flava*
	半翅目 HEMIPTERA	
蝽科 Pentatomidae stinkbug		
188	麻皮蝽	*Erthesina fullo*
189	锚纹二星蝽	*Stollia montivagus*
190	稻绿蝽	*Nezara viridula*
191	茶翅蝽	*Halyomorpha halys*
192	玉蝽	*Hoplistedera* sp.
193	大臭蝽	*Dalsira glandulosa*
194	绿点益蝽	*Picromerus viridipunctatus*
195	蠋蝽	*Arma chinensis*

（续）

序号	中文名	学名
196	厉蝽	*Eocanthecona* sp.
197	二星蝽	*Eysarcoris guttiger*
198	广二星蝽	*Eysarcoris ventralis*
199	稻绿蝽	*Nezara viridula*
土蝽科 Cydnidae		
200	大鳖土蝽	*Adrisa magna*
角蝉科 Membracidae		
201	背峰锯角蝉	*Pantaleon dorsalis*
202	弧角蝉	*Leptocentrus* sp.
203	三刺角蝉	*Tricentrus* sp.
荔蝽科 Pentatomidae		
204	荔蝽	*Tessaratoma papillosa*
205	硕蝽	*Eurostus validus*
红蝽科 Pyrrhocoridae		
206	突背斑红蝽	*Physopelta gutta*
广翅蜡蝉科 Ricaniidae		
207	白痣广翅蜡蝉	*Ricacunua sublimate*
208	八点广翅蜡蝉	*Ricania speculum*
蛾蜡蝉科 FLatidae		
209	碧蛾蜡蝉	*Geisha distinctissima*
210	叶蛾蜡蝉	*Atracis* sp.
211	褐缘蛾蜡蝉	*Salurnis marginella*
蝉科 Cicadidae		
212	黄点斑蝉	*Gaeana maculata*
213	黑翅红蝉	*Gaeana maculata*
214	黑蚱蝉	*Cryptotympana atrata*
215	蟪蛄	*Platypleura kaempferi*
沫蝉科 Cercopidae		
216	黑沫蝉	*Callitettix* sp.
217	黑斑丽沫蝉	*Cosmoscarta dorsimacula*
蜡蝉科 Fulgoridae		
218	龙眼鸡	*Pyrops candelaria*

序号	中文名	学名
叶蝉科 Cicadellidae		
219	大青叶蝉	*Cicadella viridis*
飞虱科 Delphacidae		
220	白背飞虱	*Sogatella furcifera*
猎蝽科 Reduviidae		
221	环斑猛猎蝽	*Sphedanolestes impressicollis*
222	六刺素猎蝽	*Epidaus sexspinus*
龟蝽科 Plataspidae		
223	筛豆龟蝽	*Megacopta cribraria*
缘蝽科 Riptortus linearis		
224	瘤缘蝽	*Acanthocoris scaber*
225	点蜂缘蝽	*Riptortus pedestris*
226	长腹伪侏缘蝽	*Pseudomictis distinctus*
227	黑胫侏缘蝽	*Mictis fuscipes*
228	翩翅缘蝽	*Ntopteryx soror*
盾蝽科 Scutelleridae		
229	扁盾蝽	*Eurygaster testudinarius*
红蝽科 Pyrrhocoridae		
230	小斑红蝽	*Physopelta cincticollis*
异蝽科 Urostylidae		
231	红足壮异蝽	*Urochela quadrinotata*
232	亮壮异蝽	*Urochela distincta*
盲蝽科 Miridae		
233	绿盲蝽	*Apolygus lucorum*
同蝽科 Acanthosomatidae		
234	钝角直同蝽	*Elasmostethus scotti*
脉翅目 NEUROPTERA		
蝶角蛉科 Ascalaphidae		
235	锯角蝶角蛉	*Acheron trux*
草蛉科 Chrysopidae		
236	日本通草蛉	*Chrysoper la nippoensis*

（续）

序号	中文名	学名
直翅目 ORTHOPTERA		
螽斯科 Tettigoniidae		
237	烟云彩螽	*Callimenellus fumidus*
238	悦鸣草螽	*Conocephalus melas*
蟋螽科 Gryllacridoidea		
239	明透翅蟋螽	*Diaphanogryllacris laeta*
织娘科 Mecopodidae		
240	纺织娘	*Mecopoda elongata*
锥头蝗科 Pyrgomorphidae		
241	短额负蝗	*Atractomorpha sinensis*
刺翼蚱科 Scelimenidae		
242	优角蚱	*Euccriotettix* sp.
蚱总科 Tetrigidae		
243	突眼蚱	*Ergatettix dorsiferus*
244	大优角蚱	*Eucriotettix grandis*
245	波蚱	*Bolivaritettix* sp.
246	长翅长背蚱	*Paratettix uvarovi*
247	中华棒蚱	*Rhopalotettix chinensis*
网翅蝗科 Arcypteridae		
248	黑翅竹蝗	*Ceracris fasciata fasciata*
蟋蟀科 Gryyllidae		
249	黄脸油葫芦	*Trigonidium cicindeloides*
250	小棺头蟋	*Loxoblemmus aomoriensis*
251	斗蟋	*Velarifictorus* sp.
刺翼蚱科 Scelimenidae		
252	优角蚱	*Euccriotettix* sp.
斑腿蝗科 Catantopidae		
253	小稻蝗	*Oxya intricata*
254	中华稻蝗	*Oxya chinensis*
255	山稻蝗	*Oxya agavisa*
蝼蛄科 Gryllotalpidae		
256	东方蝼蛄	*Gryllotalpa orientalis*

序号	中文名	学名
蜚蠊目 BLATTARIA		
光蠊科 Epilampridae		
257	东方水蠊	*Opisthoplatia orientalis*
258	黑带大光蠊	*Rhabdoblatta nigrovittata*
白蚁科 Termitidae		
259	黑翅土白蚁	*Odontotermes formosanus*
260	黄翅大白蚁	*Macrotermes barbetu*
姬蠊科 Blattellidae		
261	双纹小姬蠊	*Blattela bisignata*
262	玛蠊	*Margarrea* sp.
蜚蠊科 Blattidae		
263	褐斑大蠊	*Periplaneta brunnea*
264	黑胸大蠊	*Periplaneta fuliginosa*
265	美洲大蠊	*Periplaneta americana*
266	澳洲大蠊	*Periplaneta australasiae*
螳螂目 MANTODEA		
螳科 Mantidae		
267	棕静螳	*Statilia maculata*
268	中华大刀螂	*Paratenodera sinensis*
269	越南小丝螳	*Leptomantella tonkinae*
鞘翅目 COLEOPTERA		
叶甲科 Chrysomelidae		
270	翠绿拟显脊萤甲	*Pseudotheopea smaragdina*
271	黄足黄守瓜	*Aulacophora indica*
272	黄曲条跳甲	*Phyllotreta striolata*
273	稻根叶甲	*Donacia provosti*
274	甘薯叶甲	*Colasposoma auripenne*
275	棕红厚缘肖叶甲	*Aoria rufotestacea*
鳃金龟科 Melolonthidae		
276	华北大黑鳃金龟	*Holotrichia oblita*
277	中华胸突鳃金龟	*Hoplosternus chinensis*
龟甲科 Cassidae		
278	甘薯龟金花虫	*Cassida circumdata*

（续）

序号	中文名	学名
279	阔边梳龟甲	*Aspidomorpha dorsata*
瓢虫科 Coccinellidae		
280	二十星菌瓢虫	*Psyllobora vigintimaculata*
281	柯氏素菌瓢虫	*Illeis koebelei timberlake*
282	茄二十八星瓢虫	*Henosepilachna vigintioctopunctata*
283	异色瓢虫	*Harmonia axyridis*
284	孟氏隐唇瓢虫	*Cryptolaemus montrouzieri*
285	六斑月瓢虫	*Menochilus sexmaculata*
286	红肩瓢虫	*Harmonia dimidiate*
步甲科 Carabidae		
287	方胸青步甲	*Chlaenius tetragonoderus*
288	星斑虎甲	*Cylindera kaleea*
289	金斑虎甲	*Cicindela aurulenta*
290	缺翅虎甲属	*Tricondyla* sp.
291	丽七齿虎甲	*Heptodonta pulchella*
292	东方盔步甲	*Galerita orientalis*
293	台湾树栖虎甲	*Collyris formosana*
萤科 Lampyridae		
294	黄宽缘萤	*Symmetricata circumdata*
伪瓢虫科 Endomychidae		
295	四斑原伪瓢虫赤足亚种	*Eumorphus quadriguttatus pulchripes*
隐翅虫科 Staphylinidae		
296	青隐翅虫	*Paederus fuscipes* subsp.
297	梭毒隐翅虫	*Paederus fuscipes* subsp.
金龟总科 Scarabaeidae		
298	中华褐栗金龟	*Miridiba sinensis*
299	异丽金龟	*Anomala sulax*
300	光背蔗犀金龟	*Alissonotum pauper*

序号	中文名	学名
301	褐腹异丽金龟	*Anomala russiventris*
302	大阿腮金龟	*Apogonia expditions*
303	黑跗异丽金龟	*Anomala nigripes*
304	中华蜣螂	*Copris sinicus*
305	筛阿鳃金龟	*Apogonia cribricollis*
306	橡胶木犀金龟（中国翘角姬兜）	*Xylotrupes socrates tonkinensis*
307	大绿异丽金龟	*Anomala virens*
308	红脚异丽金龟	*Anomala rubripes*
309	尖歪鳃金龟	*Cyphochilus apicalis*
310	索鳃金龟属	*Sophrops Fairmaire* sp.
311	纹脊异丽金龟	*Anomala viridicostata*
312	墨绿彩丽金龟	*Mimela splendens*
313	绿脊异丽金龟	*Anomala aulax*
314	蓝边矛丽金龟	*Callistethus plagiicollis*
315	白星花金龟	*Protaetia brevitarsis*
316	海丽花金龟	*Euselates schoenfeldti*
317	暗蓝异花金龟	*Thaumastopeus nigritus*
318	红缘短突花金龟	*Glycyphana horsfieldi*
319	双斑短突花金龟	*Glycyphana nicobarica*
320	绿奇花金龟	*Agestrata orichalca*
321	矮锹	*Figulus binodulus*
322	斑青花金龟	*Oxycetonia jucunda bealiae*
323	黑斑小绢金龟	*Microserica avicula*
露尾甲科 Nitidulidae		
324	烂果露尾甲	*Lasiodactylus pictus*
锹甲科 Lucanidae		
325	中华圆翅锹甲	*Neolucanus sinicus*
326	黄纹锯锹甲	*Prosopocoilus biplagiatus*

（续）

序号	中文名	学名	序号	中文名	学名
327	欧文锯锹甲	*Prosopocoilus oweni*	350	狭腹灰蜻	*Ortheturm sabina*
328	小黑奥锹甲	*Odontolabis platynota*	351	大赤蜻	*Sympetrum baccha*
329	中华角葫芦锹	*Nigidius sinicus*	352	夏赤蜻	*Sympetrum darwinianum*
拟步甲科 Tenebrionidae			353	褐顶赤蜻	*Sympetrum infuscatum*
330	喜马斑垫甲	*Spinolyrops himalayicus*	354	红蜻	*Crocothemis servilia*
331	红边小齿甲	*Eutochia lateralis*	355	黄翅蜻	*Brachythemis* sp.
332	基股树甲	*Strongylium basifemoratum*	356	闪蓝丽大蜻	*Epophthalmia elegans*
333	尖角斑舌甲	*Derispia titschacki*	**束翅亚目 ZYGOPTERA**		
天牛科 Cerambycidae			357	方带溪蟌	*Euphaea decorata*
334	短足筒天牛	*Oberea ferruginea*	358	色蟌	*Agrion* sp.
335	珊瑚天牛	*Dicelosternus corallines*	359	红痣绿色蟌	*Mnais earnshawi*
336	狭胸天牛	*Philus antennatus*	360	细色蟌	*Vestalis* sp.
337	龟背天牛	*Aristobia testudo*	361	大溪蟌	*Philoganga vetusta*
338	光盾绿天牛	*Chelidonium arentatum*	362	长尾黄蟌	*Ceriagrion fallax*
339	桑天牛	*Apriona germari*	363	截尾黄蟌	*Ceriagrion erubescens*
340	星天牛	*Anoplophora chinensis*	**双翅目 DIPTERA**		
341	榕八星天牛	*Batocera rubus*	**蚊科 Culicidae**		
342	中华姬天牛	*Ceresium sinicum*	364	华丽巨蚊	*Toxorhynchites Splendesn*
343	橘根接眼天牛	*Priotyrannus closteroides*	365	巨型阿蚊	*Leicesteria magnus*
344	长角凿点天牛	*Stromatium longicorne*	366	白纹伊蚊	*Aedes albopictus*
叩甲科 Elateridae			367	埃及伊蚊	*Aedes aegypti*
345	丽叩甲	*Campsosternus auratus*	368	淡色库蚊	*Culex pipiens pallens*
蜻蜓目 ODONATA			**毛蚊总科 Bibionomorph**		
蜻科 Libellulidae			369	眼蕈蚊	*Sciara* sp.
346	粗灰蜻	*Orthetrum cancellatum*	**虻科 Tabanidae**		
347	黄蜻	*Pantala flavescens*	370	角斑虻	*Tabanus signfer*
348	异色灰蜻	*Orthetrum melania*	**蝇科 Muscidae**		
349	黄翅灰蜻	*Orthetrum testaceum*	371	家蝇	*Musca domestica*

（续）

序号	中文名	学名
麻蝇科 Sarcophagidae		
372	麻蝇	*Sarcophaga* sp.
果蝇科 Drosophilidae		
373	黑腹果蝇	*Drosophila melanogaster*
丽蝇科 Calliphoridae		
374	大头金蝇	*Chrysomya megacephala*
375	丝光绿蝇	*Lucilia sericata*
实蝇科 Tephritidae		
376	桔小实蝇	*Bactrocera dorsalis*
纺足目 EMBIOPTERA		
377	等尾足丝蚁	*Oligotoma saundersii*
革翅目 DERMAPTERA		
蠼螋科 Labiduridae		
378	蠼螋	*Labidure riparia*
379	素钳螋	*Forcipula decolyi bormans*
球螋科 Forficulidae		
380	中国球螋	*Forficula mandarina*
啮虫目 PSOCOPTERA		
虱啮科 Liposcelididae		
381	书虱	*Atropos pulsatorium*

序号	中文名	学名
蚤目 SIPHONAPTERA		
蚤科 Pulicidae		
382	猫蚤	*Ctenocephalides felis*
石蛃目 ARCHAEOGNATHA		
石蛃科 Machilidae		
383	石蛃	*Machilidae* sp.
缨翅目 THYSANOPTERA		
管蓟马科 Phlaeothripidae		
384	齿胫锥管蓟马	*Ecacanthothrips tibialis*
385	雅氏钩鬃管蓟马	*Elaphrothrips jacobsoni*
386	菊简管蓟马	*Haplothrips gowdeyi*
蓟马科 Thripidae		
387	端大蓟马	*Megalurothrips distalis*
388	茶黄硬蓟马	*Scirtothrips dorsalis*
纹蓟马科 Aeolothripidae		
389	纹蓟马属	*Aeolothrips* sp.
广翅目 MEGALOPTERA		
齿蛉科 Corydalidae		
390	台湾斑鱼蛉	*Neochauliodes formosanus*

（续）

附录6　东莞市大岭山森林公园自然植被类型

序号	植被类型	植被型组	植被型	群系	群丛（群落）
1	自然植被	阔叶林	常绿阔叶林	木荷	木荷＋山乌桕＋黄樟
2	自然植被	阔叶林	常绿阔叶林	木荷	木荷＋银柴＋九节
3	自然植被	阔叶林	常绿阔叶林	木荷	木荷＋桃金娘＋杨桐
4	自然植被	阔叶林	常绿阔叶林	鸭脚木	鸭脚木＋黄樟＋浙江润楠
5	自然植被	阔叶林	常绿阔叶林	鸭脚木	鸭脚木＋野漆树
6	自然植被	阔叶林	常绿阔叶林	华润楠	华润楠＋银柴＋九节
7	自然植被	阔叶林	常绿阔叶林	鼠刺	鼠刺＋山乌桕＋鰲蓣＋降真香
8	自然植被	阔叶林	常绿阔叶林	水翁	水翁＋木荷＋鸭脚木
9	自然植被	阔叶林	常绿阔叶林	山乌桕	山乌桕＋野漆
10	自然植被	阔叶林	竹林	毛竹	毛竹林
11	自然植被	阔叶林	竹林	簕竹	簕竹林
12	自然植被	阔叶林	竹林	箬竹	箬竹林
13	自然植被	针叶林	针阔混交林	马尾松	马尾松＋桃金娘＋芒萁
14	自然植被	针叶林	针阔混交林	湿地松	湿地松
15	自然植被	针叶林	针阔混交林	杉木	杉木
16	自然植被	针叶林	针叶林	马尾松	马尾松
17	自然植被	灌丛和灌草丛	灌草丛	桃金娘	桃金娘＋豺皮樟
18	自然植被	灌丛和灌草丛	灌草丛	桃金娘	桃金娘＋岗松
19	自然植被	灌丛和灌草丛	灌草丛	山鸡椒	山鸡椒＋三桠苦
20	自然植被	灌丛和灌草丛	灌草丛	芒萁	芒萁＋灯笼石松＋无根藤
21	自然植被	灌丛和灌草丛	灌草丛	芒	芒＋白茅
22	人工植被	阔叶林	常绿阔叶林	桉树林	
23	人工植被	阔叶林	常绿阔叶林	相思林	
24	人工植被	阔叶林	常绿阔叶林	荔枝林	

附图1 东莞市大岭山森林公园科考范围

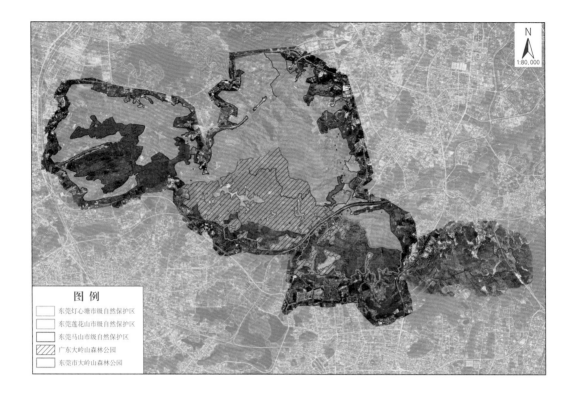

附图2 东莞市大岭山森林公园重点保护珍稀濒危野生植物分布

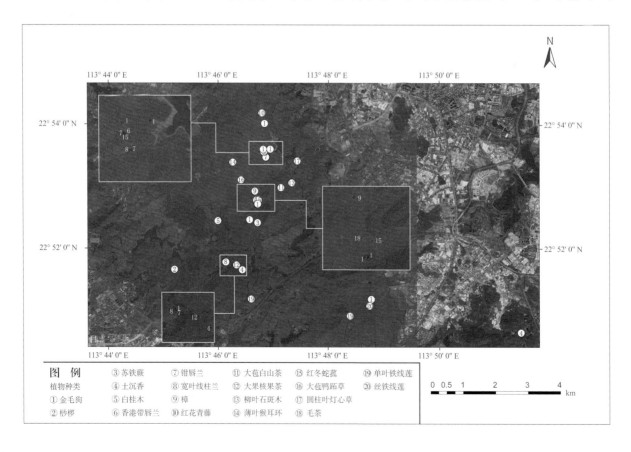

附图3 东莞市大岭山森林公园植被

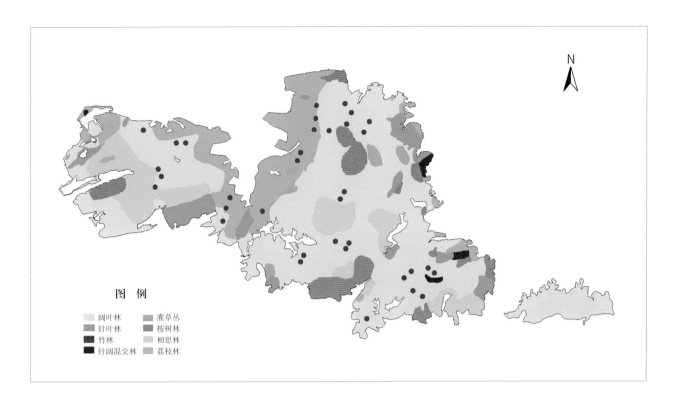

图 例

阔叶林　　灌草丛
针叶林　　桉树林
竹林　　　相思林
针阔混交林　荔枝林

附图4 植被、群落照片

附图5　物种照片

紫玉盘 *Uvaria macrophylla*

锡叶藤 *Tetracera sarmentosa*

九节 *Psychotria asiatica*

石栗 *Aleurites moluccana*

降香黄檀 *Dalbergia odorifera*

红冬蛇菰 *Balanophora harlandii*

金蒲桃 *Xanthostemon chrysanthus*

木荷 *Schima superba*

凤凰木 *Delonix regia*

玉叶金花 *Mussaenda pubescens*

细轴荛花 *Wikstroemia nutans*

大叶相思 *Acacia auriculiformis*

假鹰爪 *Desmos chinensis*

九里香 *Murraya exotica*

葫芦茶 *Tadehagi triquetrum*

蔓九节 *Psychotria serpens*

海南红豆 *Ormosia pinnata*

格木 *Erythrophleum fordii*

光叶蔷薇 *Rosa luciae*

尖尾芋 *Alocasia cucullata*

木油桐 *Vernicia montana*

扇叶铁线蕨 *Adiantum flabellulatum*

鲫鱼胆 *Maesa perlarius*

翅荚决明 *Senna alata*

池杉 *Taxodium distichum* var. *imbricatum*

匙羹藤 *Gymnema sylvestre*

齿果草 *Salomonia cantoniensis*

山芝麻 *Helicteres angustifolia*

田菁 *Sesbania cannabina*

水茄 *Solanum torvum*

苦蘵 *Physalis angulata*

通奶草 *Euphorbia hypericifolia*

水翁 *Syzygium nervosum*

五月茶 *Antidesma bunius*

饭包草 *Commelina benghalensis*

铜锤玉带草 *Lobelia nummularia*

矮紫金牛 *Ardisia humilis*

毛排钱树 *Phyllodium elegans*

鼬獾 *Melogale moschata*

豹猫 *Prionailurus bengalensis*

赤腹松鼠 *Callosciurus erythraeus*

野猪 *Sus scrofa*

黑缘齿 *Rattus andamanensis*

黄胸鼠 *Rattus tanezumi*

225

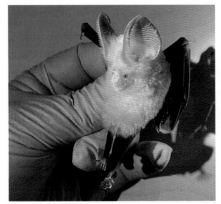

小蹄蝠 *Hipposideros pomona*

中华菊头蝠 *Rhinolophus sinicus*

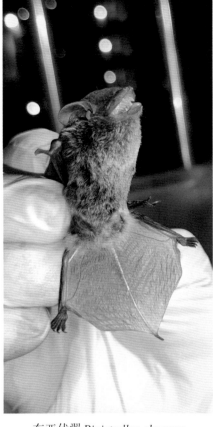

东亚伏翼 *Pipistrellus abramus*

普通伏翼 *Pipistrellus pipistrellus*

托京褐扁颅蝠 *Tylonycteris tonkinensis*

霍氏鼠耳蝠 *Myotis horsfieldii*

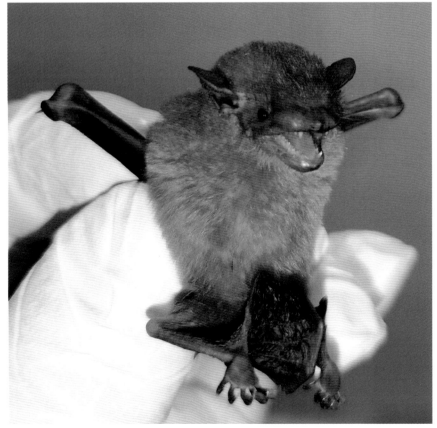

华南扁颅蝠 *Tylonycteris fulvida*

华南水鼠耳蝠 *Myotis laniger*

白眉鹀 *Emberiza tristrami*

白胸苦恶鸟 *Amaurornis phoenicurus*

远东山雀 *Parus minor*

褐翅鸦鹃 *Centropus sinensis*

红嘴蓝鹊 *Urocissa erythroryncha*

黑喉噪鹛 *Garrulax chinensis*

红胁蓝尾鸲 *Tarsiger cyanurus*

黑脸噪鹛 *Garrulax perspicillatus*

黑领噪鹛 *Pterorhinus pectoralis*

虎斑地鸫 *Zoothera dauma*

绿翅金鸠 *Chalcophaps indica*

灰胸竹鸡 *Bambusicola thoracicus*

灰背鸫 *Turdus hortulorum*

丘鹬 *Eurasian woodcock*

鹊鸲 *Copsychus saularis*

山斑鸠 *Streptopelia orientalis*

松鸦 *Garrulus glandarius*

乌灰鸫 *Turdus cardis*

珠颈斑鸠 *Spilopelia chinensis*

暗绿绣眼鸟 *Zosterops simplex*

白鹡鸰 *Motacilla alba*　　　　　　斑文鸟 *Lonchura punctulata*

北红尾鸲 *Phoenicurus auroreus*（雌）　　　　北红尾鸲 *Phoenicurus auroreus*（雄）

池鹭 *Ardeola bacchus*

白鹭 *Egretta garzetta*

鹊鸲 *Copsychus saularis*

长尾缝叶莺 *Orthotomus sutorius*

紫啸鸫 *Myophonus caeruleus*

喜鹊 *Pica serica*

变色树蜥 *Calotes versicolor*

股鳞蜓蜥 *Sphenomorphus incognitus*

中国棱蜥 *Tropidophorus sinicus*

南滑蜥 *Scincella reevesii*

横纹钝头蛇 *Pareas margaritophorus*

舟山眼镜蛇 *Naja atra*

中国壁虎 *Gekko chinensis*

银环蛇 *Bungarus multicinctus*

白唇竹叶青 *Trimeresurus albolabris*

花狭口蛙 *Kaloula pulchra*

大绿臭蛙 *Odorrana graminea*

斑腿泛树蛙 *Polypedates megacephalus*

泽陆蛙 *Fejervarya multistriata*

沼水蛙 *Hylarana guentheri*

粗皮姬蛙 *Microhyla butleri*

黑眶蟾蜍 *Duttaphrynus melanostictus*

233

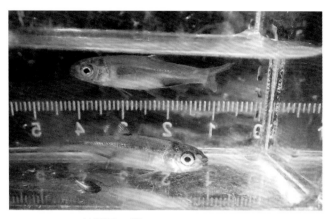

长鳍马口鱲 *Opsariichthys evolans*

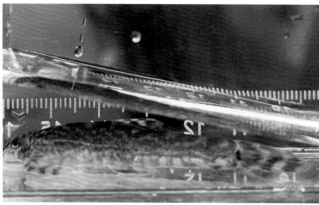

拟平鳅 *Liniparhomaloptera disparis*

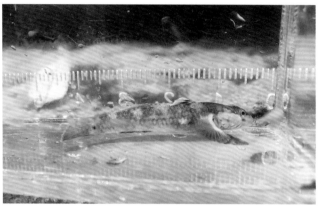

溪吻虾虎 *Rhinogobius duospilus*

子陵吻虾虎 *Rhinogobius giurinus*

粘皮鲻虾虎 *Mugilogobius myxodermus*

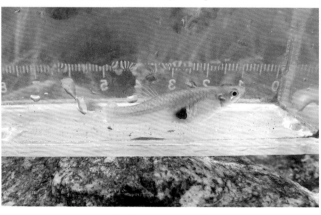

食蚊鱼 *Gambusia affinis*

越南隐鳍鲶 *Pterocryptis cochinchinensis*

吉利慈鲷 *Tilapia zillii*

小孢盘菌 *Acervus epispartius*

柱形虫草 *Cordyceps cylindrica*

蛾蛹虫草 *Cordyceps polyarthra*

橙红二头孢盘菌 *Dicephalospora rufocornea*

黑轮层炭壳（炭球菌）*Daldinia concentrica*

假小疣盾盘菌 *Scutellinia pseudovitreola*

江西线虫草 *Ophiocordyceps jiangxiensis*

235

窄孢胶陀盘菌 *Trichaleurina tenuispora* 　　古巴炭角菌 *Xylaria cubensis* 　　黑柄炭角菌 *Xylaria nigripes*

毛木耳 *Auricularia cornea* 　　中国胶角耳 *Calocera sinensis* 　　银耳 *Tremella fuciformis*

脆珊瑚菌 *Clavaria fragilis* 　　中华丽柱衣 *Sulzbacheromyces sinensis* 　　假芝 *Amauroderma rugosum*

谦逊迷孔菌 *Daedalea modesta* 　　红贝俄氏孔菌 *Earliella scabrosa*

分隔棱孔菌 *Favolus septatus*　　　　南方灵芝 *Ganoderma austral*　　　　灵芝 *Ganoderma lingzhi*

热带灵芝 *Ganoderma tropicum*　　　糖圆齿菌 *Gyrodontium sacchari*　　　光盖蜂窝孔菌 *Hexagonia glabra*

薄蜂窝孔菌 *Hexagonia tenuis*　　　　　　　大白齿菌 *Hydnum albomagnum*

白囊耙齿菌 *Irpex lacteus*　　　　　　　黄褐小孔菌 *Microporus xanthopus*

白赭多年卧孔菌 *Perenniporia ochroleuca*

纤毛革耳 *Panus ciliates*

短小多孔菌 *Picipes pumilus*

柄杯菌 *Podoscypha* sp.

菌核多孔菌 *Polyporus tuberaster*

血红密孔菌 *Pycnoporus sanguineus*

竹生干腐菌 *Serpula dendrocalami*

白栓菌 *Trametes albida*

云芝 *Trametes versicolor*

白脐凸蘑菇 *Agaricus alboumbonatus*

宾加蘑菇 *Agaricus bingensis*

番红花蘑菇 *Agaricus crocopeplus*

长柄蘑菇 *Agaricus dolichocaulis*

平田头菇 *Agrocybe pediades*

田头菇 *Agrocybe praecox*

糠鳞杵柄鹅膏 *Amanita franzii*

格纹鹅膏 *Amanita fritillaria*

239

致命鹅膏 *Amanita exitialis*

欧氏鹅膏 *Amanita oberwinkleriana*

亚球基鹅膏 *Amanita subglobosa*

残托鹅膏有环变型 *Amanita sychnopyramis* f. *subannulata*

绒毡鹅膏 *Amanita vestita*

皱波斜盖伞 *Clitopilus crispus*

白小鬼伞 *Coprinellus disseminates*

拟鬼伞 Coprinopsis aff. urticicola

蓝鳞粉褶蕈 Entoloma azureosquamulosum

浅黄绒皮粉褶蕈 Entoloma flavovelutinum

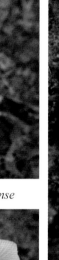

近江粉褶蕈 Entoloma omiense

沟纹粉褶蕈 Entoloma sulcatum

丛生粉褶蕈 Entoloma caespitosum

热带紫褐裸伞 Gymnopilus dilepis

臭裸脚伞 Gymnopus foetidus

黄色湿伞 Hygrocybe sp.

长根小奥德蘑 *Hymenopellis radicata*　　毒蝇歧盖伞 *Inosperma muscarium*　　沟纹蜡蘑 *Laccaria canaliculata*

翘鳞香菇 *Lentinus squarrosulus*　　　　　　毒环柄菇 *Lepiota venenata*

冠状环柄菇（小环柄菇）*Lepiota cristata*

光柄蜡蘑 *Laccaria glabripes*　　　　　　滴泪白环蘑 *Leucoagaricus lacrymans*

白环蘑 *Leucoagaricus tangerines*

易碎白鬼伞 *Leucocoprinus fragilissimus*

洛巴伊大口蘑 *Macrocybe lobayensis*

树生微皮伞 *Marasmiellus dendroegrus*

半焦微皮伞 *Marasmiellus epochnous*

伯特路小皮伞 *Marasmius berteroi*

棕榈小皮伞 *Marasmius palmivorus*

白丝小蘑菇 *Micropsalliota albosericea*

大变红小蘑菇 *Micropsalliota megarubescens*

极小小蘑菇 *Micropsalliota pusillissima*

变黄红小蘑菇 *Micropsalliota xanthorubescens*

薄肉近地伞 *Parasola plicatilis*

巨大侧耳 *Pleurotus giganteus*

淡柠黄侧耳 *Pleurotus* sp.

光柄菇 *Pluteus* sp.

毛伏褶菌 *Resupinatus trichotis*

日本红菇 *Russula japonica*

裂褶菌 *Schizophyllum commune*

点柄黄红菇 *Russula senecis*

间型鸡枞 *Termitomyces intermedius*

244

小果鸡枞 *Termitomyces microcarpus*

雪白草菇 *Volvariella nivea*

紫色黄蘑菇 *Xanthagaricus caeruleus*

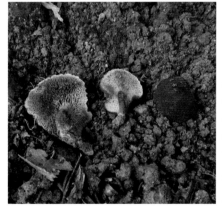

青木氏小绒盖牛肝菌 *Parvixerocomus aokii*

黑紫红孢牛肝菌 *Porphyrellus nigropurpureus*

玫红红孢牛肝菌 *Porphyrellus* sp.

美丽褶孔牛肝菌 *Phylloporus bellus*

淡紫粉孢牛肝菌 *Tylopilus griseipurpureus*

爪哇地星 *Geastrum javanicum*

变紫马勃 *Lycoperdon purpurascens*

彩色豆马勃 *Pisolithus arhizus*

黄硬皮马勃 *Scleroderma flavidum*

黄褐硬皮马勃 *Scleroderma xanthochroum*

多根硬皮马勃 *Scleroderma polyrhizum*

暗红团网菌 *Arcyria denudate*

锈发网菌 *Stemonitis axifera*

巴黎翠凤蝶 *Papilio paris*

巴黎翠凤蝶幼虫 *Papilio paris*

报喜斑粉蝶 *Delias pasithoe*

蓝凤蝶幼虫 *Menelaides protenor*

华庆锦斑蛾 *Erasmia pulchella*

网丝蛱蝶 *Cyrestis thyodamas*

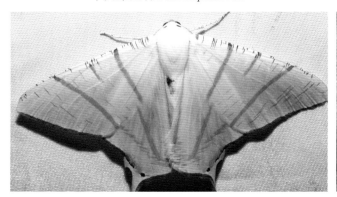

雪尾尺蛾 *Ourapteryx nivea*

豹尺蛾 *Dysphania militaris*

斐豹蛱蝶 *Argynnis hyperbius*

散纹盛蛱蝶 *Symbrenthia lilaea*

穆蛱蝶 *Moduza procris*

美眼蛱蝶 *Junonia almanac*

宽边黄粉蝶 *Eurema hecabe*

飞龙粉蝶 *Talbotia naganum*

眉纹天蚕蛾（王氏樗蚕）*Samia cynthia*

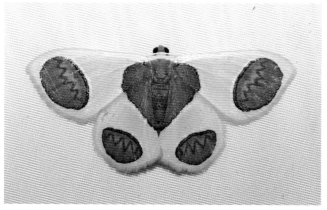

丸尺蛾 *Plutodes flaverscens*

斜纹夜蛾 *Spodoptera litura*

宽带凤蝶 *Papilio nephelus*

青凤蝶 *Graphium sarpedon*

美凤蝶 *Papilio memnon*

广西瘤蛸 *Dares guangxiensis*

圆粒短角棒䗛 *Ramulus rotundus*

白毛长腹土蜂 *Campsomeris annulata*

黄猄蚁 *Oecophylla smaragdina*

东方植食行军蚁 *Dorylus orientalis*

黑盾胡蜂 *Vespa bicolor*

锚纹二星蝽 *Stollia montivagus*

大鳖土蝽 *Adrisa magna*

麻皮蝽 *Erthesina fullo*

烟云彩蜇 *Callimenellus fumidus*

碧蛾蜡蝉 *Geisha distinctissima*

褐缘蛾蜡蝉 *Salurnis marginella*

柯氏素菌瓢虫 *Illeis koebelei*

褐腹异丽金龟 *Anomala russiventris*

六斑月瓢虫 *Menochilus sexmaculata*

梭毒隐翅虫 *Paederus fuscipes*